シリーズ 群集生態学 4

Community Ecology

生態系と群集をむすぶ

大串隆之
近藤倫生
仲岡雅裕 編

京都大学学術出版会

ヤナギ樹上で観察された昆虫群集．そこには，葉食者をはじめ，吸汁者，材食者，肉食者などさまざまな食性をもつ多様な昆虫が食物網を形成している．（第1章）

宮城県大崎市にある火山性強酸性湖の潟沼．強酸性（湖水 pH 約 2.2）のため，ユスリカ幼虫を頂点とした非常に単純な食物網が形成されている．（第2章）

カメルーンに生息する土壌食シロアリ *Cubitermes* sp. の巣．熱帯域において繁栄しているシロアリが生態系機能に与える影響を，炭素・窒素の安定同位体や炭素放射性同位体を用いて研究している．（コラム）

林縁部で採食中のニホンジカ（浅田正彦撮影）．房総のシカ個体群は餌が豊富な林縁環境で支えられ，それが林内の生態系に大きな影響を及ぼしている．（第3章）

河川での幼虫期を経て,陸上で羽化したオオヤマカワゲラ.川から上陸する水生昆虫は,河畔域に生息する捕食者(鳥やクモなど)の重要な餌資源となっており,水中生活期に同化したエネルギーを陸上食物網に供給している.(第4章)

有機物粒子の周りの微生物集団(谷口亮人撮影).ミクロの世界には複雑で多様な相互作用が存在し,物質循環過程に貢献している.(第5章)

大雪山のお花畑．手前にコエゾツガザクラ（ピンク色），奥にミヤマキンバイ（黄色）とエゾコザクラ（ピンク色）が咲いている．高山植物の開花時期は雪解け時期により決まるので，雪解け傾度に沿って複雑な開花構造が見られる．（第6章）

沖縄の沿岸生態系に生息するエダサンゴの仲間（島袋寛盛撮影）．世界各地のサンゴ類では，地球規模の気候変動と局所的な環境劣化の複合効果により，健全な状態（上図）から劣化した状態（下図）への変化が急速に進行している．（第7章）

はじめに

　生態系は生物と環境の相互作用系である．生態系における物質循環の量やパターンは，生物群集の構成と生物間相互作用の様式に大きく依存している．一方，生物群集の構造や動態もまた，生態系におけるエネルギーの流れや物質の量から強い影響を受ける．このように，生物群集と生態系の動態は密接に関連しあっている．それにもかかわらず，研究の目的や研究者の興味の相違から，群集生態学と生態系生態学は異なる方法論や理論に基づいて進展してきたため，両者の接点はほとんどなかったといっても過言ではない．しかし，現在，社会的な要請および学問的な発展のために，両者の統合の必要性が認識され始めている．

　まず，21世紀の最大の課題である地球環境問題および生物多様性保全の問題を解決するため，社会的な要請として，生態学の基礎研究のレベルアップとそれに基づく応用的な研究の発展が求められている．たとえば，二酸化炭素濃度の上昇に伴う地球規模での気候変動については，生物群集の構造やその構成種間の相互作用の理解なしには，正確な現状把握と将来の予測は困難である．また，生物多様性の保全においては，「生物多様性が高い群集ほど高い生態系機能をもつ」という生態学の長年の命題について，正面から取り組む研究がクローズアップされてきた．初期の研究では，陸上植物の種数と生産量の関係性の検証など一部の対象に限られていたが，ようやく最近になって，食物網構造の複雑性や機能群の構成の多様性など，生物群集に関わるさまざまな特性が生態系機能に与える効果について，多角的な研究が進展している．

　一方，生態学の基礎的な分野においても，群集生態学と生態系生態学の協同的なアプローチが有効であることを示す注目すべき研究が，1990年代以降に大きく展開した．これには，生態学に適用できる新たな技術の進展も大きく貢献している．たとえば，生物地球化学の発展に伴い，生物間および生物と環境の間の物質のやり取りについて，微量元素を含めた定量的な評価が可能になった．これにより，生態化学量論（ストイキオメトリー）に基づく群

集生態学と生態系生態学の統合的アプローチが進展した．また，各種元素の安定同位体の測定技術の進歩により，さまざまな生態系での物質循環や食物網構造の定量的な把握がより進むようになった．さらに，リモートセンシングや地理情報システム（GIS）などの技術的進歩と生態学への適用の広がりにより，群集生態学や生態系生態学が扱う空間スケールも拡大した．その結果，異なる生態系の空間配置や，それらの間での物質や生物の移動を通じた相互作用が，群集や生態系の動態に大きな影響をもつことが明らかになってきた．これらの成果は，食物網理論をはじめとする従来の生態学の考え方に変革を迫るとともに，生態系の保全や管理に対しても有効な指針や方法論を提供している．

　このような社会的な契機や学術的な革新を基に，群集生態学と生態系生態学は今後より密接に結びつき，新たな発展を見せることが期待されている．本巻では，その最新の知見を紹介し，群集生態学と生態系生態学の統合的な発展に対する今後の課題と展望について議論する．本巻は，七つの独立した章と，一つの方法論コラム，およびまとめの章より構成されている．著者はいずれも，群集生態系と生態系生態学のつながりに強い関心をもち，先端的な研究を繰り広げている20代〜40代の気鋭の研究者たちである．各章で取り上げる内容は，種間相互作用，食物網動態，生態系間の相互作用，生物多様性と生態系機能の関係，地球規模での環境変動の問題，と多岐にわたっている．注目する生態系も，陸上，淡水，沿岸，外洋と広範囲にわたり，さらに，焦点をあてる生物群集も，植物，昆虫，ほ乳類，微生物などさまざまである．しかし，各章はいずれも「環境変動に伴い生物群集の構造や動態が変化し，それが生態系の構造および機能の変容を引き起こす」，つまり「群集の構造および動態こそが生態系の変動の原動力である」という見方に立って，それぞれ群集生態学と生態系生態学の統合の道筋を提案している．

　まず，第1章（加賀田）および第2章（土居）では，主に生態系生態学や生物地球化学の分野で発展してきた物質レベルでの詳細な動態解析が，群集生態学にもたらす新たな研究の方向性について解説する．加賀田は，陸上生態系の食物連鎖，とくに植食性昆虫と植物の間の相互作用について，近年その進展が目ざましい生態化学量論に基づく元素レベルでの解析がもたらす新た

な視点と成果を紹介する．土居は，群集生態学と生態系生態学の融合的研究が古くから行われてきた湖沼生態系を取り上げ，生態化学量論および安定同位体解析などの適用が，湖沼の生物群集や生態系の理解と応用的な課題の解決にどのように寄与できるかを議論する．なお，これらの章で紹介されている安定同位体解析については，陀安がコラムにおいて，最新の技術的進展と，生態学への適用により新たに期待される研究成果を解説する．

次に，第3章（宮下）および第4章（岩田）では，生態系間の相互作用という従来より視点を拡げた研究が，群集生態学と生態系生態学の統合にどのように貢献するかについて論ずる．宮下は，陸上生態系において個別に扱われることが多かった地上系と土壌系の統合的研究が，生物群集および生態系の動態の理解を飛躍的に向上させることを示す．一方，岩田は，1990年代以降に盛んになった陸域と水域の相互作用の研究について，集水域での物質および生物の移動が与える効果を包括的に評価する新たなアプローチを提唱し，この分野の一般法則の確立に挑戦する．

第5章（三木）と第6章（工藤）は，群集生態系と生態系生態学の統合的研究について，これまでにはなかった斬新なアプローチを提唱している．三木は，近年研究が盛んになっている「生物多様性と生態系機能の関連性を探る研究」に対して，数理モデルと微生物群集を対象とした実証研究の組み合わせにより，正面から取り組む．環境・生物群集・生態系の関係性およびそれらの変動プロセスの関連性について，新たな統合的な見方を提示し，そこから期待される新たな理論を展開する．これは，まさに本巻のメッセージの骨格をなす部分といえる．また，工藤は，森林および高山帯の生態系を対象に，これまであまり注目されなかった景観構造（ランドスケープ）と生物季節（フェノロジー）の観点を取り入れた新たなアプローチを提唱し，生物間相互作用や生態系動態の理解と，地球規模の気候変動が生態系に与える影響に対する予測評価への有効性を議論する．

第7章（仲岡）は応用的な課題に焦点をあてる．地球規模の気候変動が海洋生態系に与える影響において，生物群集を介した環境要因と生物要因の複合効果が重要な役割を担うことを示し，その効果を考慮に入れた統合的アプローチによる影響評価および予測への道筋を示す．終章では，各章の内容に

基づき，群集生態学と生態系生態学の統合的研究の課題および今後の研究の方向性について総合的に考察する．

　本巻に寄せられた各原稿は，複数の査読者による校閲により，内容の改善を行った．校閲は，本巻の編集者および執筆者の他に，石川直人，加藤元海，金子信博，苅部甚一，倉地耕平，栗原晴子，小林由紀，酒井陽一郎，鮫島由佳，西田貴明，日浦勉，堀正和，宮島利宏，村上正志，谷内茂雄の各氏に依頼した．さらに各章の執筆にあたっては，井田崇，片野泉，亀山慶晃，河井崇，菊地永祐，黒江美紗子，Eric Sanford，嶋田正和，Daniel E. Schindler，瀧本岳，中野伸一，灘岡和夫，西川洋子，林珠乃，平尾章，山北剛久の各氏の協力と支援を受けている．厚くお礼申し上げる．また，本巻の刊行にあたっては，京都大学学術出版会の高垣重和氏と桃夭舎の高瀬桃子氏に一方ならぬご支援とご協力をいただいた．心からお礼申し上げたい．

2008 年 10 月

　　　　　　　　　　　　　　　　　　　　仲岡雅裕・近藤倫生・大串隆之

目　次

口絵　　i
はじめに　　v

第1章　元素で読み解く食物連鎖　　加賀田秀樹　　1

1　はじめに　2
2　生物体を構成する元素と陸上生態系内での循環　2
　（1）炭素循環　4
　（2）窒素循環　5
　（3）リン循環　5
3　生物がもつ化学量　7
　（1）植物と昆虫の化学量　8
　（2）植食性昆虫と肉食性昆虫の化学量　9
4　「食う側」と「食われる側」の化学量論　12
　（1）葉組織-植食性昆虫　12
　（2）材組織-材食性昆虫　16
　（3）師管液-吸汁性昆虫　17
　（4）植食性昆虫-肉食性昆虫　18
5　化学量論からみた陸上生態系　23
6　まとめと今後の展望　25

第2章　生物群集が支える湖沼生態系の物質循環　　土居秀幸　　29

1　はじめに　30
2　湖沼生態系の生物群集と物質循環のつながり　32
　（1）生物群集の違いが湖沼生態系の炭素循環を変化させる　32
　（2）湖沼の炭素循環と陸域からの栄養補償　34

(3) 生物群集を介した生息場所間の物質輸送　36
    (4) 新たな物質循環経路としてのメタン　39
3　生態化学量論と生物群集　40
    (1) 生産者と消費者の化学量バランス　40
    (2) 光エネルギー・化学量バランスと生物群集　42
4　生物群集が不連続的な富栄養化の状態に及ぼす影響　44
    (1) 富栄養化と生態系のレジームシフト　44
    (2) 不連続的な富栄養化　45
    (3) 富栄養化からの回復可能性の予測　46
5　地球温暖化が物質循環と生物群集に与える影響　48
    (1) 地球温暖化と生物群集　48
    (2) 地球温暖化による生物の出現タイミングの変化とその影響　49
6　まとめと展望　51

コラム　群集生態学の研究に用いる同位体解析　　　陀安一郎　55

1　はじめに　56
2　安定同位体比を用いた食物網解析の原理　56
3　食物網解析における注意点と生物間相互作用　60
4　群集生態学における新しいツールとしての同位体と今後の発展課題
　　　　　　　　　　　　　　　　　　　　　　　　　　　　　63

第3章　地上と土壌の相互作用
　　　—— 食物網，物質循環，物理的環境改変を結ぶ

　　　　　　　　　　　　　　　　　　　　　　　宮下　直　67

1　はじめに　68
2　植物・デトリタス・栄養塩を介した化学的関係　70
    (1) 植食者の影響　70
    (2) 土壌の根食者，菌根菌と分解者の影響　75
3　植食者による土壌の物理的改変　77

(1) 乾燥地帯の草原と家畜　77
(2) ツンドラの塩性湿地とハクガン　78
(3) 森林とシカ　80
(4) 土壌の劣化による生態系のレジームシフト　82

4　植物を直接介さない関係　84

(1) 腐食流入　84
(2) 地上捕食者による栄養塩流入の制御　86

5　まとめと展望　88

(1) 相互作用の時空間スケールと安定性　88
(2) 化学的影響と物理的影響　89

第4章　陸域と水域の生態系をつなぐ
―― 流域動脈説の提唱　　　岩田智也　91

1　生態系間を横断する物質　92
2　群集生態学における生態系間相互作用　93
3　生態系生態学における生態系間相互作用　96
4　生態系間相互作用のパターン　99
5　流域動脈説 ―― 栄養流を介した陸域と水域の相互作用　102

(1) 流域動脈説　104
(2) 他生性資源の流入にかかわる要因　104
(3) 他生性資源の滞留にかかわる要因　109
(4) まとめ　110

6　生態系間を伝搬する人為影響　111

第5章　群集‐環境間のフィードバック
―― 生物多様性と生態系機能のつながりを再考する
　　　三木　健　115

1　生物多様性と生態系機能研究の現在　116
2　生物の進化と生物多様性，生態系機能　118

- (1) 生物と生態系機能　118
- (2) 生物の進化-生物多様性-生態系機能のトライアングル　119
- (3) さまざまな生態系機能を担う生物群　122

3　環境・群集・機能の相互関係　124
- (1) 環境条件-群集構造-生態系機能の三次元表示　125
- (2) 環境条件-群集構造-生態系機能の相互依存性　127

4　生物多様性と生態系機能のダイナミクス　132
- (1) 群集の環境適応過程　132
- (2) 環境-群集-機能のフィードバック　136

5　今後の課題　141
- (1) 生物多様性・生態系機能のダイナミクスと時空間スケール　142
- (2) 生物多様性の冗長性　143

6　おわりに　144

第6章　ランドスケープフェノロジー
―― 植物の季節性を介した生物間相互作用

工藤　岳　147

1　はじめに　148

2　植物群集の開花フェノロジー構造　151
- (1) 開花フェノロジー構造はどのように形成されるのか？　151
- (2) 冷温帯林生態系の開花フェノロジー構造　153
- (3) 高山生態系の開花フェノロジー構造　156

3　森林生態系のフェノロジーを介した生物間相互作用　158
- (1) 林床植物群集のフェノロジカルシンドローム　158
- (2) 森林生態系の送粉系ネットワーク　161

4　高山生態系における送粉系の季節動態と遺伝子流動　164
- (1) 開花時期と種子生産　164
- (2) 開花フェノロジーの変異と遺伝子流動　168

5　地球温暖化がフェノロジー構造に及ぼす影響　171
- (1) 森林生態系の季節性攪乱　172

(2) 高山生態系への影響　173
6 フェノロジー構造がもたらすさまざまな生物間相互作用　174
　(1) 結実時期と種子散布　175
　(2) 実生の出現時期　175
　(3) 開葉時期と被食のタイミング　176
7 まとめと今後の展望　177

第7章　気候変動にともなう沿岸生態系の変化
―― 生物群集から考える　　　　　仲岡雅裕　179

1 はじめに　180
2 地球規模の気候変動が沿岸海洋生物に与える影響　182
　(1) 温度の上昇　182
　(2) 海水面の上昇　183
　(3) 攪乱様式の変化　184
　(4) 二酸化炭素濃度の上昇にともなう海水成分の変化　185
3 生物群集の変化を複雑にする複合効果，間接効果，進化的反応　186
　(1) 生物気候エンベロープアプローチとその限界　186
　(2) 複数の環境要因間の複合効果　188
　(3) 気候変動にともなう種間関係の変化　188
　(4) 気候変動と局所的な環境劣化の複合効果　189
　(5) 海洋生物の分散プロセスを介した影響　191
　(6) 生物の進化的反応の影響　191
4 生物群集の変化が生態系に与える影響　194
　(1) 優占種およびキーストン種の変化の影響　194
　(2) 生物多様性の低下による生態系機能への影響　195
　(3) 海洋生物群集の変化が地球環境に与える影響　197
5 地球規模の気候変動の影響評価に向けた統合的アプローチの提唱　198
　(1) 野外モニタリング　198
　(2) 実験的アプローチ　200
　(3) 分散プロセスの研究　201
　(4) 統合による予測と評価　201

6　おわりに　202

終　章　生物群集と生態系をむすぶ
　　　　　　　　　　　　　　　仲岡雅裕・近藤倫生・大串隆之　205

1　はじめに　205
2　生態系機能とは何か？　205
3　物質循環研究の発展は群集生態学の可能性をひろげる　209
4　時空間スケールをひろげる　211
5　環境・群集・生態系をつなぐ　213
6　新たな課題に向けて　215
　（1）生態化学量論を用いた地球規模の気候変動の影響解析　215
　（2）遺伝的多様性と生態系機能の関係　216
　（3）動物による生態系の改変効果　217
7　社会的な課題への挑戦　218

引用文献　221
索　引　249

第1章
元素で読み解く食物連鎖

加賀田秀樹

Key Word

陸上生態系　昆虫群集　生態化学量論　物質循環　栄養段階

　地球上には100種類を超える元素が存在しており，生物はその中のある特定の元素の組み合わせのうえに生命活動を維持している．これらの元素は絶えず生物の体の内と外の間でやりとりされており，生産者・消費者・分解者とよばれる各生物群のそのような営みが，ひいては生態系内における元素循環を支配している．
　生態系の物質循環全体では，生産者群集による有機物の生産と分解者群集による無機物への分解がとても重要なポジションを占めている．それでは，消費者群集は，どのような役割を果たしているのだろうか？
　消費者が織りなす物質循環のプロセスは「食う-食われる」といった食物連鎖に代表される．生産者にはじまり高次の消費者へとつづく食物連鎖の鎖．それは生物から生物へと物質を受け渡していくプロセスそのものである．ここでは，食物連鎖のしくみを元素レベルで整理し，消費者群集が生態系内の物質循環に果たす役割をひもといていこう．

1 はじめに

　本章で紹介するのは,「元素」に着目することで食物連鎖のプロセスをとらえ直し,生物群集が生態系を循環する元素の挙動とどのようにかかわっているのかを明らかにしようとする新たな試みである.

　食物連鎖とは,基本的には独立栄養生物が固定したエネルギーや物質を,従属栄養生物が互いに「食う-食われる」の関係によってつぎつぎとリレーしていく,自然界における能動的なエネルギー輸送や物質輸送のしくみである.エネルギーの根源は太陽であり,最終的には生物の生命活動によって熱となって宇宙空間に放出される.つまり,生態系はエネルギーに関して開放系のシステムである.他方,物質はエネルギーと違って生態系を循環する限られた資源であり,さまざまな化合物の形をとって生態系を支えている.

　生態系内には,数えきれないほどの種類の化合物が存在するが,いずれも,もとをただせば元素から構成されている.生態系は,元素を循環させる自然界の巨大な装置であり,食物連鎖はその一部分を担っているといえる.しかし,生態系における元素の循環プロセスにおいて食物連鎖が果たす役割はこれまであまり注目されてこなかった.詳しい理由は後に述べるが,食物連鎖は物質循環のいわばブラックボックス的な存在であったのである.

　そこで本章では,陸上生態系の昆虫類を中心とした食物連鎖に焦点をあて,「食う-食われる」という関係を通して「元素」が生物から生物へと伝達されるそのしくみを解き明かしていくこととする.

2 生物体を構成する元素と陸上生態系内での循環

　生物の体はいったい何種類くらいの元素から構成されているのだろうか？地球上には100を超える元素が確認されており,最新の知見では117種類の元素の存在が報告されている(国立天文台 2006).地球表層に存在する元素は,その濃度順に,酸素(49.5%)・ケイ素(25.8%)・アルミニウム(7.6%)・

鉄（4.7％）・カルシウム（3.4％）の5元素で全体の約90％を占め，これにナトリウム・カリウム・マグネシウム・水素・チタンを加えた10種類の元素で99％を超える．その他の元素はすべて足し合わせても1％にも満たない（高橋1997）．それに対して，生物体を構成する元素は，独立・従属栄養生物や陸棲・水棲生物などの違いで若干の差があるものの一般には，炭素・酸素・窒素・水素・カルシウム・カリウム・ナトリウム・マグネシウム・リン・イオウ・塩素などが組成比としては主要であり，重量にして生物体を構成する元素の99％以上はこれらの元素によって占められている．しかし，近年の元素定量法の格段の進歩により，地球表層に自然に存在するすべての元素は，要不要にかかわらずすべての生物体中に微量ながらも存在するということが当然の事実になりつつある（増澤2006）．そのため，生物体が何種類の元素から構成されているのか，という設問自体はあまり重要な意味をもたなくなってしまった．

　それでは，生物が正常な生命活動を維持するのに最低限必要な元素は何種類あるのだろうか？　研究者の見解や生物の種類によって多少の違いはあるようだが，いまのところ動物では約25種類，植物では約20種類の元素が必須とみなされているようである（増澤2006）．これらの元素はどれも生理学的検証を経てその必須性が確認されたものなので，生物にとって相対的にどの必須元素がもっとも重要かという視点は多少的外れな感があるが，生態学の分野では，炭素・窒素・リンの3元素が重要視されおもに扱われてきた．この背景には，これら三つの元素が比較的多く生物体に含まれており，その定量が簡単なこと，生物体内でのそれぞれの元素が作る化合物がある程度明らかにされており，生理学的・生態学的な現象との関連性の推定が容易なことなどがあげられる．また，地球温暖化の原因物質の一つと考えられている二酸化炭素の濃度上昇や，農地への過剰施肥や河川・湖沼への生活排水の流入による生態系の窒素やリン汚染など，われわれ人類が解決すべき環境問題に深く関わっている物質であることも，その理由の一つとしてあげられよう．まず，陸上生態系におけるこれら三つの元素の循環様式を，昆虫類を消費者として想定した食物連鎖構造を例にとり概説しよう．

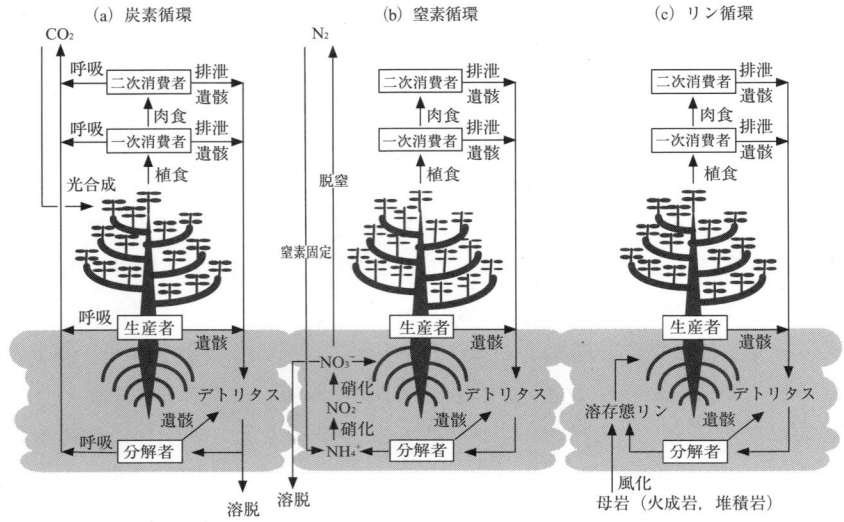

図1 陸上生態系における炭素循環 (a),窒素循環 (b),リン循環 (c).
それぞれの元素は独自の経路をもって生態系内を循環する.

(1) 炭素循環

　生態系において,生物による炭素の取り込みのほとんどは,植物が行う光合成からはじまる (図1a).植物は大気中の二酸化炭素を気孔から吸収し,光エネルギーを使ってブドウ糖に固定する.固定されたブドウ糖はさまざまな有機化合物に再合成され,その一部はエネルギーとして使用されて植物自身の呼吸によって再び二酸化炭素として大気中に放出されるが,残りはセルロースなどの糖類やアミノ酸,タンパク質,核酸,脂質など生命活動を支える物質の材料となる.植物体中の炭素化合物は,植物を植食者(一次消費者)が食べることによって生食連鎖系に取り込まれ,さらにその一部は肉食者(二次消費者)へと食物連鎖を通して伝達される.また,この過程でも消費者の代謝によって二酸化炭素が生じ,大気中に放出される.消費者に利用されなかった植物体や捕食を免れた消費者は,寿命がつきると植物遺骸,動物遺骸となって土壌に供給され,土壌微生物などの分解者の働きによって分解され,最終的には二酸化炭素となって大気中に放出される.なお,生物の遺骸

や排出物，それらの分解産物などの有機物を総称してデトリタスとよぶ．

(2) 窒素循環

窒素は大気の約78％を占める．だが，植物はそのままの形ではこの窒素を利用することができない．窒素はおもに窒素固定細菌によってアンモニアとして固定されてはじめて植物の根から吸収することが可能になる（図1b）．土壌中にはデトリタスとして多くの有機窒素化合物が存在するが，これらもこのままでは植物は利用できず，微生物などによってアンモニアに分解されるのを待たなくてはならない．好気的な土壌ではアンモニアは硝化細菌によって亜硝酸を経て硝酸まで酸化されるため，植物は窒素を硝酸態で吸収する．これを植物はエネルギーを使って体内でアンモニアに還元した後，アミノ酸に有機化し，さらにはタンパク質を合成する．

植物によって合成されたアミノ酸やタンパク質は，炭素と同様に生食連鎖に取り込まれ，植食者，肉食者へと伝搬される．植物由来の窒素有機化合物は，消費者に必要なアミノ酸やタンパク質に再合成され，不必要になった窒素老廃物は昆虫ではおもに尿酸として体外に排出される．これらの排出物とあわせて植物，動物遺骸は分解者によってアンモニアにまで無機化され，再び植物に吸収される．アンモニアは土壌に吸着されやすいため土壌中に保持されやすいが，硝酸は水に溶けやすく雨水や地下水によって系外に流出する．また硝酸は嫌気的条件下では脱窒菌という細菌の作用によって窒素ガスとなり大気に戻る．

(3) リン循環

炭素や窒素と異なり，リンは自然環境中では気体として存在せず，火成岩や堆積岩など母岩の風化により土壌に供給される（図1c）．しかし，土壌中のリンの多くは鉱物表面に強く吸着しており，植物はこれを利用することができない．一部の溶存態のリンが植物によって根から吸収され，生食連鎖系に取り込まれる．植物，昆虫を問わず，リンはおもに有機態のリンとして核酸や細胞膜，エネルギー代謝に関連するATPなどとして存在している．デトリタスとなった有機態のリンは土壌微生物によって分解されて溶存態のリ

ンとなり，再び植物に吸収される．

　以上が陸上生態系における炭素と窒素，リンの循環の概要である．実際の生態系では，生物間の食う-食われる関係は複雑に絡み合って食物網を構成している．そこにはより高次の消費者や植食と肉食の両方を行う雑食者，食物連鎖のループ，デトリタスを起点とする腐食連鎖が存在する．加えて，腐食連鎖から生食連鎖への転流（腐食流入）や近接する生態系への流出なども生じるため，自然界での物質の循環経路はきわめて複雑である．しかし，陸上生態系内の物質循環の概念的な理解には，図1に示したように非生物的環境として大気，土壌，そして生物的環境として生産者・消費者・分解者の五つの要素を理解しておけば十分である．それゆえ，陸上生態系における物質循環は，これら五つの要素間での物質の流量やその伝達効率をもって評価されてきた．

　このように炭素や窒素などといった元素を定量化し，いわば「通貨」として利用することで生態系を記述する手法は，1950年代初頭にリンデマン-ハッチンソンの栄養動態論として世に提唱され，その後の生態系生態学の発展におおきく貢献した．その一方，生態系内での物質移動の原動力たる個々の生物の特性や群集構造に関しては生態系生態学の領域では扱われてこなかった．特に，陸上生態系においては生態系内の物質循環に対する消費者の役割は非常に軽視されてきた．なぜなら，バイオマス（生体量）で換算すると，陸上生態系内の物質循環のほとんどは植物と土壌微生物，つまり生産系と分解系のやりとりで説明ができてしまい，消費系に流れる物質の割合はほんのわずかである（Cebrian 1999）ためである．イメージとしては植物と土壌の間で物質が循環し，それを利用する消費者はその循環の輪に「おまけ」としてのっかっているようなものである．その一方で，この「おまけ」の部分には多種多様な生物が詰め込まれており，その群集構造や食物網構造の解析，共存機構の解明などを中心に群集生態学は発展してきた．ここで扱われる属性は基本的には個体数と種数であり，そこには物質や元素の動態と消費者群集との関連をとらえるという視点はほとんど存在しなかった．

　しかし，今一度確認して欲しい．生態系内での物質循環に関わる多くのプ

ロセスは生物による生産，消費，分解のプロセスによって成り立っているのである．これら三つのプロセスを担う生物の特性や群集構造の理解なしでは，生態系内での物質循環メカニズムの全容を理解することはむずかしい．実際，近年になって湖沼生態系を中心とした水圏生態系では，生物群集の構造と物質循環の関係が明らかになりつつある（アンダーセン 2006，第2章も参照のこと）．また，陸上生態系においても消費者群集の動態が，生産者による物質生産や分解者による有機物の分解過程に対して少なからず影響を与えていることが認識されるようになってきた（たとえば Loreau et al. 2002，また第3章も参照のこと）．これらのことは，消費者群集はもはや生態系の物質循環における「おまけ」ではないことを意味し，物質循環プロセスに対して従来考えられていたよりもはるかに重要な役割を果たしていることを示すものである．

　その一方，生態系において消費者群集がもつ主たる機能は，生産者である植物から転流する限られた物質を，「食う-食われる」という食物連鎖のプロセスを経て高次の消費者へと伝達していくことである．ここで消費者群集と一言でいっても，そこには植食や肉食，共食いや雑食などさまざまな摂食様式が存在している．そのため，食物連鎖を通して物質が移動するメカニズムは，消費者群集の特性や構造に大きく依存するだろう．以降の節では，消費者群集による「消費」そのものが食物連鎖にともなう物質の移動をどのように規定しているのかについて考えていきたい．なお，水圏生態系や生産者系，分解者系から生物群集と物質循環との関連性を示したアプローチに関しては，詳しい解説書が他にあるので（たとえば，武田 2001; Vitousek 2004; アンダーセン 2006 など），そちらを参照していただきたい．

3 生物がもつ化学量

　自然界に存在する食物網はあまりに複雑である．そのため，ある系に属する消費者群集をすべて採集して食物網構造を記述し，それにともなう生物間の食う-食われる関係を定量化して食物網全体での物質の移動を把握すると

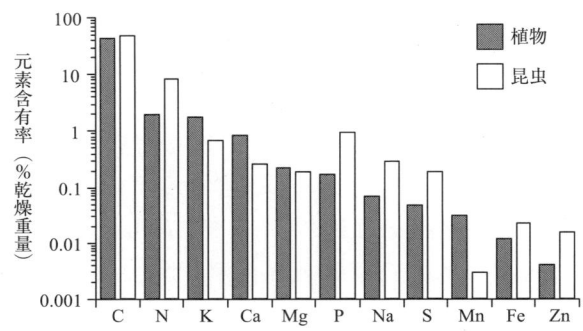

図2 植物と昆虫に含まれる11の元素の含有率.
植物に比べて,昆虫には多量の窒素とリンが含まれている.図はSchoonhoven et al. (1998) を改変した.

いう手法は,湖沼のようにある程度の閉鎖性をもたない陸上生態系では,生物や物質の移動の境界線が定かではなく,方法の有効性に疑問が残る.そこでまず,食物連鎖を構成するそれぞれの栄養段階の生物がもつ化学量,つまりどの栄養段階に属する生物がどんな元素をどのくらい含有しているか,という観点から話を進めていきたい.

(1) 植物と昆虫の化学量

食物連鎖の起点を成す独立栄養生物である植物と,それを餌として利用する従属栄養生物である動物の間では,体を構成する元素の含有率が異なることが,かなり以前から知られていた.図2は植物と昆虫を構成する主要な11種類の元素を比較したものである (Schoonhoven et al. 1998).前節で取り上げた炭素・窒素・リンの含有率に焦点をしぼると,まず,植物であれ昆虫であれ体の約半分を占める炭素の含有率には両者で大きな違いがないことがわかる.これに対して窒素は植物よりも昆虫に高濃度に含まれていて,平均して約5倍も高い.これは,昆虫の体を組織しているのが窒素化合物であるタンパク質であるのに対して,植物の体を支えているのはセルロースやリグニンなどの窒素を含まない化合物であるためである.

リンの含有率も植物に比べて昆虫で著しく高く約10倍ほどの差がある.脊椎動物は,リン酸カルシウムを主成分とする骨格をもつので,リン含量が

高くなるのは理解がしやすい．無脊椎動物である昆虫においては，脊椎動物において特有にみられる骨や歯のようにリンを高濃度に蓄積する特定の器官が見当たらず，リンはおもに体液中に貯蔵されると考えられている（Woods et al. 2002）．多くの無脊椎動物において体全体のリン含有率と RNA 含有率との間に強い正の相関関係があることが知られており（Sterner and Elser 2002），植物に比べて昆虫が高いリン含有率を保持しているのは，植物と昆虫との RNA 含有率の違いを反映しているのかもしれない．

(2) 植食性昆虫と肉食性昆虫の化学量

近年になって，植食性昆虫と肉食性昆虫との間で元素の構成比を比較した研究が，窒素とリンに関して相次いで報告された．Fagan et al.（2002）は 152 種（9 目 65 科 131 属）の昆虫類と 2 種のクモ類の窒素含有率のデータを収集し，植食性昆虫と肉食性昆虫（＋クモ）の比較をおこなった結果，たいへん興味深い結論を得た．植食性昆虫に比べて肉食性昆虫のほうが窒素含有率が統計的に有意に高かったのである．昆虫の窒素含有率は分類群や体サイズ，発育段階によっても左右されるのだが，対象としたすべての種の平均で比較すると，植食性昆虫では 9.65% の窒素含有率をもつのに対して肉食性昆虫では 11.03% と，約 1.15 倍の差がある．ただし植物と昆虫との差が平均して約 5 倍であることを考慮すると，植食性昆虫と肉食性昆虫における差はほんのわずかであり，方法論的なバイアス（たとえば対象昆虫の分類群的偏りや消化管内残存物の効果）がこの差を生み出している可能性も捨てきれない．

しかし，Davidson（2005）がアマゾンの熱帯雨林に生息するアリ類 54 種を対象に行った調査では，植食性のアリよりも肉食性のアリで窒素含有率がおおむね高いという結果が得られており，Matsumura et al.（2004）がアメリカ東海岸沿岸にひろがる潮間帯湿地雑草帯から採集した 32 種の昆虫類およびクモ類を対象とした解析でも同様の結果が得られている．さらにおもしろいことに，彼らは，植食も肉食も両方行う雑食性昆虫の窒素含有率は，植食者と肉食者のほぼ中間にあたることも示した．また，先に述べた Fagan らのデータでは第 4 栄養段階に属する生物——つまり肉食者を専門に食べる肉食者（ここではクモ類を専門に狩るベッコウバチの 1 種）——は 12.5% もの窒素含有

率をもち，これは Fagan らのデータセット中では窒素含有率がもっとも高い昆虫の一つであった．これらの状況証拠から鑑みると，植食性昆虫と肉食性昆虫との間にみられた窒素含有率の差は普遍的なものであり，消費者群集のなかでも栄養段階が上昇するにつれて窒素含有率が高くなる可能性をも示すものなのかもしれない．

　植食性昆虫と肉食性昆虫との間で，窒素含有率にこのような違いがみられるのはなぜなのであろうか？　この問いに対する答えはまだ想像の域をでていないが，いくつか可能性のある仮説を紹介しよう (Fagan et al. 2002)．一つ目は，植食者は窒素含有率の低い植物を餌としているために常に窒素不足の状況にあり，そのような状況に適応するために窒素成分が少なくて済むような体の構造に進化したというもの．二つ目は逆に，肉食者は比較的窒素を多く含む餌を摂取しているため，窒素過多の状態にあり，余分な窒素を排出しきれずにいるというもの．そして三つ目は植食性昆虫と肉食性昆虫の生活様式の違いが，窒素要求度の異なる特定の器官の発達を必要とした結果，体全体の窒素含有率に違いが生じたというもの．これはたとえば，肉食性昆虫は餌となる昆虫を捕獲するために素早く力強い動作を必要とするため，窒素を多く含む筋肉組織を発達させたなどというものである．これらの仮説は互いに対立するものではないが，その妥当性を議論するには，現時点では情報量があまりにも少ない．

　リンに関しても類似の解析がなされている．Woods et al. (2004) は Fagan らの窒素含有率の解析になぞって，アリゾナ州 (USA) のソノラン砂漠で採集された 155 種 (7 目) の昆虫類と 15 種のクモ類を対象にリン含有率の測定をおこなった．その結果，植食性昆虫と肉食性昆虫 (＋クモ) のリン含有率の間には統計学的に有意な差は認められず (すべての種の平均リン含有率は 0.79％)，それよりもむしろ昆虫の体サイズ (正確には乾燥重量の対数値) とリン含有率の間に有意な負の相関があることを見出した．窒素でみられたパターンと同様に，リン含有率の低い植物を餌としている植食者に比べて，リンの豊富な昆虫類を餌としている肉食者でリン含有率が高くなるという彼らの予測を裏づける証拠は得られなかったわけである．その理由として単位質量当たりではなく単位時間当たりで比べると，植食者も肉食者も同等量のリ

ンを摂食しているためであるかもしれないと彼らは述べている．つまり，リン含量の低い植物を食べる植食者は常に餌を食べつづけることによって餌のリン含有率の低さを補っているが，リンの豊富な昆虫類を餌とする肉食者は常に餌を捕獲できるとは限らない．このような採餌様式の質と量のトレードオフによって両者は同じようなリン含有率をもっているものと考えたのである．もちろん彼らの唱えたこの説も，仮説の域を脱してはいない．

それよりも Woods らが注目したのは，昆虫の体サイズとリン含有率の間にみられた負の相関関係であった．少し話は脇道に逸れるが，これには生物とリンの関係を扱った最新のトピックが含まれるので，少々スペースを割いて説明したい．

前述したように昆虫体においてリンは，細胞膜のリン脂質や ATP，核酸（DNA や RNA）などを構成するが，その中でもとくにリボゾーム RNA に多量に含まれ，リボゾーム RNA に含まれるリン含量と生物体全体に含まれるリン含量との間にはしばしば高い正の相関がみられる（Sterner and Elser 2002）．リボゾーム RNA はタンパク質合成の場であり，少し乱暴にいうと，ここでのタンパク質の合成量が生物の成長速度を決定する．つまりリボゾーム RNA 含有率の高い生物ほど速く成長ができ，そのためには多量のリンが必要ということである．このことから，成長の速い生物は高いリン含有率をもっているという仮説を導くことができる．この仮説は「成長速度仮説」（growth rate hypothesis）（Elser et al. 1996）とよばれ，今日まで昆虫類を含むさまざまな分類群で検証がなされ，その妥当性が確かめられてきた（Sterner and Elser 2002）．Woods らが示した昆虫類の体サイズとリン含有率の間にみられた負の相関も，この仮説との関連で説明ができる．多くの場合，体サイズの大きな生物に比べて小さな生物の方が相対的に成長速度が速い．成長速度仮説によると成長速度の速い生物ほど高いリン含有率をもっているのだから，体サイズとリン含有率の間に負の関係がみられたわけである．

4 「食う側」と「食われる側」の化学量論

ここまで，生物体がもつ炭素・窒素・リンの各含有率をそれぞれ独立に説明してきた．しかし，生物体に含まれる元素という観点からみると，そもそもこれらの元素は独立に扱うべきではない．すでに述べたように窒素はタンパク質の主要な構成要素であり，リンはリボゾーム RNA に多量に含まれる．しかし，タンパク質も核酸もすべて炭素を含む化合物であり，それぞれの元素が単体で存在しても役に立たない．つまり，生物体内では複数の元素が化合物を作ることでその機能を果たしているのである．また，タンパク質の合成プロセスにはリンが重要であることもすでに述べた．そのため，たとえば生物が炭素を大量に体内に取り込んだとしても，窒素が不足していればその化合物であるタンパク質は合成できないし，リンが不十分ならば，その合成の場が不足してしまう．

それぞれの生物には，生命活動の維持や成長に最適な元素の構成比率があり，各元素を個別に扱っていたのではこの現象はとらえきれない．複数の元素の構成比率を扱う新しいパラダイムが必要である．このような考え方は東・安部 (1992) にすでに萌芽が見てとれるが，最近では生態化学量論 (ecological stoichiometry) として市民権を得つつある (Sterner and Elser 2002)．この領域でおもに扱われる三つの元素の構成比率，すなわち炭素：窒素比 (C/N 比)，炭素：リン比 (C/P 比)，窒素：リン比 (N/P 比) などは，何も新しい指数ではなく生態学ではおなじみの指数だが，この比率のギャップから生物間の相互作用や生態系の挙動を説明しようという新しい試みが生態化学量論である（第 2 章も参照のこと）．

(1) 葉組織–植食性昆虫

植物の葉組織を食べる植食者を例にとって，生態化学量論の基盤的概念を説明しよう．ここに，元素 a と元素 b という 2 種類の元素から構成される「食う–食われる」関係を想定する（図 3）．食う側である植食者は図 3 右のような元素構成比をもつ．植食者は，その元素比を生命活動に最適な元素比にある

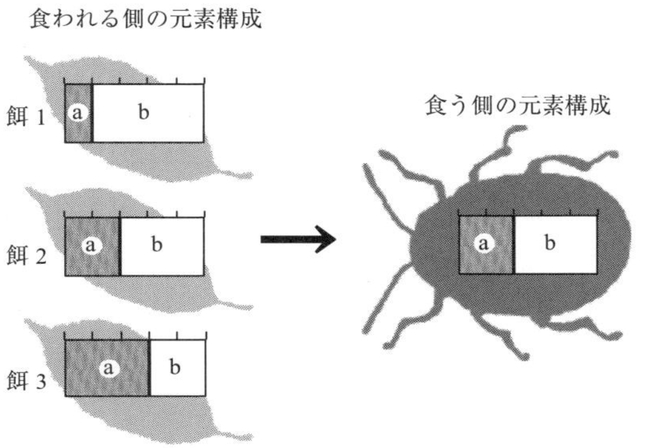

図3 食う側と食われる側の化学量ギャップ.
元素構成の比率が異なる資源を利用したとき,消費者はどのような反応をするのだろうか(詳しくは本文参照).

程度固定する必要があるため(この働きを恒常性 homeostasis という),餌となる葉と植食者の元素比との間にギャップがある場合,なんらかの方法でそのギャップを埋め合わせなくてはならない.仮に,図3左のように元素比の異なる三つのタイプの餌があるとすると,植食者はどのような手段で元素比のギャップを埋め合わせるのだろうか?

　もっとも簡単な方法は,自分の元素比と同じ元素比をもつ餌2を選んで食べることである(各元素の同化効率は100%ではなく,しかも元素固有の同化効率をもっているため,自分と同じ元素比をもつ餌がかならずしも最適とは限らない可能性があるが,ここでは簡潔化のため,どの元素も100%の同化効率をもつとする).この場合,植食者は労せずして自身の元素比を維持して成長することができる.しかし,自然界にはそんな都合の良い餌はほとんど存在しない.前節で述べたとおり,植物と昆虫とでは元素の構成比がかなり異なるのである.では,餌1を食べた場合はどうだろうか.餌1は植食者の元素比に比べて元素 a が少なく,逆に元素 b が多い.このままでは植食者は自身の元素比を維持できない.そのため,元素 a にあわせて余分な元素 b を排出して元素比を保たなくてはならない.同量の餌量を食べたとすると餌1は餌2に比べて元素 a を半分しか含んでいないので,理論的には,これが律速となって餌1を食べた植食者の成長は餌2を食べた場合に比べて半分になってしま

う．これは植物栄養学でいうところの「最小養分律」の考え方（＝植物の生産量は必要な無機養分のうち，その供給割合が最小のものに律速されるという考え方．最小量の法則ともいう，山田ら1983）と同じである．これにより植食者はサイズが小型化してしまうか，不足な元素 a を十分摂取できるまで摂食期間を延長することで，発育期間が延長されてしまうことになる．

　実際の研究例を一つ紹介しよう（Kagata and Ohgushi 2006）．ヤナギルリハムシはヤナギ科植物に特殊化した植食者で，西日本ではおおよそ5月から9月にかけて数世代の成虫が出現する．この研究で餌として使用したジャヤナギは西日本の河川敷に普通にみられ，4月初旬に開葉し10月末に落葉するまで葉を維持する．また，7月以降に二次的に葉を展葉させることもある．まず，このヤナギの葉に含まれる炭素と窒素の含量を月に1回の頻度で測定してみると，炭素含有率はほとんど季節の影響を受けないのに対し，窒素含有率は季節の進行とともに変化し，5月，6月と比較的高いレベルを維持するが，7月以降に急激に低下する．この窒素の変動に関連してC/N比も季節的に変動し，平均で18.3〜24.5までの値をとった（図4a, b, c）．次に，それぞれの月にハムシの卵を野外から採集し，その時のヤナギの葉を餌として成虫になるまで飼育した．そうして得られた成虫の炭素と窒素含量を測定したところ，両者に，餌の違いによる季節的な変動はみられなかった．ハムシのC/N比は，ヤナギのC/N比の影響をうけず，ほぼ4.3前後に恒常的に維持されていたことになる（図4d, e, f）．植物と植食者の炭素，窒素，C/N比の値を標準化して散布図にすると，その傾向をよりはっきり見ることができる（図4g, h, i）．散布図中の回帰直線の傾きが1ならば植食者は恒常性をまったくもたず，0ならば完全な恒常性をもっていることを示している．今回のハムシの例では，窒素，C/N比とも推定される回帰直線の傾きは0に近く，餌の化学量の違いに対する非常に強い恒常性を表している．また，季節のどの時点でもヤナギのC/N比はハムシのC/N比より大きく，それはハムシが絶えず炭素に比べて相対的に窒素不足の状態にあることを示す．このときのハムシの炭素と窒素の利用効率（＝成長量／摂食量）を測定すると，窒素の利用効率は餌のC/N比の影響をあまり受けないのに対して，炭素の利用効率はC/N比の上昇にともなって低下する（加賀田　未発表データ）．つまりヤナ

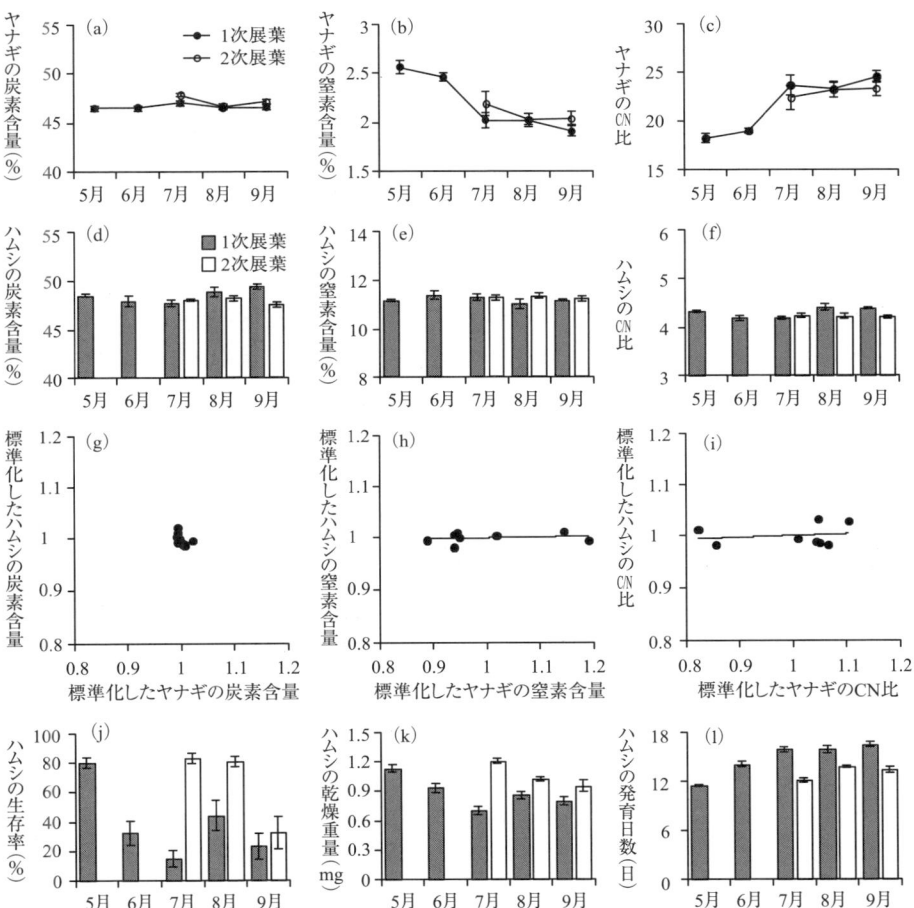

図4　化学量論からみたヤナギとハムシの関係.
ヤナギの葉の質の季節変化 (a, b, c), ヤナギリハムシの化学量 (d, e, f), ヤナギの葉の化学量の変化に対するヤナギリハムシの化学量の変化 (g, h, i) と生存率 (j), 乾燥重量 (k), 発育日数 (l).
図中のエラーバーは標準誤差を示す. ヤナギの葉の季節的な質の低下に対して, ヤナギリハムシの化学量はほとんど影響をうけないが, 乾燥重量や発育日数などの発育の良さを示すパラメータは影響をうけて低下する.
図は Kagata and Ohgushi (2006) にデータを追加して作成した.

ギルリハムシは餌のC/N比の変動に対して、炭素の利用効率を変化させることで、体内のC/N比を一定に保っているのである。詳細な生理的メカニズムはまだよくわかっていないが、他のいくつかの昆虫でも同様の反応がみられることが知られている (Sterner and Elser 2002)。一方、ハムシの発育の程度は餌のC/N比の変動を大きく受け、とくに成虫の乾燥重量や発育日数は、餌とハムシの間の化学量論的な制約によっておおまかに決定されていることが、図4j, k, lから読み取れるだろう。すなわち、餌のC/N比が高い場合（＝窒素含量が少ない場合）、ハムシの体サイズは窒素に律速されて小型化し、また成虫までの発育に要する日数も十分な窒素量が確保できるまで延長されてしまう。餌の質によって植食者の発育が影響を受けることは非常によく知られた事実だが、その裏には、このような化学量論的制約が背景として隠されていたのである。もちろん、植食者の発育には、その他にも餌となる葉の硬さや水分含量、二次代謝物質などの要因も複合的に影響していることはいうまでもない。

さて、図3に戻って、他に植食者が元素比のギャップを埋める手段はないものだろうか？　餌1と餌3に注目して欲しい。植食者の元素比に比べて、餌1は元素aが不足しているのに対して餌3は元素bが不足している。これら両方の餌を合わせて食べることができれば、植食者の元素比とのバランスがとれるだろう。このような「混食」の効果もいくつかの昆虫で研究が進められている (Simpson and Raubenheimer 2001)。

(2) 材組織-材食性昆虫

ここまで見てきたように、植物の葉組織とそれを食べる植食者との間に生じる化学量論的なギャップは、植食者の生理学的、行動学的な対処方法で解決されている。しかし、植物の材組織などのようにC/N比が100をはるかに超えてしまうような資源を利用している消費者では、消費者自身のC/N比とのギャップが大きすぎて、葉組織を食べている植食者が採用しているような対処法では、もはやそのギャップを解決できない。

ここで、一般的には分解者として位置づけられるシロアリを例に、そのC/N比ギャップへの特異的な対処法を簡単に説明しよう（安部・東 1992, 本

巻コラムも参照). シロアリが資源として利用しているのは落枝や倒木などによって植物遺体となった材組織であるが，この材組織のほとんどは細胞壁成分で構成されている．細胞壁には炭素化合物であるセルロースが主成分として含まれているが，窒素は含まれていない．そのため材の元素組成は炭素に大きく偏り，C/N比が非常に大きくなる．セルロースを分解すること自体が，多くの昆虫にとっては困難なのであるが，シロアリは腸内に共生する微生物やみずからが生産するセルロース消化酵素（セルラーゼ）によってセルロースを分解し，多量の炭素資源を獲得することに成功している．しかし，これではセルロースを利用できても，餌との C/N 比のギャップを解消することはできない（シロアリの C/N 比は，ほぼ 5 前後）．そのため，シロアリは窒素を確保するために，腸内に共生している窒素固定細菌の働きで空気中の窒素を直接固定したり，シロアリ巣内で材組織やみずからの排泄物を苗床として菌類，つまりキノコ（窒素を約 7%ほど含んでいる）を栽培して，それを餌とすることなどで窒素の摂取量を増加させている（Matsumoto 1976）．また，他の昆虫なら老廃物として排出してしまう尿酸を，体内に貯蔵したまま死亡したコロニー内の仲間の死体を食べる事で再利用して窒素の効率利用を図っているという報告もある．シロアリにおける C/N 比の調節問題に関しては，まだまだ不明なことも多いが，その調節に微生物との共生関係が重要な役割を果たしていることは確かである．

(3) 師管液-吸汁性昆虫

材食性昆虫の他に，植物の師管液を餌として利用する吸汁性昆虫も C/N 比の大きなギャップに悩まされているグループの一つである．今度はアブラムシを例に C/N 比ギャップへの対処法を紹介しよう．なお，アブラムシの栄養生理に関しては，佐々木（2000）による解説が詳しいので，そちらも参照して欲しい．アブラムシが餌としている植物の師管液には，ショ糖などの糖類が多く含まれ炭素成分は豊富だが，窒素成分に乏しい．師管液の C/N 比の値は知られていないが，アブラムシの C/N 比（約 6.5 〜 8.0）に比べるとかなり大きいはずである．シロアリ同様，アブラムシにも炭素を選択的に排出し窒素を効率良く摂取する特別のしくみが必要である．アブラムシがお尻

から甘露とよばれる液体を排泄し，これを仲立ちにアリとの共生関係をむすんでいることは有名であるが，実はこのなかにアブラムシのC/N比ギャップを解決する策が隠されている．アブラムシが排泄した甘露には糖類が多量に含まれるが，これはいうまでもなく，アブラムシが摂取した過剰な炭素を体外に排出した結果である．糖類を含む甘露の多量の垂れ流しは，アブラムシの生息衛生環境の悪化を招くが，この点に関しては甘露をアリに利用してもらうことで解決している．事実，アリとの共生関係を結んでいない一部のアブラムシでは，排出した甘露をみずからの後脚を使って遠くに跳ね飛ばすことによって，甘露による生息環境の汚染を防いでいる．

　一方，アブラムシの甘露には，一般的な昆虫が窒素老廃物として排出する尿酸が含まれていない．そればかりか，そもそもアブラムシは尿酸をまったく合成しないらしい．アブラムシは窒素老廃物として尿酸を合成するかわりに，グルタミンやアスパラギンといったアミノ酸を老廃物として合成する（石川1994）．これらのアミノ酸はアブラムシ体内に生息するブフネラ（Buchnera）とよばれる細胞内共生細菌のはたらきによって必須アミノ酸に再合成され，アブラムシに再利用されるのである（Sasaki and Ishikawa 1993）．このように，アブラムシは甘露として余分な炭素を排出する一方，老廃物として合成したアミノ酸を再利用することで窒素の効率的な利用を図り，師管液と自身とのC/N比のギャップを埋め合わせている．この過程にはシロアリ同様，細菌など他の生物との共生関係が重要になっている．材組織や師管液に比べると比較的C/N比の低い葉組織を餌としている植食性昆虫においては，C/N比ギャップに対処するために微生物と共生関係を結んでいるという報告は現在のところ知られていない．いいかえると，微生物などとの共生関係の獲得が，C/N比のかけ離れた資源を利用できるようになった鍵であるといえる．

(4) 植食性昆虫-肉食性昆虫

　今度は逆に，「食う側」と「食われる側」のC/N比ギャップが小さいシステムでは，どのような化学量論的な制約が働いているかについて考えてみたい．前節で紹介したMatsumura et al. (2004)のデータセットによれば，潮間

帯湿地雑草帯に生息する各栄養段階生物のC/N比の平均はそれぞれ，植物＝37.6，植食性昆虫＝5.6，肉食性昆虫＝4.3であり，植物-植食者間のギャップに比べれば，植食者-肉食者間のギャップはかなり小さい．そのため，植食性昆虫に比べると肉食性昆虫は，餌と自身とのC/N比のギャップにそれほど悩まされることはないだろう．しかし，肉食性昆虫において，さらに餌とのC/N比ギャップを小さくする方法はないだろうか？　その答えは，他の肉食性昆虫を襲って食べることである．平均的に見れば，植食性昆虫を食べるよりも他の肉食性昆虫を食べたほうが自身のC/N比に近い可能性が高い．この行動は一般にギルド内捕食（ギルド＝同じ栄養段階に属して共通の資源を利用しているグループのこと）とよばれ，多くの肉食性昆虫でこの行動が観察されている．少し話は遠回りになるが，ここではギルド内捕食とC/N比という観点から，植食者-肉食者間の化学量論的制約に関して説明したい．

ギルド内捕食行動の進化に関しては，栄養的な改善と潜在的な競争者の排除という二つの要因がこの行動を促進させたと考えられている（Polis et al. 1989）．Denno and Fagan（2003）は前者の要因を化学量論的にとらえ直し，一つの仮説を提唱した．それは，植食者と肉食者の間にC/N比のギャップがあるため，肉食者はギルド内捕食によりそのギャップを解消する事で自身の発育を向上させる．そのために肉食者においてギルド内捕食が促進される，というものである（正確には，彼らはC/N比よりも窒素含量のギャップに焦点を当てて仮説を展開している）．この仮説に関しては現在のところ検証研究が2例あるので，その一つを紹介しよう（Kagata and Katayama 2006）．

日本で普通にみられるナミテントウ，ナナホシテントウの2種類のテントウムシはともにアブラムシを主餌とするアブラムシ捕食性ギルドのメンバーである．アブラムシ捕食性ギルドでは，ギルド内捕食が頻繁に発生することが知られているが，この2種においてもお互いに食べたり食べられたりする．しかし，お互いの体サイズには大きな差はないにもかかわらず，ギルド内捕食の方向性には強い偏りがある．ナミテントウがナナホシテントウを捕食することが圧倒的に多く，その逆は比較的まれである．つまりアブラムシ捕食性ギルドでは，ナミテントウはギルド内捕食者として，ナナホシテントウはギルド内餌としてふるまっている．これらのことを踏まえて，Denno and Fagan (2003) の仮説に従うと次の二つの予測が行える．①アブラムシを餌とした場合，ナナホシテントウよりもギルド内捕食者であるナミテントウの方がアブラムシとのC/N比ギャップが大きい．②ギルド内捕食者であるナミテントウは，アブラムシを食べるよりギルド内捕食を行ったほうが成長が良い．これらの予測を検証するため，上記2種のテントウムシ4齢幼虫と，もともとの餌としてエンドウヒゲナガアブラムシ，ギルド内餌としてナナホシテントウ2齢幼虫を使用し，表1のような三つの処理区を作成し，成長や炭素・窒素の含有率などを比較した．

その結果，まず予測①に関しては（表中の「ナナホシ（アブラムシ）」と「ナミ（アブラムシ）」の比較），炭素と窒素の含有率，C/N比のいずれにおいても種間で差はみられなかった．テントウムシのC/N比（5.19～5.38）は常餌としているアブラムシのC/N比（6.46）よりも小さいことは確認できたが，ギルド内捕食者であるナミテントウにおいてとくにそのギャップが大きいということは検出できなかった．また，炭素と窒素の利用効率においても両者に違いはなかった．次に予測②に関しては（表中の「ナミ（アブラムシ）」と「ナミ（ナナホシ）」の比較），ナナホシテントウの2齢幼虫を食べて育ったナミテントウはアブラムシを餌として育ったナミテントウよりも体サイズが小さくなり，ギルド内捕食が成長を改善させるという結果は得られなかった．これは，ギルド内餌であるナナホシテントウ2齢幼虫のC/N比が4.21と捕食者であるナミテントウのC/N比よりも小さく，ここでも餌との間でC/N比ギャップが生じてしまったことに関連があるかもしれない．一般的な食う–食われる関係では，食う側のC/N比が食われる側のC/N比よりも小さいことが普通なので，食う側は炭素に比べて相対的に窒素不足になっている．そのため，自身のC/N比を保つためには，炭素利用効率よりも窒素利用効率を高くしなくてはならない．実際，アブラムシを餌としたナナホシテントウやナミテントウでその傾向がみてとれる（表1）．しかし，ギルド内捕食を行ったナミテントウでは，炭素と窒素の利用効率が相対的に低いだけでなく，両者でほぼ同じ効率になっている．このとき，ナミテントウの炭素含量やC/N比もギルド内捕食によって影響を受けて減少している．これらのことを総合すると，ギルド内捕食者であるナミテントウは，ギルド内捕食を行っても餌との

表1 実験に使用した餌の特性とテントウムシ4齢幼虫の飼育実験結果.

	乾燥重量 (mg)	炭素含有率 (%)	窒素含有率 (%)	C/N比	炭素利用効率	窒素利用効率
餌の特性						
アブラムシ	0.70 ± 0.03	49.71 ± 0.06	7.70 ± 0.04	6.46 ± 0.04	—	—
ナナホシ2齢幼虫	0.27 ± 0.01	46.86 ± 0.15	11.15 ± 0.05	4.21 ± 0.05	—	—
F値	240.40	309.02	813.08	1160.17	—	—
P値	< 0.0001	< 0.0001	< 0.0001	< 0.0001	—	—
実験処理区						
ナナホシ（アブラムシ）	11.90 ± 0.26 a	52.21 ± 0.17 a	10.09 ± 0.12	5.19 ± 0.07 ab	0.35 ± 0.01 a	0.44 ± 0.01 a
ナミ（アブラムシ）	12.97 ± 0.42 a	52.65 ± 0.18 a	9.85 ± 0.18	5.38 ± 0.11 a	0.33 ± 0.02 a	0.40 ± 0.02 a
ナミ（ナナホシ）	9.53 ± 0.51 b	51.16 ± 0.30 b	10.33 ± 0.10	4.96 ± 0.07 b	0.28 ± 0.02 b	0.26 ± 0.02 b
F値	16.80	13.37	2.07	4.65	9.25	16.37
P値	< 0.0001	< 0.0001	0.14	0.0142	0.0004	< 0.0001

処理区は，捕食者（餌）の組み合わせで示す．例えば，ナナホシ（アブラムシ）はエンドウヒゲナガアブラムシを餌として飼育したナナホシテントウを意味する．表中の値は平均値±標準誤差を示す．実験処理区における化学量の違いは見られなかったが，ナナホシテントウを餌としたナミテントウ（ギルド内捕食）では発育が悪くなり，炭素の含有率や利用効率が低下した．表はKagata and Katayama (2006)より作成した．

C/N 比ギャップを解消できず，かえって炭素不足が生じて成長を制限されたという可能性がでてくる．

　結局のところ，この実験では Denno and Fagan（2003）の仮説を支持する証拠は得られなかった．この実験に加えて，半翅目昆虫とクモを材料とした別の検証実験結果も，かならずしも彼らの仮説を支持するものではなかった（Matsumura et al. 2004）．この理由として，ギルド内捕食の発生には化学量論に基づいた餌の質の矯正よりも，いかに餌量を確保できるかという採餌効率のほうが重要であるからではないかとの見方がされている（Matsumura et al. 2004）．つまり，C/N 比のギャップが小さいシステムでは，ギャップを埋め合わせることによって得られるメリットが小さく，ギルド内捕食という行動の進化は化学量論的な視点からは説明できないということである．もちろん，Denno and Fagan（2003）の仮説の妥当性を議論するには，さらなる検証例が必要であるが，高次の消費者間に生じる化学量ギャップの生態学的意義に踏み込んだこの仮説の提唱意義は大きい．さらにギルド内捕食に関連して，食う側と食われる側の間の C/N 比ギャップを小さくするように煎じ詰めていけば，つまるところは「共食い」，つまり同じ C/N 比をもつ同種他個体の捕食にたどり着く．共食いという現象を化学量論的側面から扱った研究はまだないが，前述のように各元素の利用効率は 100％ではないので，自身とまったく同じ元素比をもつ餌が果たして本当に最適な餌となるのか，興味深いところである．

　本節では，食う側と食われる側の化学量のギャップに注目し，それぞれのギャップの大きさに対応して，どのような化学量論的制約が働いているかについて説明してきた．陸上昆虫を扱った研究では，伝統的に窒素の含有量が重要視されてきたため，いきおい C/N 比ギャップの話題に終始してしまったが，最近になって C/P 比や N/P 比などリンに関連した制限や，その他の微量元素の重要性も指摘されはじめている（Huberty and Denno 2006；Karimi and Folt 2006；次節も参照）．扱う元素の種類を増やすことも，もちろん重要であろう．しかし，より本質的なことは，食物連鎖が複数の元素からなる化学量のギャップを矯正しながら成り立っている，という事実である．この化学量のギャップにより，生物は生理学的，行動学的手段をもって，時には他の生

物の助けを借りてまで，必要な物質を摂取し不要な物質を排出しながら成長する．これはまさに食物連鎖を通して物質が移動するメカニズムそのものであり，生態系レベルにおいても，ある栄養段階から次の栄養段階への物質の転換効率を支配する基盤的なメカニズムなのである．

5 化学量論からみた陸上生態系

ここまで資源と消費者の間に生じる「化学量のギャップ」というものを繰り返し強調してきたが，この化学量のギャップというものは，陸上生態系の生物群集に特有にみられる現象なのであろうか？　また，このギャップは陸上生態系の物質循環に実際にはどのように関与しているのだろうか？　この問いに答えるために，陸上生態系と他の別の生態系とを比較してみることにしよう．

図5は，陸上生態系と湖沼生態系における生産者（植物）と一次消費者（植食者）のC/N比，C/P比，N/P比をそれぞれ比較したものである（Elser et al. 2000）．陸上生態系においては緑色植物の葉とそれを食べる植食性昆虫を対象に，それに対応して湖沼生態系では植物プランクトンを中心として構成されるセストン（＝水中に浮遊する懸濁態物質の総称のこと）と植食性の動物プランクトンを対象としている．セストンは植物プランクトンのみならず，細菌や原生動物，デトリタスなどを含むが，ここで扱った湖沼ではセストンのバイオマスの大半を植物プランクトンが占めるため，セストンの化学量の値は植物プランクトンの値を反映していると考えて差し支えない．これらの生物群のデータはある特定の実際の生物群集を扱ったものではなく，膨大な文献資料から収集されたものであるが，それゆえに陸上生態系と湖沼生態系の平均的な特性を反映していると考えてもよいだろう．

まず注目して欲しいのは，湖沼生態系よりも陸上生態系において植物のC/N比・C/P比の値が大きく，しかも分散が大きいということである（通常，平均値が大きいと分散も大きくなる傾向にあるが，平均値とは独立にデータのばらつきを評価できる変動係数という指数で比べてみても，陸上生態系のばらつき

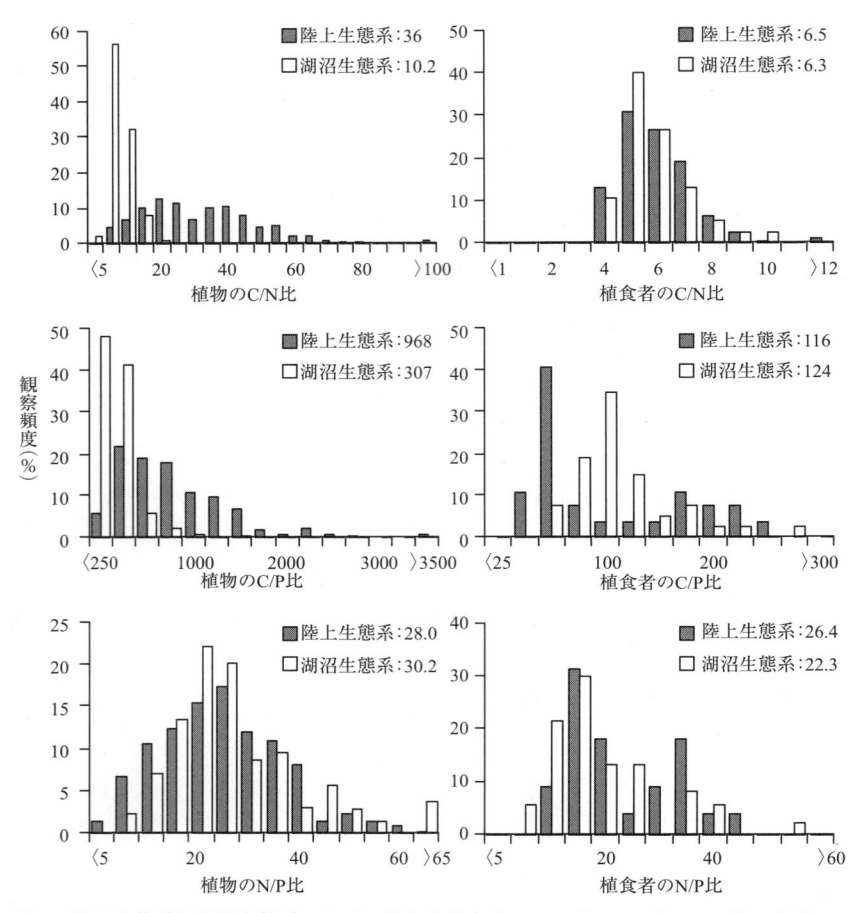

図5 陸上生態系と湖沼生態系における植物と植食者のC/N比，C/P比，N/P比の比較．
図中の値は平均値を表す．陸上生態系における植物のC/N比，C/P比の値は湖沼生態系の植物プランクトンの値よりも大きく，そのため，植物—植食者間の化学量論的なギャップは陸上生態系において大きい．図はElser et al. (2000) を改変した．

のほうが大きい）．その一方，植食者のC/N比・C/P比は，どちらも植物のそれらより小さいが，驚いたことに二つの生態系の間で差はほとんどない（統計的に有意な差は検出されない）．この結果，植物とのギャップに注目すると，平均値でみて，湖沼生態系ではC/N比で約1.6倍，C/P比で約2.5倍の差があるのに対し，陸上生態系ではそれぞれ5.5倍，8.3倍の差があり，陸上生

態系においてその差は大きい．つまり，植物と植食者との間の C/N 比・C/P 比のギャップは，生態系のタイプを問わずみられるが，陸上生態系においてその差がより顕著であるといえる．また，陸上植物の N/P 比の値は植食者の N/P 比よりわずかではあるが大きく，C/N 比と C/P 比でみられたギャップと合わせて考えると，陸上生態系の植食者は窒素と同等かそれ以上にリンによっても制限されている可能性がある (Elser et al. 2000)．これは従来より窒素による制限を主眼にとらえられてきた陸上生態系の食物連鎖のメカニズムを，見直す必要があることを示唆している．

　陸上生態系と湖沼生態系でみられた植物と植食者との間に生じる化学量のギャップの違いは，植物から植食者への物質の転換効率に大きな影響を与えている可能性がある．水圏生態系では植物プランクトンの純一次生産量の 50% 以上が植食者に消費されるのに対し，陸上生態系，とくに森林生態系では数 % 程度しか消費されないと推測されている (Cebrian 1999)．この違いをすべて化学量ギャップで説明するには多少無理があるかもしれない．しかし，植物と植食者との間の化学量ギャップが小さい系ほど，つまり炭素に比べて窒素やリンを相対的に多く含む植物ほど植食者に好んで食べられるという事実（たとえば，Huberty and Denno 2006）から考えても，生態系における植物−植食者間の物質移動の背景には，化学量論的な制約が働いているのはまちがいないだろう．水圏生態系に比べて，陸上生態系の植食者にとって植物は利用しづらい資源であるということは広く認識されてきたことだが，化学量論的な見地からも，そのことがはっきりと裏づけられたわけである．

6　まとめと今後の展望

　本章では，食物連鎖の鎖を解きほぐし，「食う−食われる」関係の間に生じる化学量のギャップが，その間の物質の移動をどのように規定しているかを浮き彫りにしてきた．ここではそれらの知見を生かして，解きほぐした食物連鎖の鎖をもう一度紡ぎ直し，複数の栄養段階を内包する食物連鎖を通じて，物質が栄養段階間をどのように転流しているかについて考えてみたい．

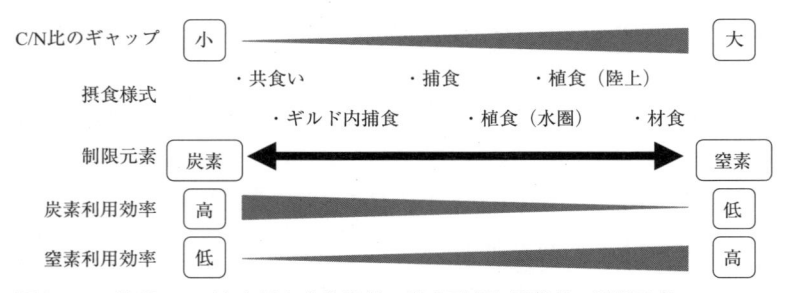

図6 C/N比ギャップから見た食物連鎖の構成要素と消費者の制限元素.
資源と消費者の間のC/N比のギャップに応じて，消費者の成長に対する制限元素や利用効率が異なることが予測される．図はSterner and Elser (2002) を参考に作成した．

　先の節でも述べたように，食物連鎖は，植食や肉食，ギルド内捕食や材食などさまざまな摂食様式によって構築されている．これらの摂食様式は，資源と消費者間の化学量のギャップの大小によって序列化することが可能である．C/N比のギャップを例にとってみると，ギャップが小さい共食いから，きわめて大きい材食にいたるまでを1本の直線上に配置することができる（図6）．これらの食物連鎖の構成要素がおのおのの化学量ギャップにどう対処しているかは，すでに見てきたとおりである．化学量論の立場から，消費者の成長に対する制限元素を予測すると，図6に示すように資源と消費者間のC/N比ギャップが小さいシステムほど炭素の制限を受け，逆に大きいシステムほど窒素の制限をうけることが期待される（Sterner and Elser 2002）．これに応じて，炭素の利用効率はC/N比ギャップが小さいほど高く，窒素の利用効率はC/N比ギャップが大きいほど高くなる．これを食物連鎖の構造に当てはめてみると，栄養段階が上昇するほど炭素の転流速度が増加し，窒素の転流速度が減少することを示唆している．つまり，炭素や窒素などの元素は，消費者の栄養段階や摂食様式に応じて，固有の速度をもって消費者群集内を伝達されているだろうことが推定されるのである．実際の食物網での検証は，まだまだこれからであるが，生態系生態学において「消費者」としてひとくくりにされていた生物群集と物質循環の関係が今まさに解き明かされようとしているのである．

　本章では比較的に情報量が豊富な生食連鎖系をおもに扱ってきたが，菌食

や落ち葉食，腐肉食，糞食などのデトリタス食を起点とする腐食連鎖系では，化学量論的な見地による知見はまだほとんど得られていない．しかし，腐食連鎖系は分解系との接点も多く，また腐食流入によって生食連鎖とも深い関係をもっている（詳しくは第3章を参照）．陸上生態系の物質循環における消費者群集の役割を理解するには，生食連鎖系とならんで腐食連鎖系も忘れてはならない重要なシステムである．

このように，化学量論的なものの見方は，摂食様式や栄養段階にとらわれずに「食う－食われる」という関係を整理でき，それにともなう物質の移動を一元的に理解することを可能とする．さらに，前節で示したように，異なったタイプの生態系の比較さえも可能となる．現在報告されているのは，陸上生態系と湖沼生態系の比較のみだが，たとえば，陸上生態系に限っても森林生態系と草地生態系，広葉樹林と針葉樹林など植物と植食者との間の化学量ギャップが異なることが予測される系間の比較が進むことによって，消費者群集と物質循環との間にみられる関係について，より一般的な理解が可能となるにちがいない．図6に示したような予測があらゆる摂食様式，さまざまなタイプの生態系においても成り立つかどうか，今後の研究の進展が待たれるところである．

食う－食われる関係における物質のやりとりに対しては，化学量論的な制約がはたらいていることに，もはや疑う余地はない．しかし，もちろんこのような視点が万能であるというわけではない．「元素」は万物に共通な物差しであり，システムを大局的にとらえるには好都合だが，特定のシステムに注目した場合はその解像度が低下することは否めない．たとえば，植物と植食者の関係においては，植物が生産する特定の二次代謝物質がその間の物質のやりとりの多くを規定している例は少なくはない．また，何より物質のやりとりをともなわない関係，いわゆる間接的相互作用に関しては（詳しくは本シリーズ第3巻を参照），その性質上，化学量論の考え方を直接用いることはむずかしい．しかし，二次代謝物質を介した植物と植食者の種特異性や植物形質の変化を介した間接的相互作用は，陸上生態系でとくに顕著にみられる現象であり，陸上生態系のもう一つの大きな特徴である．この点に関して，陸上生態系において化学量論的なアプローチがどこまで有効性をもつことが

できるのか，その見極めも今後に残された重要な課題である．

第2章

生物群集が支える湖沼生態系の物質循環

土居秀幸

Key Word

水圏生態系　食物網　生態化学量論
レジームシフト　気候変動

　生態系内での物質の流れには，対流・沈降・拡散などの物理化学的な過程だけでなく，光合成や呼吸，被食・捕食など生物群集の活動が大きく寄与している．

　かつては生物群集と物質循環の研究については，「生態系生態学」と「群集生態学」として，それぞれ別々に発展してきた側面が多かった．しかし，近年では，とくに湖沼生態系において，物質循環と生物群集を結びつける先駆的な研究が行われるようになってきた．新たな手法として，^{12}C と ^{13}C など安定同位体間の比率の変化を利用した「安定同位体解析」や，化学量バランスから物質循環を考える「生態化学量論」の視点が生まれ，これによって物質循環と生物群集の関係について，詳細にその経路とメカニズムが明らかにされつつある．

　近年，リンの流入で引き起こされた湖沼の富栄養化や，地球温暖化による気温上昇は，湖沼の生物群集の構造を大きく変化させてきている．これら富栄養化や気温上昇による湖沼の生物群集の変化が，物質循環にどのような影響を及ぼすかについても研究が進みつつある．本章では，これらの生物群集と物質循環の相互作用について，とくに湖沼生態系での先駆的な研究について紹介する．

1 はじめに

　生態系内での物質循環には，光合成や呼吸など生物群集の活動や，食物網を介した物質輸送が大きく寄与している．それら物質の「流れ」は，生物群集の構成によって大きく変化する．反対に，物質の流れや物質間のバランスは，生物群集の構造や生産性にも大きな影響を与える．このように，物質循環と生物群集は密接にかかわっている．物質循環と生物群集については，かつては「生態系生態学」と「群集生態学」として，それぞれ別々に発展してきた側面が多かった．しかし，近年では，とくに湖沼生態系において，物質循環と生物群集，両者の相互的な関係がよく理解されるようになってきた．

　湖沼生態系では，古くから物質循環と生物群集の分布や構成が同時にとらえられてきた．たとえば，植物プランクトンが春に大増殖すると水中の栄養塩濃度が低下し，それにともなって今度は植物プランクトンが少なくなることなどが知られていた．このような背景のもと，物質循環と生物群集をむすびつける先駆的な研究の多くが，湖沼生態系を舞台にして行われてきた．生態化学量論やレジームシフト（不連続な生態系変化）をはじめとした湖沼から見出された多くの研究理論が，他の生態系での研究にも波及している（第1章，第3章参照）．

　物質循環は単純化すると，物質の「流れ」とその「バランス」によって駆動している（図1）．これはわれわれ人間が栄養をとるときに，食事の量と栄養バランスを考えていることからも，ある程度直感的にも考えつくことである．物質の「流れ」を考える際には，古典的には単純に湖沼内での循環だけが考えられてきた（基本的な湖沼の物質循環については，Brönmark and Hansson 2007 を参照）．しかし近年では，外部生態系とのつながり，陸上生態系や大気とのつながりなども重要視されるようになってきた（第4章参照）．また，生物群集の物質循環への関与についても，ある場所での捕食被食関係だけでなく，湖沼内での生物の移動分散による物質輸送についても考えられるようになってきた．しかし，これらの物質循環と生物の関係は複雑であり，詳細に明らかにすることはむずかしかった．近年では，炭素（^{12}Cと^{13}C）や窒素（^{14}N

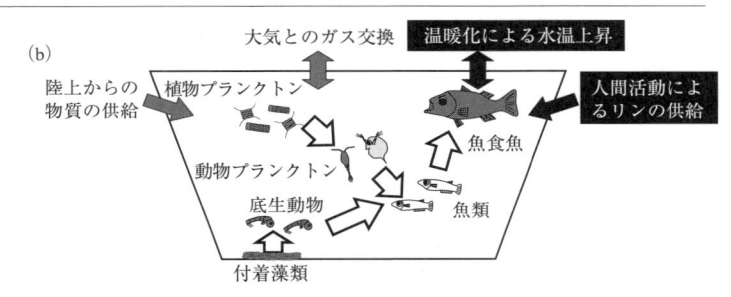

図1 湖沼生態系の生物群集と物質循環.
a) 物質循環を決める主な要因．灰色枠内はその要因を解析するための主な手法や考え方を示す．b) 湖沼生態系の生物群集と物質循環の相互作用に関わる重要なプロセスを模式的に示したもの．白矢印は食物網，灰色矢印は系外との主な物質循環，黒矢印は主な人為的改変をそれぞれ示す．

と^{15}N)などの安定同位体という天然のトレーサを用いて，物質輸送の経路を解析することによって明らかにされつつある（安定同位体解析の詳細については，コラム参照）．

一方，物質の「バランス」を考える際には，「生態化学量論」という，複数の元素のバランスに着目した新たな理論が導入された．この「生態化学量論」の視点から，元素の化学量比（たとえば炭素とリンの比率）について，捕食者とその被食者での違いについて検討されつつある．たとえば，生産者と消費者の化学量比を比較することにより，どのような元素によって，生産者-消費者間の物質循環が制限されているかを明確にとらえることできる（第1章参照）．

物質の「流れ」と「バランス」を扱う研究は，これまで個別に行われてきた．

しかし，現在進行しているさまざまな人為的改変が生物群集を介して生態系に与える影響を評価するためには，これらの問題に統合的に取り組む必要があるだろう．たとえば，人間活動の増加によって，湖沼に多くのリンが流入した結果，「富栄養化」が進行している．富栄養化は，湖沼の物質循環や生物群集の構造を大きく変化させている．さらに，地球温暖化による気温上昇は，物質循環や生物の出現のタイミングを変化させ，それは間接的に物質循環にも影響を与えつつある（第6，7章参照）．これら富栄養化や気温上昇によって引き起こされた湖沼生態系の変化について詳細に解析することはむずかしい．なぜなら，富栄養化による生態系の変化は，常に観察できるわけではない．また，温暖化による影響は，気温が上昇する以前からの長期的なデータがなければ解析できないからである．しかし近年では，数理モデルや長期観測データセットを用いた解析により，人間活動の影響が湖沼生態系の生物群集と物質循環にどのような影響を及ぼすかについて検討されつつある（図1）．

　本章では，湖沼生態系の生物群集と物質循環のつながりについて紹介する．さらに人間活動が，湖沼生態系の生物群集と物質循環に与える影響として，生物間相互作用が湖沼の富栄養化に及ぼす影響，地球温暖化が物質循環と生物群集に与える影響について紹介する．本章で強調するところは，「生物群集と物質循環の相互作用の多面的なプロセス」（図1b）についてであり，これは従来の研究や総説ではとくに着目されてこなかったところである．現在までの生物群集と物質循環の相互作用についての理解が，今後の生物群集と生態系の研究の統合的発展に果たす役割について考えてみたい．

2　湖沼生態系の生物群集と物質循環のつながり

(1) 生物群集の違いが湖沼生態系の炭素循環を変化させる

　生態系内での物質の流れには，光合成や呼吸など生物群集の活動，食物網を介した物質輸送などの「生物群集と物質循環の相互作用」が重要である．

そこから，生物群集の構造が違うことによって，食物網内の栄養循環が変化し，その結果，湖沼の物質循環は異なるのではないかという予測ができる．実際に，生物群集の違いは，湖沼内の炭素循環を変化させるだけでなく，湖沼-大気間の炭素循環にも大きな影響を及ぼす．Schindler et al. (1997)は魚食魚のいる湖といない湖に，栄養塩としてリンを添加したときに，それぞれの湖においてどのように炭素循環が変化するかについて検討した．リンを添加することにより，リンによって増殖が制限されている植物プランクトンが増加し，湖内の生産性は増加したが，魚食魚がいる湖では，いない湖に比べて，生産量は低く抑えられた (図2a)．さらに，湖沼-大気間の二酸化炭素 (CO_2) ガスの流れを測定すると，魚食魚がいる湖では大気へと二酸化炭素ガスを放出し，逆に魚食魚がいない湖では大気から二酸化炭素ガスを吸収した (図2b)．これは，魚食者の存在によって，プランクトン食魚の現存量が減らされ，食べられなくなった動物プランクトンが増加することに起因する．植物プランクトンは，増加した動物プランクトンからの強い捕食圧を受けるので，その現存量を増やすことができなくなる (二酸化炭素ガスを固定できなくなる)．すなわち，魚食者がいることで，栄養カスケード (高次捕食者が二つ以上離れた下位の栄養段階の生物に与える間接効果．この場合，魚食魚の有無がプランクトン食魚，動物プランクトンを介して，植物プランクトンに間接的に影響を与える) が強く働き，植物プランクトンの現存量が制限される．その結果，湖沼内に二酸化炭素が余って過飽和状態になり，大気に放出されるのである (図2b)．逆に，魚食魚がいない湖には，栄養カスケードが弱くなり，植物プランクトンがさかんに増殖する．その結果，湖沼内に植物プランクトンが固定する二酸化炭素ガスが足りなくなり，大気から二酸化炭素ガスを吸収する系となる．このように，生物群集内の相互作用が，湖沼内の炭素循環を変化させ，さらに湖沼-大気間の二酸化炭素ガス交換をも変化させる．これは，生物群集の相互作用が，湖沼生態系内の炭素循環に大きな影響を与えることを示す一例であり，生物群集の変化によって，生態系内の物質循環が大きく変化することを如実に示している．

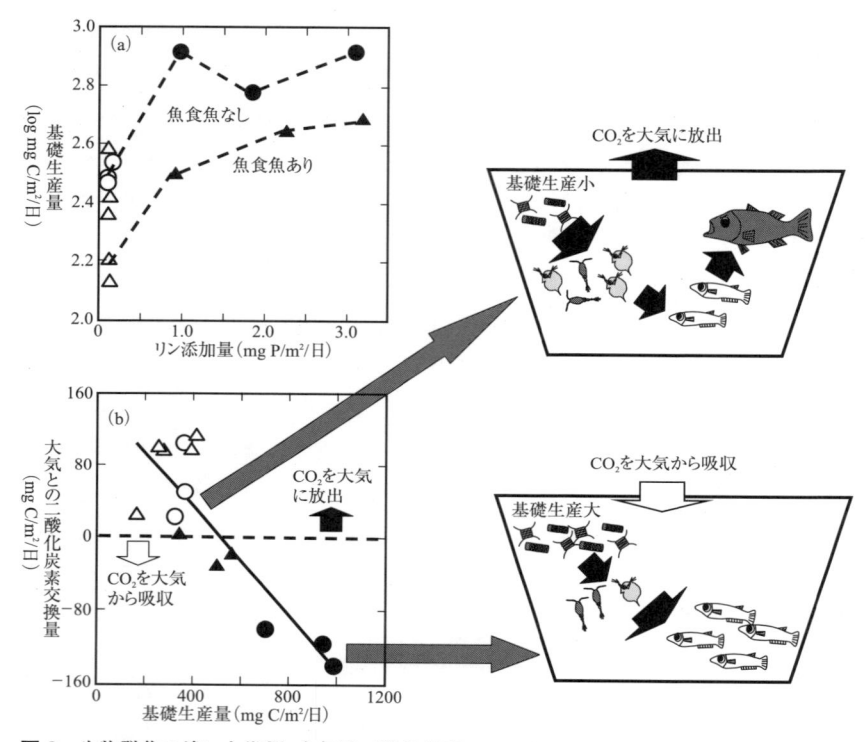

図2 生物群集の違いと湖沼-大気間二酸化炭素フラックス．
(a) さまざまな量の溶存態リンを添加したときの，魚食魚がいない湖といる湖での沖帯における植物プランクトンの一次生産量．(b) 一次生産量と湖沼-大気間の二酸化炭素フラックス（＋が湖からの大気への放出，－が大気からの吸収）の関係を示す．○と△はそれぞれ魚食魚がいない湖といる湖での結果を示す．白（○）と黒（●）のマークはそれぞれリン添加前とリン添加後を示す．Schindler et al. (1997) を改変．右図は魚食魚がいない湖といる湖での模式的な食物網を示す．

(2) 湖沼の炭素循環と陸域からの栄養補償

　このように生物群集構造の変化は，湖沼内の二酸化炭素が不足する状態から過飽和な状態へと変化させる．実際は，世界中の湖沼のほとんどでは，水中の二酸化炭素は過飽和状態であり，大気に二酸化炭素を放出している（Cole et al. 1994，第4章参照）．さらに，温帯の湖では，湖沼内部の一次生産で固定される炭素（総生産量）よりも，その湖に生息する従属栄養生物の炭素量（呼吸量）が多いことが知られている（del Giorgio et al. 1999）．すなわち，

世界中の多くの湖では，植物プランクトンによる炭素生産だけでは，群集の呼吸量を支える炭素が足りない．よって，炭素源の多くを外来性の有機物にたよっていると考えられる．このため，陸域などの湖沼外からの炭素源の栄養補償 (subsidization)，たとえば，湖畔の森林からの落ち葉の供給などが重要な役割を担っていることが推測される (第 4 章参照)．

近年，湖内で生産される炭素と，周りの陸域からもたらされる炭素が消費者の炭素としてそれぞれどの程度貢献しているかを詳細に検討する研究がなされている．Pace et al. (2004) や Cole et al. (2006) では，^{13}C という重い炭素安定同位体を多く含んだ炭酸塩をトレーサとして添加して，物質循環の経路を調べる試みがなされている．Cole et al. (2006) では，^{13}C を多く含む炭酸塩を湖全体に添加して，その後のさまざまな生物の炭素安定同位体比の変化を調べた．その同位体比から安定同位体比混合モデルを構築して (詳細については Cole et al. 2006 参照)，陸域由来の溶存態炭素，陸域由来の粒子状炭素，植物プランクトンや付着藻類による湖内での生産の各寄与率を検討した．その結果，動物プランクトンや底生動物では，炭素の 40 〜 60 % 程度を陸域からの炭素に依存していることが判明した (図 3)．

一方，人工的に窒素・リンを添加した場合 (図 3 の Peter + N/P) は，栄養塩が制限となっていた植物プランクトンが大増殖したため，湖内での生産の割合が大きく増加し，陸域由来の炭素への依存度が減少することが明らかとなった (図 3)．細菌類も陸域由来の溶存態有機炭素に大きく依存しており，その割合は窒素・リンを添加した Peter 湖においても 40 % 近くを占めた (図 3)．魚類においても，陸域からの落下動物などに多くの炭素を依存している種があった．魚類全体としても，多くの炭素源を直接的，もしくは動物プランクトンを介して間接的に陸域に依存していることが示唆された．このように，湖沼生態系では多くの生物が，湖内で生産された炭素だけではなく，陸域からの炭素にも依存している．これは前述のように，湖に生息する従属栄養生物の呼吸による炭素量が，湖内の一次生産で固定される炭素よりも高く，不足分は陸域からの炭素源で補償されていることとも一致する．このように，安定同位体解析は，炭素などの元素が生物間をどのように流れているかについて詳細に明らかにすることができる．

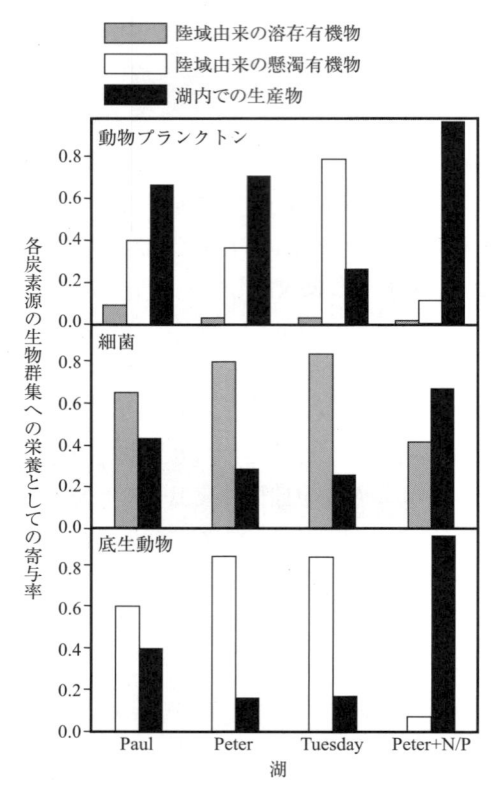

図3 生物群集への陸域由来の炭素の寄与.
動物プランクトン,細菌,底生動物への陸域由来の溶存有機炭素,陸域由来の懸濁有機炭素,湖内生産有機物の寄与率を示す.Peter+N/PはPeter湖に溶存態窒素・リンを添加した実験の結果を示す.Cole et al.(2006)を改変.

(3) 生物群集を介した生息場所間の物質輸送

　ここまではおもに,湖沼生態系を一つの系としてみた場合の物質循環について紹介したが,湖沼は沿岸帯,沖帯,湖底とさまざまな生息場所から構成されている.このような生息場所間の物質のやり取りは,対流や沈降など物理的な作用によるものもあるが,おもに生物の摂食被食関係や,捕食した生物の移動分散などを介して物質のやり取りが行われていることが明らか

表1 沖帯と底生食物網間での生息場所結合による主要な物質輸送.

生物の移動・捕食による沖帯と底生食物網間の物質輸送	
沖帯捕食者への底生生物の供給	底生の水草や付着藻類，無脊椎動物などが，魚類などの沖帯捕食者の餌資源として大きく寄与している．魚食魚であっても小さくて水深が浅い湖沼では，底生生物に強く依存している（Vadeboncoeur et al. 2002; Vander Zanden and Vadeboncoeur 2002）.
底生捕食者への沖帯生物の供給	二枚貝やユスリカなどの底生生物は，沖帯で生産された植物・動物プランクトンを摂食し，底生食物網に物質を輸送している．沖帯の植物プランクトンの底生動物への寄与率は，水深の深いところで大きくなる（Post 2002; Doi et al. 2006, 図4）.
生物群集を介した沖帯と底生食物網間の物質輸送	
堆積過程	表層で植物プランクトンによって生産された有機物が，沈降・堆積して堆積物層を形成し，底生食物網の重要な餌資源となる．水深の深いところでは，光が届かなくなり底生生産が減少するため，植物プランクトンの寄与率は大きくなる（Covich et al. 1999; Doi et al. 2006）.
光エネルギー伝搬の阻害	水中の植物プランクトンや溶存態有機物が，水草や付着藻類などの底生生産者への光エネルギーの供給を変化させる．さらに，光の阻害が生態系全体の物質循環の安定化状態を変化させる（本章4節（2）参照）（Vadeboncoeur et al. 2001, 2002; Genkai-Kato and Carpenter 2005）.
栄養塩・炭素源の拡散	底生藻類は，生息する粘性境界面では水の流れが小さくなるため，湖水中の栄養塩や炭素源の供給が植物プランクトンよりも小さく，栄養塩や炭素源をめぐる競争で不利になる．そのため，沖帯でおもに栄養塩や炭素が消費される傾向がある（Vadeboncoeur et al. 2001; Doi et al. 2003）.
栄養塩回帰	直接的な影響として，湖底堆積物内で堆積有機物が無機化され，リンなどの栄養塩が溶出し沖帯へ回帰する．間接的には，水草の枯死や沖帯捕食者による底生生物の摂食により，窒素・リンが沖帯に運ばれて，そこで排泄・分解されることで，栄養塩が回帰される（Carpenter 1980; Vanni 1996）.

Schindler and Scheuerell (2002) を改変.

となってきた．これは一般に，「生息場所結合（habitat coupling）」とよばれる（Schindler and Scheuerell 2002）．現在では，沖帯と底生食物網間での生息場所結合を中心に研究が進められている．ここでの主要な物質輸送は，表1でまとめているようにさまざまなものが存在する．

沖帯と底生食物網間での生息場所結合については，安定同位体解析を用い

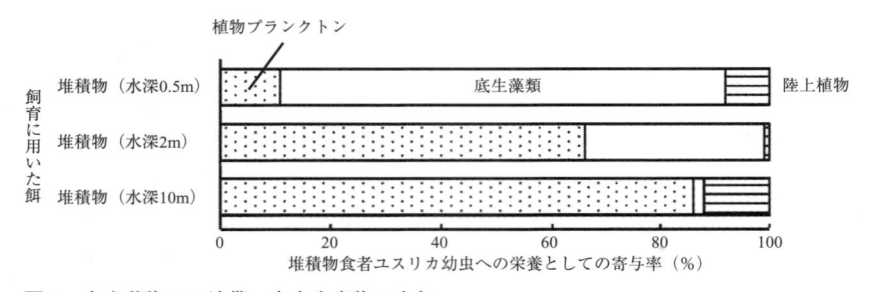

図4 底生動物への沖帯・底生生産物の寄与.
強酸性湖沼沼の各水深（0.5, 2, 10 m）の表層堆積物をそれぞれ食べたユスリカ幼虫への，植物プランクトン，底生珪藻，陸上植物の栄養としての寄与率．Doi et al. (2006) を改変．

て検討されている．ここでは，沖帯と底生食物網の捕食者を介した物質輸送について紹介する．沖帯から底生への物質輸送として，沖帯で生産された植物プランクトンは，底生動物による摂食により底生食物網に寄与している．Doi et al.（2006）は，堆積物食者のユスリカ幼虫に，各水深（0.5, 2, 10m）の表層堆積物をそれぞれ食べさせて飼育した．飼育後に安定同位体比を測定し，安定同位体混合モデルから，ユスリカ幼虫に対する植物プランクトン，底生珪藻，陸上植物の寄与率を計算した．その結果，植物プランクトンの寄与率は水深が深くなるにともなって大きくなった（図4）．水深が深いところでは，湖底に光がほとんど届かないため底生珪藻の生産が小さくなり，沖帯からの植物プランクトンの供給が底生食物網にとって重要になると考えられる．

　一方，底生から沖帯への物質輸送として，沖帯の魚類などの捕食者は，底生生物を多く摂食し，沖帯生態系への物質輸送に重要な役割を果たしている．Vander Zanden and Vadeboncoeur (2002) は，北アメリカ大陸の18の湖でさまざまな魚類を採集して炭素安定同位体比を測定し，炭素安定同位体混合モデルから魚の餌資源としての底生動物の寄与率を計算したところ，魚食魚（レイクトラウト，オオクチバス）を含めた多くの魚種が底生生物を利用していることがわかった．とりわけ，魚食魚のレイクトラウトは，面積が小さい湖（沿岸域の割合が大きくなる）では底生生物をより利用し，大きな湖ではほとんど利用しなくなる．沿岸域の割合が大きくなると，沿岸域では水深が浅く，湖底まで光が届くので湖底での生産が相対的にさかんになる．このこと

から，沿岸域の割合が大きい湖では，底生生産が炭素源としてより重要になることが考えられる．

　これらの研究から，湖沼生態系内での物質循環では，生物の捕食被食や移動分散，また生物によって生産された有機物が物理的に循環されることによって，さまざまな生息場所が結合されていることが明らかとなった．生物群集は，対流や沈降などの物理的な作用だけでは説明できない湖沼全体での物質循環に大きく貢献している．生物群集と生息場所結合の関係をより深く考えると，生物群集が変化したときに，生息場所結合の様式がどのように変化するかという疑問が生じる．これは，今後明らかにされるべき新たな課題であろう．

(4) 新たな物質循環経路としてのメタン

　メタンガスは，湖底堆積物中などの還元的な環境下で，メタン細菌によって有機物が分解されることによって生産される．そのメタンはメタン酸化細菌によって利用される．近年では，一般的な消費者の炭素安定同位体比（−35 〜 −10‰，‰は単位，コラムを参照）よりも非常に低い値（−65 〜 −35‰）をもった消費者がいくつか発見されている．メタンガスが非常に低い炭素安定同位体比をもつことから，メタン細菌やメタン由来の有機物を取り込んだ消費者も，非常に低い炭素安定同位体比をもつ．湖沼や河川など水圏生態系においては，メタン由来の炭素源がさまざまな底生動物，たとえば湖底に生息するユスリカ幼虫（Grey et al. 2004; Jones et al. 2008），河川のたまりに生息する水生昆虫（Kohzu et al. 2004）などに利用されていることが発見されている．メタン由来の炭素源の寄与率は，生物種やその生息場所によってさまざまで，種内であっても多様な炭素安定同位体比をとる（Grey et al. 2004）．さらに，動物プランクトンまでもがメタン由来の炭素を利用していることが明らかとなっている（Kankaala et al. 2006）．しかし，これらメタン由来の炭素が，生態系の炭素循環や食物網全体にどの程度寄与しているかは不明である．

3 生態化学量論と生物群集

(1) 生産者と消費者の化学量バランス

　生態系内の物質循環を考えるうえで，炭素，窒素，リンなどのそれぞれ一つの元素動態に着目して研究することが多く行われてきた．前節では，おもに炭素の動態に着目した研究例について紹介した．しかし，近年では「生態化学量論 (ecological stoichiometry)」とよばれる，炭素 (C)，窒素 (N)，リン (P) の比率 (C：N：P 比) などの複数の元素の化学量バランスを考えることで，物質循環と生物群集の関係について検討する理論が広まりつつある (第1章参照)．

　水圏生態系では，生産者である植物プランクトンや底生藻類は，その周囲の溶存態窒素・リンなどの栄養塩量や自身の光合成活性などによって，大きく C：N：P 比を変化させる．一方，消費者は C：N：P 比の恒常性が高く，比較的一定に保たれている (Elser et al. 2000; 第1章参照)．そのことから，生産者の C：N 比や C：P 比が高いとき (炭素に比べて，窒素・リンが少ないとき)，消費者にとっては，自身の体を構成している元素の C：N 比，C：P 比と著しく異なる C：N 比，C：P 比をもつ質の悪い餌 (窒素・リン含量の足りない餌) を食べることになる．その化学量のアンバランスが，消費者の成長や再生産を律速する要因となる (Elser et al. 1996; Sterner and Elser 2002)．

　その例として，ミジンコの成長効率と餌となる植物プランクトンの化学量比の関係について解説する．図 5a に示すように，ミジンコ (*Daphnia magna*) は，餌の C：P 比が低い (炭素あたりのリン含量が高い) ほど炭素あたりの成長効率がよい．しかし実際には，多くの湖沼環境下において餌となる植物プランクトンの C：P 比がある程度高いため (図 5a にグレーで示されている範囲)，30％程度の成長効率しか得られていないことがわかる (Elser et al. 2000, 図 5a)．このように，餌の C：P 比によって成長が制限されることは，多くの消費者でみられている (Sterner and Elser 2002)．この理由としては，生体内のリンの 70％近くが DNA や RNA，リボソームなどの核酸に使われており，

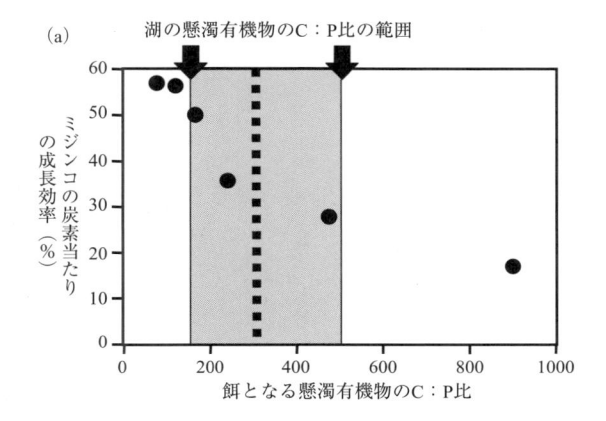

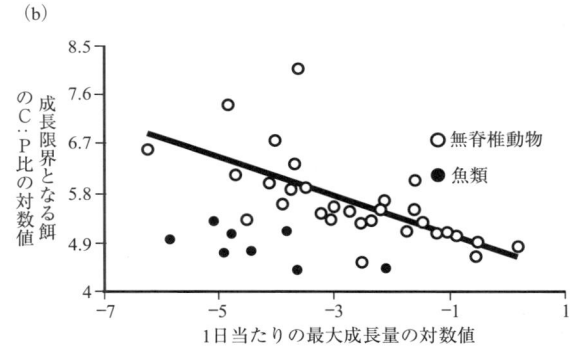

図5 生物の成長量と餌のC:P比の関係.
(a) ミジンコ (*Daphnia magna*) の炭素当たりの成長効率と餌となる植物プランクトンのC:P比の関係. 点線は湖での植物プランクトンの平均C:P比を示し,グレーの部分は±90%の湖での植物プランクトンのC:P比の分布領域を示す. Elser et al. (2000) を改変. (b) 各生物種の1日当たりの最大成長量と成長限界となる餌のC:P比との関係. ○は甲殻類,昆虫などの無脊椎動物を,●は魚類のデータを示す. Frost et al. (2006) を改変.

リンが不足するとリボソームの合成,さらにはタンパク質合成が律速されるからであると考えられている. これは成長速度仮説 (growth rate hypothesis) とよばれる (Elser et al. 1996; 第1章参照).

Frost et al. (2006) は,成長限界に達する餌のC:P比の閾値 (これ以上C:P比が高いと成長できないところ) について,さまざまな水生生物でのデータを集めて検討した. その結果, C:P比の成長限界閾値は,生物種間によって

大きな違いがみられることがわかった．C：P比の成長限界閾値は，成長速度と負の相関関係にある（図5b）．すなわち，成長が早い種ほど，C：P比の閾値が低く，少しでもリンが少ない餌を食べると成長が阻害される．一方，成長が遅い種ほど，C：P比の閾値が高く，高いC：P比の餌でも成長が可能である（図5b）．とくに，落葉などを食べる腐食者は，C：P比の成長限界閾値が高く，落葉等のC：P比の高い餌でも成長できるように適応してきたと考えられる（Cross et al. 2003; Frost et al. 2006）．このように，生態化学量論の視点から生産者と消費者間の物質のやり取りをみると，消費者は生産者の化学量バランスが自分のバランスと大きく異なるときに成長が抑制され，高次の生物への物質輸送も制限されてしまう（Sterner and Elser 2002）．このように，複数の元素量のバランスを考えることで，消費者の成長の制限など，より詳細に物質循環と生物の関係について検討することが可能である．

(2) 光エネルギー・化学量バランスと生物群集

　C：N：P比などの化学量バランスだけでなく，光エネルギーと化学量のバランスも，生物群集や物質循環に大きな影響を与える．Urabe et al.（2002）は，湖において，メソコズム実験（メッシュを使って湖の一部を隔離した囲い込み実験）を行い，光と化学量バランスが生物群集と物質循環へ与える影響について検討した．対照区と，入ってくる光を対照区の7％まで弱めた日陰区を複数設けて，各区にさまざまなリン量を添加して実験を行った．対照区では，どのリン添加量でも水中の粒子状炭素が多く，C：P比が高くなっていた（図6a, b）．その結果，動物プランクトンの現存量は，光が強い対照区では，リン添加量が少ないとき光が弱い日陰区よりも少なく，リン添加量が多くなると現存量が多くなっていた（図6c）．この結果から，動物プランクトン群集の現存量の決定には，餌の炭素量よりもC：P比が重要であると考えられる．そして，それは光エネルギーと供給されるリンとのバランスによって決まっていた．光が強いと，植物プランクトンの光合成活性が高く，リン添加量が少ないときには，炭素が多くリンが少ない（C：P比が高い）植物プランクトンが生産される．高いC：P比をもった植物プランクトンを摂食した動物プランクトンは成長が抑制され，その現存量が少なくなったことが考

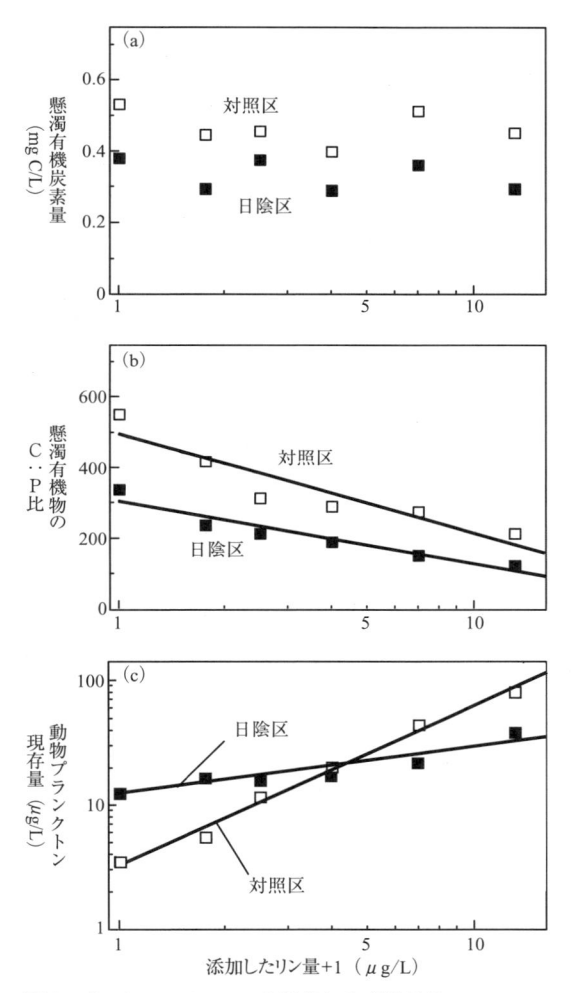

図6 光-リンのバランスを制御した実験結果.
メソコズム実験における，(a) リン量と懸濁有機炭素量の関係，(b) リン量と懸濁有機物のC:P比の関係，(c) リン量と動物プランクトン現存量の関係を示す．□は対照区，■は光が7%に弱められた日陰区の結果を示す．Urabe et al. (2002) を改変．

えられる．逆に光が弱いと，リン添加量が少ないときでも，リンが多い（C：P比が低い）植物プランクトンができ，動物プランクトンは現存量を増やすことが容易になる．この研究から，窒素・リンなどの元素量のバランスだけでなく，光エネルギーと元素のバランスも物質循環においては重要であることが示唆された．

　生物群集については，実験期間中対照区・日陰区どちらも，リンを加えない実験では，ケンミジンコが多くミジンコが少ない群集であったのに，リンを添加した実験ではミジンコが多い群集へと変化した．これは，リンを添加したことにより植物プランクトンのC：P比が低くなったことで，ケンミジンコよりも体内のリン含量が多いミジンコが生存・成長できるようになったからであると考えられる．

　一方，Hall et al.（2004）は，光環境，栄養塩（窒素・リン），プランクトン食魚の有無など操作したさまざまな実験を行い，各動物プランクトンがどのように反応するかを調べた．彼らは予測として，各動物プランクトン種の体組織のリン含有量などによって，植物プランクトンの化学量バランスの変化に対する反応が異なると考えていた．しかし，結果は予測とは異なり，動物プランクトン種において，それぞれが体組織のリン含有量などに関係なく，植物プランクトンの化学量バランスや光環境，栄養塩などに独自の反応を示すことが示唆された．生物群集全体の化学量バランスの応答は複雑であり，今後のさらなる解明が待たれている．

4 生物群集が不連続的な富栄養化の状態に及ぼす影響

(1) 富栄養化と生態系のレジームシフト

　水圏生態系では，窒素・リンなどが人為的に流入することによって，植物プランクトンが大増殖する「富栄養化（eutrophication）」という状態になることはよく知られている．これは水圏生態系にかかわる環境問題の中でも，古くから認識されている現象である．しかし近年では，富栄養化などの生態系

の状態が，突発的でかつ不連続に変化する現象（レジームシフト）が明らかとなってきた（Jeppesen et al. 1998; Scheffer et al. 2001; Genkai-Kato and Carpenter 2005; Genkai-Kato 2007a）．湖沼生態系では，水の澄んだ状態から，アオコなどの植物プランクトンの大発生をともなう濁った状態への不連続的な富栄養化が，レジームシフトとして知られている．この不連続な生態系変化を引き起こす要因としては，人間活動によってリンの流入が増えることが考えられている（Scheffer et al. 2001）．

生態系にレジームシフトが起きるためには，ある程度の環境変化の中で生態系の状態を一定に保つ「自己安定化」の機構を備えた，複数の「系平衡状態」が存在する必要がある．湖沼生態系では，抽水植物などの沿岸植生が，この「自己安定化」に重要な役割を果たしている（Scheffer et al. 2001; Genkai-Kato and Carpenter 2005）．水質が比較的良い澄んだ湖沼では，沿岸帯植物が繁茂することで，沿岸帯の湖底が植物の根によって安定化され，湖底から水中へのリンの溶出・回帰が抑制される．そのため，沖帯の植物プランクトンが増殖しにくい状態になっている．一方，植物プランクトンが多く濁った湖では，光が湖底まで十分に届かず沿岸植生が発達しない．そのため，湖底からリンの溶出・回帰が起こり，さらに植物プランクトンが増殖しやすくなる．すなわち，湖沼生態系において，「沿岸植生が発達して水が澄んでいる状態」と，「植物プランクトンが多く濁っている状態」には，それぞれにおいて自己安定化する機構が存在している（Jeppesen et al. 1998; Scheffer 1998）．

(2) 不連続的な富栄養化

湖沼では，リン流入量が小さいときには，それに対応する植物プランクトン量も少なく比較的の澄んだ状態となる（図7）．しかし，図7bのように，リン流入量が徐々に増加し，ある臨界量を超えると系の状態は突然，上の曲線に飛躍し突発的かつ「不連続な富栄養化」が起きることがある．不連続な富栄養化が起きてしまうと，飛躍したときのリン流入量まで戻しても系の状態は元の澄んだ状態には回復しない．さらに低い量までリンの流入を減らすと，系の状態は下の曲線に飛躍し，元の澄んだ状態に戻る．系の状態が不連続に変化する臨界値が，富栄養化する過程（下から上の曲線への飛躍）と回復

する過程（上から下の曲線への飛躍）で異なる現象は，履歴効果（ヒステリシス）とよばれている（図7b）．Carpenter et al.（1999）では湖沼生態系の回復する過程を三つのシナリオに分類している．①回復可能：レジームシフトが起こらずに回復可能（図7a）．②ヒステリシス：レジームシフトをともなう不連続な富栄養化が起きるが，低い量まで減らせば回復が可能（図7b）．③回復不可能：レジームシフトをともなう不連続な富栄養化が起き，リン流入量を減らすだけでは回復不可能（図7c）．これら三つの回復可能性は，湖沼形態や群集構造によって異なってくる（Carpenter et al. 1999; Genkai-Kato and Carpenter 2005; Genkai-Kato 2007a, b）．

(3) 富栄養化からの回復可能性の予測

　Genkai-Kato and Carpenter（2005）は，実験などで実測された値を用いた数理モデルを用いて，ある湖沼が富栄養化しまた回復するときに，その湖沼がたどる上記の三つのシナリオと湖沼の形態（大きさ・水深・水温）の関係について検討した．この数理モデルから，湖沼の状態が回復可能，ヒステリシス，回復不可能のいずれになるかは湖沼の面積には関係なく，平均水深と深水層水温に依存することが予測された（図8）．すなわち，中程度の水深で，不連続な富栄養化が起きやすく，また回復がむずかしいことが考えられる．この原因としては，深い湖では深水層の容積が非常に大きく，栄養塩の希釈効果が高くなると考えられる一方，浅い湖では沿岸帯面積が大きくなるため，沿岸植生による湖底からのリン回帰抑制の効果が大きくなると考えれらる．しかし，中程度の水深ではこの両方の効果が中途半端にしか効かないため，不連続な富栄養化が起きやすく，回復がむずかしくなると考えられる．これらの結果を実際の湖に当てはめてみると，日本の琵琶湖北湖では富栄養化からの回復が可能であるが，アメリカのメンドータ湖，日本の琵琶湖南湖，諏訪湖，霞ヶ浦では回復不可能またはヒステリシスになることが予測された．このモデルから日本の多くの湖は，不連続な富栄養化が起きた場合に回復不可能またはヒステリシスになりうると予測される（加藤 2005）．

　さらに，Genkai-Kato（2007b）では，沿岸植生が動物プランクトンや魚が捕食者から逃れるための隠れ家として重要であることに着目して，沿岸植生の

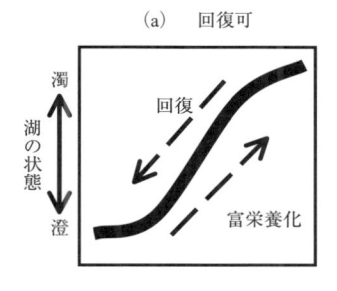

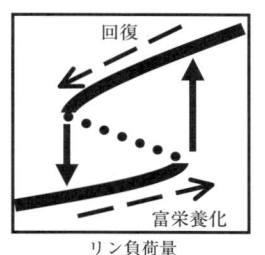

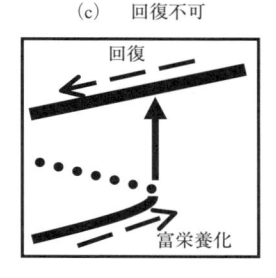

図7 湖沼生態系における富栄養化からの水質回復過程の三つのシナリオ．
(a) 富栄養化は連続的に起こりリン負荷量が減少するとともに水質が回復する．(b) 不連続的な富栄養化が起こり，水質の回復は可能であるが，元の状態よりもリン負荷量を制限する必要がある．(c) 不連続的な富栄養化が起こり，水質の回復はリン負荷量の抑制のみでは不可能．加藤（2005）を改変．

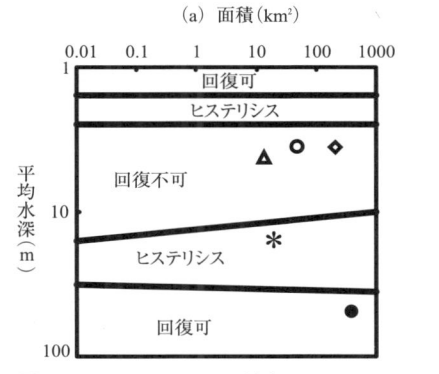

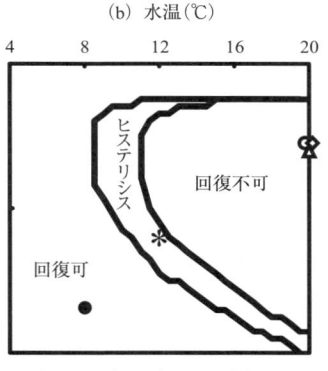

図8 レジームシフトに対するGenkai-Kato and Carpenter（2005）の予測結果．
(a) 面積と平均水深の回復可能性への影響，(b) 水温と平均水深の回復可能性への影響．＊：アメリカ・メンドータ湖，●：琵琶湖北湖，○：琵琶湖南湖，△：諏訪湖，◇：霞ヶ浦を示す．加藤（2005）を改変．

有無，魚食魚の有無によって富栄養化からの回復可能性がどのように変化するかについて数理モデルにより検討した．その結果，沿岸植生が存在し，魚食魚のいない小さくて浅い湖では，もっとも不連続な富栄養化が起きやすいという予測が得られた．このメカニズムは，沿岸植生が存在すると動物プランクトンの隠れ家ができるので，動物プランクトンは沖帯には出ずに沿岸植生中に隠れるようになる．さらに魚食魚がいなければプランクトン食の魚は

沖帯に多く出られるようになるので，沖帯の動物プランクトン量は食べられて抑制される．よって，沖帯の動物プランクトンが少なくなるため，沖帯の植物プランクトンは動物プランクトンの捕食によって減少されにくく，大増殖が起きる可能性が高くなり，不連続な富栄養化が起きやすくなる．このモデルから，沿岸植生，植物プランクトン，動物プランクトン，プランクトン食魚，魚食魚など生物群集内の複雑な生物間相互作用により，レジームシフトが生ずる可能性が変化することが新たに予測された．今後，これらの数理モデルからの不連続な富栄養化の予測が，実際の湖沼での現象に当てはまるかについて野外での検証が必要であろう．

5 地球温暖化が物質循環と生物群集に与える影響

(1) 地球温暖化と生物群集

　人間活動による温室効果ガスの排出によって進行しつつある地球温暖化が，生物の生存，生態系の成立を脅かす大きな問題になっている．IPCC (2007) によると，地表面の平均気温が2〜3℃が上昇することによって，生物の30％が絶滅に瀕すると予測されている．また，最悪のシナリオによる気候変動モデルでは，地球表面の平均気温は，2100年までに最大6.4℃上昇すると予測されている．

　このように地球温暖化による気温上昇の影響は，広く生物全般にひろがりつつあり，フェノロジー（生物季節）の変化，生息域の変化，生物群集の変化，ひいては被食捕食関係の変化まで波及しつつある (Root et al. 2003; Both et al. 2006; Burgmer et al. 2007; Doi 2007; Doi and Takahashi 2008; 第6，7章を参照)．温暖化による気温上昇の影響は，湖沼生態系にも大きな影響を与えつつある．湖沼は湖水の成層（湖表層と深水層が温度差によって混ざらなくなること），循環や結氷などのサイクルによって，物質循環が駆動されている部分が大きいが (Brönmark and Hansson 2007)，湖水の成層時期が温暖化による気温上昇によって早まっている (Winder and Schindler 2004a, b)．

(2) 地球温暖化による生物の出現タイミングの変化とその影響

ワシントン湖（アメリカ，ワシントン州）では，動物・植物プランクトン群集を対象とした長期研究が，1962年から現在まで継続して行われている（Edmondson 1994）．ワシントン湖の表層水温は1962年からの40年間で約1.4℃上昇し（図9a），それにともなって湖の成層がはじまるタイミングは40年間で21日早くなっている（Winder and Schindler 2004a, b）．

Winder and Schindler（2004b）は，地球温暖化による湖水循環時期の変化が，生物群集に与える影響について詳細に検討している．その結果，成層が形成されるタイミングの変化により，植物プランクトン（珪藻）のブルーム（大増殖すること）が起きるタイミングが40年間で27日早まった（図9b）．そして，珪藻をおもに摂食するカメノコワムシ（*Keratella cochlearis*）の個体数がピークになる日も同様に21日早まった．よって，カメノコワムシは珪藻のブルームが起きるタイミングに合わせて，その出現時期が早まっていることが考えられた（図9c）．しかし一方，同じく珪藻をおもに摂食するミジンコ（*Daphnia pulicaria*）の個体数ピークは早まっている傾向はみられなかった（図9d）．よって，ミジンコと植物プランクトンのブルームのタイミングが合わなくなる「相互作用のミスマッチ」が起こりつつある．

ワシントン湖においては，カメノコワムシの多くは冬も水中に存在し，休眠卵をほとんど作らない．一方，ミジンコの多くは休眠卵を作って，越冬する．休眠卵は湖底に堆積し，湖底の水温上昇などをきっかけにふ化する．そのため，ミジンコは，珪藻がブルームする水温では休眠卵からふ化できず，水中にもほとんど生息していないため増殖できない．そのため，カメノコワムシのように，珪藻ブルームの時期の早まりに合わせて個体数を増やすことができないと考えられた．カメノコワムシの個体数は明瞭な長期変動を示さないのに対し，1980年以降ミジンコの個体数や抱卵数は減少している（図9e, f）．これは，植物プランクトンブルームとミジンコの個体数ピークとの，タイミングのミスマッチが大きくなったために生じたと考えられる．このように，近年の温暖化にともなう植物プランクトンのブルームタイミングの変化に対応できる種（カメノコワムシ）とできない種（ミジンコ）の間で，個体群

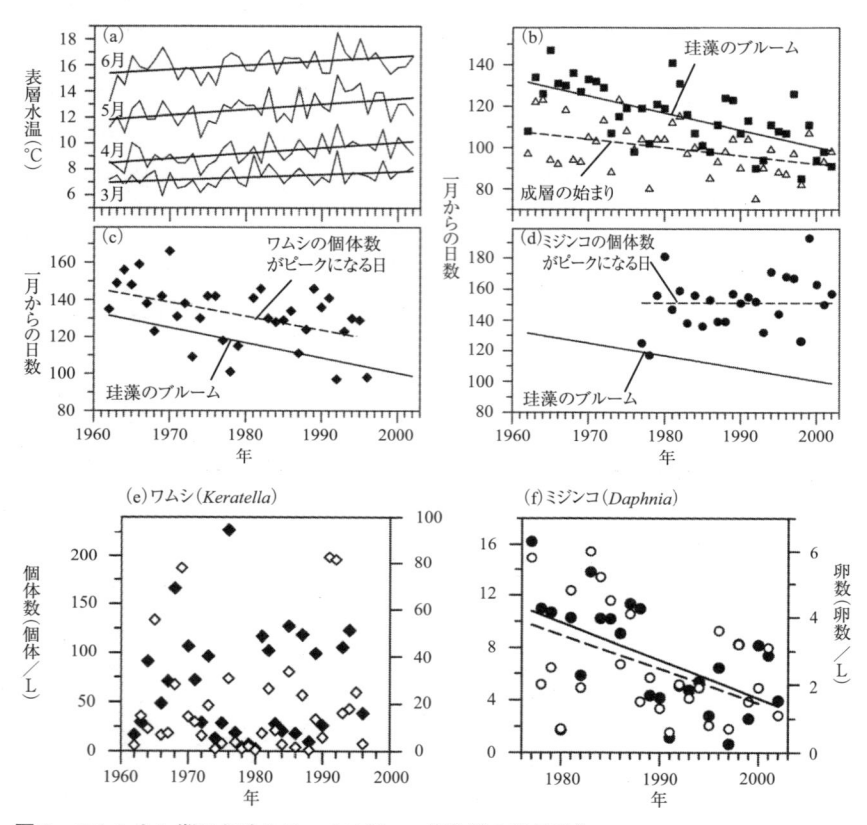

図9 ワシントン湖におけるフェノロジー・個体数の経年変化.
(a) 各季節の平均表層水温の変化, (b) 水温成層（白三角）と珪藻のブルーム（黒四角）がはじまる日, (c) カメノコワムシ（*Keratella cochlearis*）の個体数がピークとなる日（実線は図bで得られた珪藻のブルーム時期の変化を示す）, (d) ミジンコ（*Daphnia pulicaria*）の個体数がピークとなる日（実線は図bで得られた珪藻のブルーム時期の変化）, (e) カメノコワムシ（*Keratella cochlearis*）, (f) ミジンコ（*Daphnia pulicaria*）の個体数・卵数の経年変化. 白いマークは卵数, 黒いマークは個体数を示す. Winder and Schindler（2004b）を改変.

にもたらす影響に大きな違いがあることが明らかとなった．さらに，動物プランクトン量の経年的な変動は，より高次の栄養段階に属する魚の成長量や現存量に大きな影響を与える（Schindler et al. 2005a）．

　長期観測によって明らかにされた，水圏生態系での生物群集や個体群動態の変化は，他にもいくつかの報告があり（Ishikawa et al. 2004; Schindler et al. 2005a; Chiba et al. 2006; Burgmer et al. 2007），生物群集はここ40〜50年間で大

第 2 章　生物群集が支える湖沼生態系の物質循環

きく変化した．将来，予測されている気候変動によって，湖沼生態系の物質循環は，水温の上昇の直接的影響だけでなく，生物間相互作用のミスマッチや生物群集の変化によっても大きく変化する可能性が考えられる．現在のところ，生物間相互作用と物質循環の長期変動に関する知見は非常に限られており，今後のさらなる研究が望まれる．

6　まとめと展望

　本章では，「生物群集と物質循環の相互作用」に着目して，湖沼生態系における物質循環と生物群集の動態に対する物質の「流れ」と「バランス」，さらにそれに影響を及ぼす「人為的改変」について紹介した．物質の「流れ」と「バランス」は生態系の物質循環を駆動するために重要であるが，生物群集は，たとえば，生息場所間の物質輸送などを通じて，湖沼生態系全体に複雑な影響を与えることが明らかとなってきた．また，複数の元素のバランスを考える生態化学量論の視点を導入することで，物質循環の律速要因となるリンと炭素の「バランス」が，生態系内での物質循環に大きな影響を与えていることもわかってきた．

　このように，湖沼生態系内での物質循環の多くの部分には，生物群集が密接に関与している．生物群集と物質循環の相互作用が，どのような機構によって制御されているかを解明することは，群集動態・生態系動態の予測をたてるために，非常に有用な情報になると考えられる．相互作用の様式は，生物群集の構成種や機能群の多様性によっても異なってくるだろう．近年では，生物多様性と物質循環を含む生態系機能の関連性に関する研究が多く進められている（第 5 章参照）．今までは生物多様性の指標として種数や食物網の構造などが着目されてきたが，今後はさらに，機能群内の多様性や生物群集自身の多様性が物質の流れやバランスにどのように影響するかについて，より詳細な研究が進められることが期待される．

　本章では，おもに湖沼生態系での生物群集と物質循環の関係について述べたが，同時に河川や海洋などの他の水圏生態系においても，多くの研究が

行われつつある．安定同位体解析は，河川や海洋，陸上生態系でもさかんに用いられており，さまざまな生息場所での生物群集を介した物質循環が詳細に解析されつつある（Finlay 2001; Takai et al. 2002; Doi et al. 2005, 2008a, b; Hyodo et al. 2006）．また，生態化学量論も他の生態系において新たな視点として導入されつつあり（Cross et al. 2003，第1章），異なる生態系での比較から，より一般性の高い生態化学量論が構築されつつある（Elser et al. 2000; Frost et al. 2006）．このように，湖沼生態系で発展した多様な研究方法が，さまざまな各生態系で新たな知見を見出す糸口になるであろうと期待される．

　さらに，人為的改変による「レジームシフト」や生物群集内の「相互作用のミスマッチ」も物質循環を考えるうえで重要である．湖沼の物質循環の状態には，生物群集の効果により複数の自己安定化機構が形成され，その自己安定化する系の間では，ヒステリシスをともなう不連続な変化が起きることが明らかとなった．また，数十年という長い時間スケールからみると，生物群集と物質循環の関係は長期的に変化しつづけている．その例として，ワシントン湖での湖水成層タイミングの早まりは，生物群集内の相互作用のタイミングの「ミスマッチ」を引き起こしている．このように，長期観測データセットを用いた地球温暖化と生物群集についての研究が，近年さかんに行われている．しかし，長期観測データは，継続的に研究が行われてきたごく限られた場所や期間における情報しかない．最近では，古陸水学（paleolimnology）の分野で発展した手法を用いて，生物群集や環境の長期変動を推定する近過去復元が行われている．たとえば，湖に遡上してくるサケによる栄養回帰が湖沼の生産へ与える影響について，湖底堆積物のコアを解析することにより，過去数百年にわたって推定することが試みられている（Finney et al. 2000, Schindler et al. 2005b）．また，過去100年間での動物プランクトンと植物プランクトンなどの相互作用の変化についても，堆積物コアの分析から推定されている（Tsugeki et al. 2003）．このように，他分野で発展した方法や技術を取り入れて研究を進めることは，気候変動への生態系の応答を予測するために，今後さらに貢献するであろう．

　生態学が目指す大きなテーマの一つは，「生物と環境の相互作用について理解すること」である．よって，「生物群集と物質循環の相互作用」について

理解することは，まさに生態学の本質のテーマについて考えることである．本章では，さまざまな手法によって明らかにされつつある湖沼生態系での生物群集と物質循環の関係性に関する研究について紹介した．学問領域が細分化された現在では，各分野の連携的な研究が求められているが，生物群集と物質循環の関係は，生態学の古典的な手法に加えて，安定同位体解析，生態化学量論の視点，数理モデル，長期データセット解析，古陸水学的手法などの統合的利用が進みつつある．このように多様な研究手法を取り入れ，組み合わせて研究を推進することで，今後の生態学の発展に大きく寄与する重要な知見が新たに得られることが期待される．

― コラム ―

群集生態学の研究に用いる同位体解析

陀安一郎

Key Word

光合成　栄養段階　濃縮係数　食物網解析　放射性炭素

　近年の生態学の研究において，「同位体解析手法」が急速に標準的ツールになってきている．本コラムでは，この「同位体解析手法」について紹介し，群集生態学における利用方法について解説を行う．

　まず，安定同位体と放射性同位体の定義を示し，安定同位体比の表現方法を提示する．群集生態学分野において，安定同位体解析が一番広く用いられている食物網解析に関して，炭素・窒素の安定同位体比を用いた研究の原理を解説する．炭素同位体比は植物（一次生産者）の光合成によって決められるが，陸域生態系と水域生態系ではその決定メカニズムが異なる点に注意する必要がある．一方，窒素同位体比は被食−捕食関係によって上昇するため，栄養段階の指標になる．次に現在の群集生態学研究に広く用いられている，炭素・窒素安定同位体比による食物網解析に関する利点・問題点をあげていく．問題点に関してはどのような解決手段があるかも含め，安定同位体を用いた生物群集の解析にまつわる注意点に関して解説を行う．また，生態化学量論と安定同位体解析の関連性について紹介し，この第4巻において関連する章の内容について補足的に解説する．

　最後に，まだ広く使われていない同位体手法の発展課題について，多元素同位体解析，化合物レベルの同位体解析，放射性炭素14解析の3点に絞り，著者の知見を述べる．

1 はじめに

「安定同位体」ということばが生態学の分野で広く用いられるようになったのは、この10年ばかりといってよいだろう。地球化学の分野で用いられていた研究手法が生態学の分野に導入されるようになったのは1960年代に遡るが、ガラス細工という職人作業や質量分析計の取扱いに関する敷居の高さが、幅広い応用を妨げていた。ところが、1990年代の半ば頃からいわゆるコンフロ（continuous flow mass spectrometry）というオンライン分析装置が市販されるようになり、生物を構成する元素（生元素）のうち炭素と窒素の安定同位体比については比較的簡単に分析できるようになった。本コラムで解説するように、安定同位体解析の利点は、生物間相互作用と物質循環をつないだ研究ができることにある。安定同位体生態学一般を勉強するためには、近年いくつかの参考書（たとえば、和田 2002; 南川・吉岡編 2006; Fry 2006; Michener and Lajtha 2007; 永田・宮島編 2008）が発行されているので参考にされるとよい。本コラムでは、同位体分析を用いた生物群集の解析に焦点を絞り、その手法にまつわる利点・問題点を簡単に解説し、今後の展望について述べる。

2 安定同位体比を用いた食物網解析の原理

同位体とは、元素の性質を示す「陽子」の数は同じであるが、「中性子」の数が異なるため、全体の重さ（＝質量数）が異なる原子を指す。このうち、ある時間が経つと崩壊するものを「放射性同位体」とよび、安定に存在するものを「安定同位体」とよぶ。たとえば、炭素（C）は6個の陽子をもつが、それに加え6個の中性子をもつものが ^{12}C、7個の中性子をもつものが ^{13}C で、この両者は安定同位体である（表1）。一方、炭素には8個の中性子をもつ放射性同位体 ^{14}C も極く微量存在している。炭素のほかに、生物を構成する元素には水素（H）・窒素（N）・酸素（O）・イオウ（S）などがあるが、これらに

●コラム　群集生態学の研究に用いる同位体解析●

表 1　「生元素」の安定同位体および放射性炭素 ^{14}C.

元素名	標準物質及びその同位体存在量	
水素（H）	標準海水（VSMOW）	
	^{1}H	99.984%
	^{2}H	0.016%
	（^{2}H は D とも書く）	
炭素（C）	矢石（VPDB）	
	^{12}C	98.894%
	^{13}C	1.106%
	^{14}C	1.2×10^{-10}%
	（^{14}C は放射性同位体）	
窒素（N）	空中窒素（Air）	
	^{14}N	99.634%
	^{15}N	0.366%
酸素（O）	標準海水（VSMOW）	
	^{16}O	99.762%
	^{17}O	0.038%
	^{18}O	0.200%
イオウ（S）	トロイライト（VCDT）	
	^{32}S	95.040%
	^{33}S	0.749%
	^{34}S	4.197%
	^{35}S	0.015%

各元素に関して，標準物質として定められている物質，およびその同位体存在割合を Coplen et al.（2002）に従って示す．標準物質名中の V は Vienna の略であり，それぞれ SMOW, PDB, CDT に対して IAEA が再定義した標準物質を示す（Coplen et al. 2002）．ただし，^{14}C に関しては，現在の CO_2 中に含まれている濃度を示す．

も安定同位体が表 1 の通り存在する．生態化学量論（ストイキオメトリー：第 1 章と第 2 章を参照）の立場から重要性が再認識されているリン（P）には安定同位体が 1 種類しかないため，残念ながら直接扱うことはできない．

　生物間においてこれらの安定同位体の存在比の変化はごく小さいため，存在比そのままの表現方法ではわかりにくい．そこで，通常安定同位体比は，各元素によって決められた標準物質の元素存在比に比べ，目的の試料中に存在する元素存在比がどれくらいずれているかを千分率であらわす．たとえば炭素同位体比は，

$$\delta^{13}\mathrm{C}_{\text{測定試料}} = \left(\left[^{13}\mathrm{C}/^{12}\mathrm{C}\right]_{\text{測定試料}} / \left[^{13}\mathrm{C}/^{12}\mathrm{C}\right]_{\text{標準物質}} - 1\right) \times 1000 \text{（単位は‰，パーミル）}$$

で定義される．これは相対的な表現法なので，標準物質を定義する必要があるが，炭素については矢石という化石を用いる．他の元素についても同様に標準物質が定義されている（表1）．

安定同位体比が物質の状態変化・化学変化によって変化する原理は，質量数の違いによる反応速度の差に起因している．簡単にいうと，軽いものほど拡散速度や反応速度が速いため，反応の初期にできる産物（生成物）の同位体は軽いものが多くなり，生成物の同位体比は低くなる．これを同位体分別（isotopic fractionation）という．同位体分別に関しては前述の参考書や，酒井・松下（1996）を参考にされたい．

群集生態学における安定同位体解析の利用法として一番よく用いられているものは，食物網解析であるので，この原理について簡単に解説する．生態系の一次生産者である植物が，生態系の炭素同位体比を決定する．たとえば陸域生態系を例に取ると，樹木や一般の草本はC3植物とよばれ，その典型的な炭素同位体比（$\delta^{13}\mathrm{C}$）は$-27 \sim -25$‰程度（範囲としては$-35 \sim -20$‰）である．一方，熱帯草原のイネ科草本などに多いC4植物は，典型的には$-13 \sim -11$‰程度（範囲としては$-14 \sim -9$‰）である（Deines 1980）．両者の炭素同位体比は大きく異なるため，後述する炭素の濃縮係数を用いて比較すると，動物がC3植物とC4植物のどちらを利用しているか明確に判断することができる（たとえば，Peterson and Fry 1987）．一方水域生態系では，付着藻類と植物プランクトンの炭素同位体比が異なることが利用される．たとえば，バイカル湖における底生藻類起源（-19‰~ -5‰程度）の沿岸帯食物網と植物プランクトン起源（-28‰程度）の沖帯食物網は炭素同位体比によって明瞭に分けられた（Yoshii 1999）．ただ，陸域生態系と異なり，水域生態系では付着藻類や植物プランクトンなどの一次生産者の炭素同位体比が大きく時間・空間的に変動することがある．たとえば，植物プランクトンが夏場にCO_2律速となり炭素同位体比が高くなる場合や，付着藻類であってもCO_2律速が起こらず炭素同位体比が低い場合もある（第2章を参照）．また，陸域由来の有機物の流入がある場合には，それにも注意を払う必要がある．

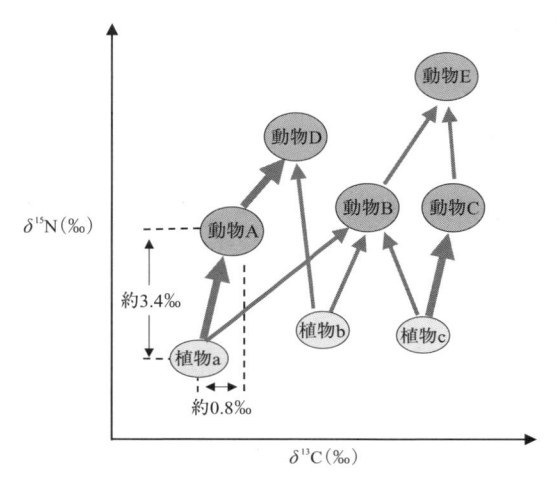

● コラム　群集生態学の研究に用いる同位体解析 ●

図1　生態系にみられる食物網構造の炭素・窒素安定同位体比マップの例.
通常は，炭素同位体比を横軸に，窒素同位体比を縦軸に取る．この例では，動物 A は植物 a だけを食べているので，餌に比べて炭素同位体比が約 0.8‰，窒素同位体比が 3.4‰高くなっている．同位体マップ上に生物の値をプロットすると，食物網構造が浮き彫りになる．

これらを起点として，植食者（一次消費者），捕食者（二次消費者），さらなる高次捕食者へとつながる食物網構造を研究するためには，動物の同位体比が餌の同位体比をどのように反映するかを考える必要がある．この同位体比の変化を栄養段階における濃縮係数といい，元素 X についての濃縮係数を Δ または $\Delta\delta X$ と書く．濃縮係数は，動物とその餌についての元素 X の同位体比の差を表し，$\Delta\delta X = \delta X_{動物} - \delta X_{餌}$ である．以前からよく用いられてきた値は，炭素同位体比に対しては約 0.8‰（$\Delta\delta^{13}C$: DeNiro and Epstein 1978），窒素同位体比に対しては約 3.4‰（$\Delta\delta^{15}N$: Minagawa and Wada 1984）である．この二つの濃縮係数の大きさの違いから，炭素同位体比は食物網の基盤の指標であり，窒素同位体比は栄養段階の指標といわれる．近年多数の文献調査に基づく濃縮係数の見積もりに関する論文がいくつも提出されている（Vander Zanden and Rasmussen 2001; Post 2002; McCutchan et al. 2003; Vanderklift and Ponsard 2003 など）．濃縮係数を決めると，炭素と窒素の安定同位体比をプロットしたグラフから食物網構造が描き出せる（図1）．そして，ある動物の窒素同位体比（$\delta^{15}N_{動物}$）と，その系の一次生産者（TL = 1）の窒素同位体比（$\delta^{15}N_{一次生産者}$）が与えられた場合，この動物の栄養段階（TL）は，濃縮係数を 3.4‰とした場合，

$$TL = (\delta^{15}N_{動物} - \delta^{15}N_{一次生産者})/3.4 + 1$$

と決定することができる．Post et al.（2000）は，湖沼生態系においては，同位体比が変動しやすい一次生産者ではなく，ある程度長く生きる一次消費者（沿岸帯においては巻貝，沖帯においては二枚貝）を TL＝2 の基準として用いて計算することで，短期的な変動の効果を相殺できるとしている．

3 食物網解析における注意点と生物間相互作用

前節で群集生態学を研究するうえで一番応用範囲が広いと考えられる食物網構造解析の基本について述べた．安定同位体比を使った食物網解析の利点をまず列記してみよう．①同化されて身体の成分になった元素を反映する解析法であること，②直近に食べた餌が反映される胃内容物の解析に比べて長期的な餌の平均値が反映されるということ，③腐植質などの不定形物を餌にするものでも客観的な餌の情報を与えることができること，④栄養塩の動態や物質循環情報も一括して扱えること，⑤客観的な数値データとなるため，異なる生態系間の比較などに用いることができること，⑥蓄積された標本資料があると，他の方法では調べることのできない昔の生態系情報を得ることができる，などをあげることができる．これらをはじめとする利点があるために，近年研究の範囲が広がってきており，幅広い生態系で応用がなされている．

一方，炭素・窒素の同位体比だけでは簡単に結論が出ない場合もあるので，それも列挙しておく．①濃縮係数の与え方で結果が左右される場合は結果の信頼性が低くなる，②餌の候補が多過ぎると不確定性が増し，さらに食物源の同位体比がどれも同じような場合，原理的に区別不可能である，③とくに水域生態系の場合，一次生産者の同位体比は高次消費者に比べ変動が大きいため，見積もりがむずかしい場合がある，などが挙げられる．

以下，これらの問題点に関連する事象について，いくつか例を挙げて解説する．まず，濃縮係数については上記文献などを参考にし，対象とする動物

●コラム　群集生態学の研究に用いる同位体解析●

に関して必要があれば実験を行うことを考えた方がいいかもしれない．また，入れ替わり速度（ターンオーバー）にも気をつける必要がある．身体を構成する元素は，部分によってターンオーバーが異なるので，いつの餌情報を反映しているのか注意がいる．一方，逆にそれを利用すると，同じ個体でも食物資源の履歴がわかる可能性もある．たとえば，Bearhop et al. (1999) は，カワウの異なる部位の羽の炭素同位体比を測定することにより沿岸部から淡水域への採餌場所の変化を示した．さらに，とくに水域生態系において，植物プランクトンの成長速度が著しく速く CO_2 律速となる場合は，植物プランクトンの炭素同位体比の変化に比べ，動物プランクトン，魚類などの順に時間遅れをともなって炭素同位体比が変動することがある．この場合は，スナップショットの同位体分析では正しい食物網がとらえられない可能性がある．これに関しては，季節変化に着目して解析することで解決する場合がある（たとえば Grey and Jones 2001）．

　つづいて安定同位体比を用いた群集の解析で重要な，混合モデルの考え方についても解説する（第 2 章を参照）．たとえば，ある生物と餌源の炭素と窒素の安定同位体比を比較する場合，3 種類の餌を食べることを考えてみる．動物が，餌 1，餌 2，餌 3 を f_1, f_2, f_3 の割合で食べていると仮定し，それぞれ 2 種類（炭素・窒素）の安定同位体比が測定できたとする．そのとき，マスバランス式は，炭素・窒素同位体比も考慮すると，

$$f_1 + f_2 + f_3 = 1$$
$$f_1 \delta^{13}C_1' + f_2 \delta^{13}C_2' + f_3 \delta^{13}C_3' = \delta^{13}C_{動物}$$
$$f_1 \delta^{15}N_1' + f_2 \delta^{15}N_2' + f_3 \delta^{15}N_3' = \delta^{15}N_{動物}$$

となる．ここで動物の炭素・窒素同位体比を $\delta^{13}C_{動物}$，$\delta^{15}N_{動物}$ とし，餌 1，餌 2，餌 3 の炭素・窒素同位体比にそれぞれ濃縮係数を足した値が，$\delta^{13}C_1'$，$\delta^{13}C_2'$，$\delta^{13}C_3'$，$\delta^{15}N_1'$，$\delta^{15}N_2'$，$\delta^{15}N_3'$ とする．式が三つで未知数が三つ（f_1, f_2, f_3）なのでこの式は解析的に解ける．しかし，餌の候補が四つ以上になると原理的に解けなくなる．これを解決するために，Minagawa (1992) はモンテカルロ法を用い，ランダムな組み合わせで餌を食べたとして実現される同位体比を，目的とする動物の同位体比と比較し，もっともらしい組み合

わせの確率分布を求めた．一方，Phillips and Gregg（2003）は，コンピュータシミュレーション（IsoSource）ですべての可能性を求めて，確率分布を求めるべきだとしている．Phillips らは，その他にも混合モデルにおける注意点を述べているので，混合モデルを用いる方は参考にされるとよい（たとえば，Phillips and Gregg 2001; Phillips and Koch 2002; Phillips et al. 2005）．

　この節の最後に，生態化学量論（第1章と第2章を参照）との関係について簡単に述べる．生態化学量論は元素比のバランスにもとづく生態系構造の解析方法であり，安定同位体分析と対応する概念ではないが，どちらも物質代謝にかかわるだけに関係は深い．たとえば，Adams and Sterner（2000）はオオミジンコ（*Daphnia magna*）を用いて，実験的に餌である緑藻の一種（*Scenedesmus acutus*）のC/N比を変えた実験を行い，餌のC/N比が低いと$\Delta\delta^{15}N$がゼロに近くになるのに対し，C/N比が高いと$\Delta\delta^{15}N$が6‰近くになると報告した．一般に餌のC/N比を上げると窒素不足により体の窒素は再利用率は増加するが，低い$\delta^{15}N$をもった窒素最終代謝産物であるアンモニアの排出は防げないため結果として$\delta^{15}N$が上昇するという解釈がされている．これは生態化学量論が代謝を通じて安定同位体比の動態を変えるという点で興味深い．一方，東・安部（1992）は，C/N比が身体に比べて非常に高い餌資源を利用するシロアリではC/Nバランス問題（窒素不足問題）があり，シロアリは種々の手段によりそれを解決しているというC/Nバランス仮説を発表した（第1章を参照）．Tayasu et al.（1994, 1997）は，空中窒素起源の窒素の安定同位体比は$\delta^{15}N=0$‰に近いことを利用して，エネルギー源は多量にあるが窒素不足である材食者（C/N比：高）では腸内共生細菌による窒素固定由来の窒素を利用しているが，炭素源が余っていない土壌食者（C/N比：低）ではほとんど利用していないことを示した．また，キノコを栽培するシロアリは高度にカースト分化しているが，老齢個体は脂肪体の中に先程のオオミジンコの例では排出されていた窒素最終代謝産物である尿酸を蓄積し，コロニー内腐肉食などを通じて窒素を再利用（共生微生物である尿酸分解菌が分解）するなど窒素保持を行っていることを示唆した（Tayasu et al. 2002a）．そのことにより，コロニーとしての$\Delta\delta^{15}N$はほぼゼロとなる．これらの例は，安定同位体手法は食物網研究のみにとどまらず，動物と微生物の関係など，

物質のやり取りをともなっている相互作用の研究に広く力を発揮しうることを示す．

4 群集生態学における新しいツールとしての同位体と今後の発展課題

これまで，よく用いられる炭素・窒素の安定同位体比を中心に，同位体解析手法の群集生態学への応用について述べてきた．最後に，まだ広くは使われていないが，今後有望な同位体解析手法のうち，三つの項目について紹介する．

第一には，多元素同位体解析による展開である．生物の活動は炭素・窒素のみで成り立っているわけではない．身体を構成するあらゆる元素に着目すると，いままで考えられなかった情報が含まれている事もある．たとえば，イオウ同位体比について考えてみると，海水のイオウ同位体比（SO_4^{2-}）は 21‰ 前後の値を取るのに対し，淡水域のイオウ同位体比は低い値を示すため，とくに汽水域では場所の有効な指標となる（Peterson and Fry 1987）．一方 Nakano et al. (2005) は，陸水生態系においてもイオウとストロンチウム同位体を組み合わせて，生物の生息場所の指標として扱った．これを推し進めると何に有効であろうか？　現在まだ広く使われていない金属の同位体比というのはいくつもある．これらは基本的に地圏のパラメータであるため，地質の影響下にある集水域単位での生物の生息地情報となりうる．これを群集解析に適用することで，生物の移動に関する情報がわかる可能性がある．ただ，今の時点では地圏の多元素同位体マップがないため，今後の研究が待たれる（中野孝教，私信）．

第二には，特定の化合物を用いた解析である．これはバイオマーカーとよばれる場合もあり，目的とする生物に特有の成分を混合物の中から抽出して分析する場合や，生物の中から特定の化合物を取り出す場合がある．前者としては，混合物試料中のから微生物群集のバイオマーカーであるリン脂質脂肪酸（PLFA）の炭素同位体比を測定し，バルク（全体）の測定では検知不可能な微生物の代謝を測定した例がある（Chamberlain et al. 2006）．後者としては，

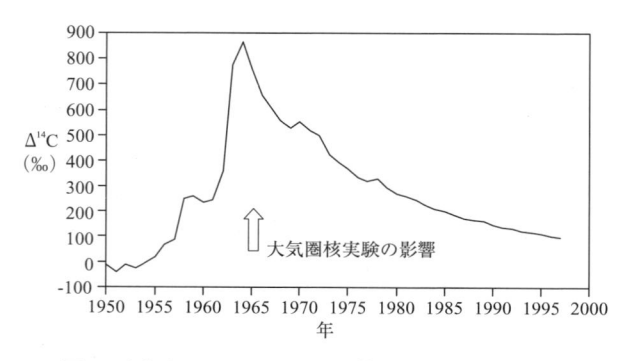

図2 大気中の CO_2 に含まれる ^{14}C の増加・減少曲線.

たとえば近年アミノ酸分析が着目されている．食物連鎖にともない 7～8‰ の非常に強い ^{15}N 濃縮を示すアミノ酸（グルタミン酸など）と，ほとんど ^{15}N 濃縮を示さないアミノ酸（フェニルアラニンなど）の違いを利用し，高次消費者の栄養段階を，一次生産者を直接測定することなしに直接求めようという試みも行われている（力石ほか 2007）．個々の分子の同位体決定機構の理解が深まっていくと，今後はターゲットとする分子を特定して解析することにより，より目的を絞った解析ができることを予感させる研究である．

　第三には，放射性炭素 14（^{14}C）の利用である．安定同位体情報は，その定義から時間軸とは独立であり，別の情報を時間軸として与えてやることによって時間変動を記述する．たとえば，長年蓄積された標本資料の解析により，食物網構造の時間的変化を記述することができる．一方 ^{14}C は，自然界に極く微量含まれる放射性同位体で，安定同位体とは異なり高層大気で生成された後，半減期約 5730 年で崩壊する．この性質を利用し，遺跡から発掘された木片などを用いて遺跡の年代を推定するのに利用されてきた．一方，第二次世界大戦後の大気核実験由来の $^{14}CO_2$ 放出により，1960 年代はじめには大気中の ^{14}C レベルは，現在の倍近い値となった（図 2）．この ^{14}C トレンドを用いることにより，生物群集の時間軸構造が明らかとなってきている（Tayasu et al. 2002b; Hyodo et al. 2006, 2008）．この研究手法ははじまったばかりであり，現在多くの知見はないが，生食連鎖と腐食連鎖，森林と草原，地上部と地下部，土壌分解過程と動植物相互作用といった多くの課題に適用でき

る研究手法だと考えている．読者のなかにも興味をもって研究してくれる方が生まれることを期待している．

　ここに示した三つの項目は，今ではかなり広まった炭素・窒素同位体比のバルク（全体）分析に比べ分析を行える研究室は多くないが，今後の展開を期待してこの稿を閉じたい．

第3章

地上と土壌の相互作用
食物網，物質循環，物理的環境改変を結ぶ

宮下　直

Key Word

間接効果　生態系エンジニア
レジームシフト　ヒステリシス

　陸上生態系の2大構成要素である地上系と土壌系は，生態学の研究史のなかで別個の歩みをつづけてきた感がある．両者は空間的に隔たって存在するうえに，植物を基点とする生食連鎖系と，デトリタス（生物遺体など）を基点とする腐食連鎖系として位置づけられることが多かったからである．別の見方をすれば，個体群や群集研究の主流は地上部がおもな舞台であり，一方土壌部では分解機能を中心とした物質循環の文脈で研究がなされてきたともいえる．
　しかし近年，デトリタスと栄養塩の交換という，古典的な両者の関係性をはるかに超えた視点での研究が進みつつある．たとえば大型哺乳類に代表される地上の植食者は，採食にはじまるさまざまなプロセスを経て土壌系に影響を与え，さらにそれが再び地上系にフィードバックされることがわかってきた．これには栄養塩の流れを通貨とする化学的なプロセスに加え，土壌の物理的性質の改変が重要な役割を果たしている．
　こうした影響は，系外から移入する資源に地上の消費者が依存している場合にとくに顕著に現れる．地上と土壌の間で生じる正のフィードバックは，しばしば系の不可逆的な変化をもたらすだろう．こうした非線形反応が生じるしくみや条件を明らかにすることは，生態学の重要課題であるとともに，今日世界各地で起きている生態系機能の劣化や生物多様性の減少といった環境問題に対処するうえでも重要な視点を提供するはずである．

1 はじめに

　生態学は生物と環境の相互作用を扱う学問であるといわれて久しい．この「環境」には生物的環境も含まれるが，非生物的環境としての物質や物理的環境を指すことが多い．しかしながら，生物の個体数や種数の決定要因を明らかにする個体群生態学や群集生態学では，非生物的環境から生物への影響は重視していても，双方向の相互作用を明示的に取り入れた研究は大きく立ち遅れていた．とくに陸上生態系では，植物の一次生産を基点とする地上部での生食食物網（生食連鎖）と，生物の遺骸（デトリタス）を基にした土壌部での腐食食物網（腐食連鎖）の研究が，歴史的にほとんど別個の歩みをつづけてきたといっても過言ではない．古典的な概念では，生食連鎖は腐食連鎖から栄養塩の提供を受ける一方，腐食連鎖は生食連鎖から有機物を受けるという図式でのみ両者の接点が認められてきた．短い時間スケールで見れば，こうした別個の歩み自体にはさほど問題がないように思えるが，両者はそれぞれ陸上での生産系と分解系としての機能をもち，相互に依存したいわば巨大な共生系として存続していることを忘れてはならない．近年，水域では生食連鎖と腐食連鎖の連関が不可分であることは普通に受け入れられているが，陸上では地上と土壌という空間的に隔たったコンパートメントとして存在するため，いまだに人間の目線からの仕事が多く，研究が大きく立ち遅れている．生物が非生物的環境を変え，それが生物にフィードバックされるという視点からの研究が停滞してきたのは，こうした立ち遅れが大きな原因であったと考えられる．

　生物群集と生態系は，栄養塩やエネルギーといった非生物的環境要素により連結している．これらはまとめて化学的要素といいかえることができる．化学的要素は生物の成長や繁殖にとって不可欠なものであり，食物網を通して輸送されるとともに，分解系と生食系をつなぐ通貨ともなっている．生物群集と生態系をつなぐもう一つの重要なキーは，生息基盤としての物理的要素である．物理的環境が生物に影響を与えることは自明であるが，一方で生物は物理的環境を改変し，みずからの獲得可能な資源量（棲み場所や餌）や他

種の資源量を改変する場合が多い．こうした現象を生態系エンジニアリング，それを引き起こす生物を生態系エンジニアとよぶ (Jones et al. 1994)．生態系エンジニアリングは物理的環境改変に限られるが，化学的要素も同時に改変する場合も少なくない．一般に捕食−被食の相互作用（あるいは栄養的相互作用）が生じる時間スケールは短いが，生物による物理的環境改変はその影響がおよぶ時間スケールが長く，その生物がいなくなっても影響がつづく場合もある．また，生態系エンジニアリング自体がさまざまなプロセスを含んでいるため，予測や一般化がむずかしいのも特徴である．なお，生物による環境改変とそれがもたらすフィードバックは進化生物学の分野でも最近その重要性が認識され，ニッチ構築 (niche construction) とよばれている（オドリン＝スミーら 2007）．

　陸上生態系では，生物による物理的な環境改変が群集や生態系の動態に果たす役割は非常に大きい．まず第一に，水中の植物プランクトンとは違い，陸上の生産者である植物の多くは地上に大型の構造物を作りだす．これは直接的にさまざまな生物の棲み家を提供するとともに，気温や湿度など局所的な気象条件の緩和を通して間接的に物理環境を変える．前者のような直接的な改変を自成的改変 (autogenic engineering)，後者のような間接的な改変を他成的改変 (allogenic engineering) という (Jones et al. 1994)．2点目として，陸上生態系では植物の生産量のうち植食者により消費される量は平均10%程度であり，残りは土壌の腐食連鎖へ入る (Polis and Strong 1996)．そのため土壌中には大量のデトリタスが恒常的に提供され，土壌の表面には分解程度の異なる有機物層が生成される．こうした土壌環境は有機物の分解という化学的プロセシングが行われる場であると同時に，さまざまな生物の棲み家であり，また植物に対する物理的な支持基盤としても不可欠な役割を果たしている．

　本章では以上の特徴や問題点をふまえ，地上系と土壌系の関係性を以下に示す三つの視点に分けて概説する（図1）．まず第一に，植物を仲立ちとした化学的な地上と土壌の関係性に注目する（図中の黒の実線）．これにはデトリタスの分解と栄養塩の提供という古典的な関係性に加え，近年急速に研究が進んでいる土壌中の根食者や菌根菌が直接植物を通して地上に影響するプロセスが含まれる．2点目として，植食者が植物を通して土壌系にもたらす

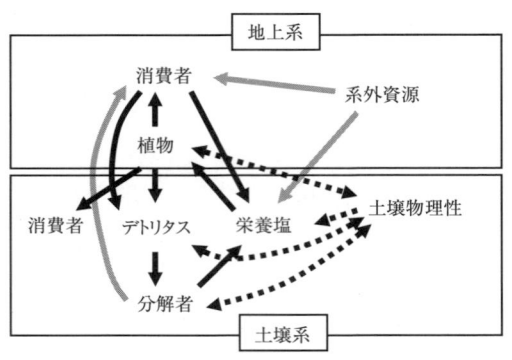

図1 地上系と土壌系のおもな相互作用.
実線の矢印は有機物や栄養塩の流れを示し，破線は土壌物理性と各要素との関係性を示す．

物理的改変とその帰結に着目する．陸上生態系の支持基盤が土壌であることを考えれば，その重要性の大きさが想像できるだろう．3番目としては，地上の捕食者と腐食者ないしは物質運搬者との関係がボトムアップやトップダウンを通して地上系や土壌系に及ぼす影響を概説する（図中の灰色の実線）．これは植物を直接介することのない地上系と土壌系の関係性に焦点をあてた斬新なものである．そして最後に，地上系と土壌系の研究が今後どのような視点や展開を必要とするかについて，とくに人為による環境改変に対する生態系の応答や機能の維持を念頭におきながら議論する．

2 植物・デトリタス・栄養塩を介した化学的関係

(1) 植食者の影響

　ヘアーストーンらは，陸上生態系の植食者の数は捕食者により制限されており（トップダウン効果），植物はその反対に資源の供給量で制限されている（ボトムアップ効果）という仮説を主張した（Hairston et al. 1960）．これに従えば，植物は植食者から強い採食の影響を受けていないことになるが，現実はそうでもない．近年の総説等により，陸上生態系での捕食者がもたらす栄養カス

第3章　地上と土壌の相互作用

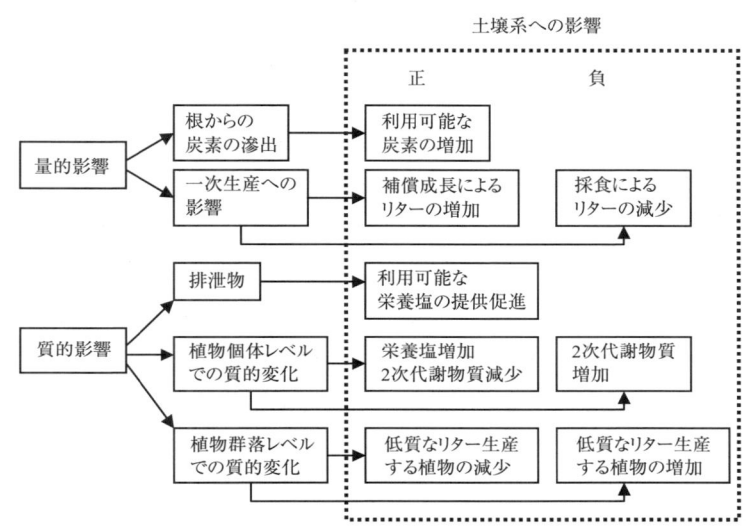

```
                              土壌系への影響
                    ┌─────────────────────────────────┐
                    │         正              負        │
            ┌─根からの─→┬利用可能な         │        │
            │ 炭素の滲出 │炭素の増加         │        │
    ┌量的影響┤          │                  │        │
    │       └─一次生産への→┬補償成長による──採食による  │
    │         影響        │リターの増加   リターの減少│
    │                    │                          │
    │       ┌─排泄物────→┬利用可能な              │
    │       │           │栄養塩の提供促進           │
    │       │           │                          │
    └質的影響┼─植物個体レベル→┬栄養塩増加──2次代謝物質 │
            │ での質的変化  │2次代謝物質減少  増加   │
            │             │                        │
            └─植物群落レベル→┬低質なリター生産─低質なリター生産│
              での質的変化   │する植物の減少  する植物の増加│
                    └─────────────────────────────────┘
```

図2　植食者が土壌の分解系に及ぼすさまざまな影響．
Wardle and Bardgett (2004) を改変．

ケード（第2章を参照）は普遍的とはいいがたいことがわかっており（Polis et al. 2000; Halaj and Wise 2001），それは裏を返せば植物に対する植食圧は決して低くないことを示唆している．

　植食者が植物を介して土壌系に与える影響についての研究は，昆虫などの節足動物を対象としたものもあるが，草食獣を対象とした研究がはるかに進んでいる．その理由は，草食獣による採食が広範かつ強度に及ぶからであると思われる．草食獣は以下に述べるとおり，土壌生物の資源に対して量的あるいは質的にさまざまな影響を与えていることが知られている（図2）．

(a) 量的影響

　これは資源配分の変化を介した影響ととらえることもできる．量的側面としては，まず単純に摂食による一次生産量の減少が土壌に供給されるデトリタス量を減少させることがあげられる．強い植食圧はそうした負の効果をもたらすが，適度な採食は生産量を上げる場合もある（McNaughton 1979）．この正の効果は，植物のいわゆる補償成長によるものであるが，その具体的な

しくみにはさまざまなプロセスが関与していると考えられている．その一つとして最近注目されているのが，地上部への採食刺激がもたらす根からの炭水化物の滲出である．

　土壌中に滲出した炭素は微生物のバイオマスを増加させ，それが窒素の無機化を促進すると考えられている．これは以前から，バッタやヒツジによるイネ科植物への適度の採食が土壌中の微生物量を増やすことから示唆されていたが（Holland 1995; Bardgett 1998），ハミルトンとフランクは炭素同位体でラベルしたイネ科草本の葉の摘み取り実験により，このプロセスが植物の生産性にフィードバックされることを証明した（Hamilton and Frank 2001）．葉の摘み取りは，植物由来の土壌中炭素量や土壌微生物量を増加させ，また土壌中の無機体窒素量も増やした．さらに数日後には，植物体中の窒素量も増加させることがわかった．草食獣の採食による炭素滲出は，次に述べる排泄物のような局所的な効果ではなく，空間的に広域かつ一様に及ぶため，論文の著者らは植食がもたらす生産性の増加を説明する有力な仮説であると考えている．しかし，土壌への炭素付加は土壌中の利用可能な窒素量を低下させ，植物中の窒素量や植物の生長を低下させるという報告もある（Hines et al. 2006）．これは炭素付加により増えた微生物が，土壌中窒素を消費した結果と考えられている．つまり，微生物のバイオマスが窒素制限を強く受けている場合には，植物との間に窒素をめぐる競争が起こり，炭素の滲出が負の影響をもたらすのである．

(b) 質的影響

　これは分解機能を介した影響ととらえることもできる．植食者の排泄物が栄養塩の循環速度を高めることはよく知られている．植物の遺体であるリターが分解される速度に比べ，植物が植食者により摂食され，その老廃物がアンモニアなどの無機態窒素として土壌へ供給される速度のほうがはるかに速いからである．草食獣の糞や尿が土壌微生物量を増加させ，窒素の無機化速度を高めることや，それが土壌の食物網にボトムアップ効果をもたらすことは多くの実験で明らかになっている（たとえば Molvar et al. 1997; Bardgett et al. 1998）．しかし，排泄物による無機化速度の促進は，長期的には栄養塩の

系外への流出を招く可能性もある．そのしくみとしては，脱窒による大気中への消失，雨水による系外への消失，植食者の移動にともなう消失が挙げられる（Singer and Schoenecker 2003; Schutz et al. 2006）．

　植食者による採食は，植物の葉の質を変化させることで間接的に土壌に影響する．有蹄類やウサギなどによる採食を受けた植物は補償作用により新しい葉を展開する．イネ科草本やポプラ，ヤナギなどでは新しい葉の窒素含有率が高まることが知られている（Holland and Detling 1990; Kielland and Bryant 1998）．一般に C/N 比の低い葉は分解速度も速いため，こうした新葉はリターとしての質も高く，窒素循環を早める効果をもつのである．しかし，採食によりフェノールなどの二次代謝物質が誘導される場合は，質の悪い葉が生産されることになる．ハダニの寄生を受けたポプラはフェノール量の多い葉を展開し，リターの分解速度が低下することが知られている（Findlay 1996）．

(c) 群集レベルでの影響

　これも基本的には質的影響ではあるが，しくみが上記のものと大きく異なるので別個に説明する．採食は補償作用による植物の個体レベルでの反応だけではなく，群集レベルでの応答を通して土壌生態系に影響する（図3）．生産性の高い草原生態系では，栄養価が高い植物が多量に存在するため，一次生産の半分近くが植食者に摂食され，排泄物により栄養塩が速やかに土壌に供給される．またリターの質も高いため分解速度も高く，それがさらなる土壌中の窒素量を増大させる．

　こうした状況下では，採食に対して耐性があり成長速度が速いイネ科草本などが灌木との競争に優るため，それらが群集レベルで優占する（Bardgett and Wardle 2003; Wardle and Bardgett 2004）．つまり，採食は栄養塩循環の促進を通した正のフィードバック機構により，植生遷移を遅らせる働きをもつのである．これは栄養塩循環から見れば促進効果（Ritchie et al. 1998; Singer and Schoenecker 2003）であるが，植生遷移に注目した場合には遅延効果（Wardle and Bargett 2004）と見なすことができる．タンザニアのセレンゲティやアメリカ合衆国のイエローストーンでは，こうした有蹄類の採食による間接効

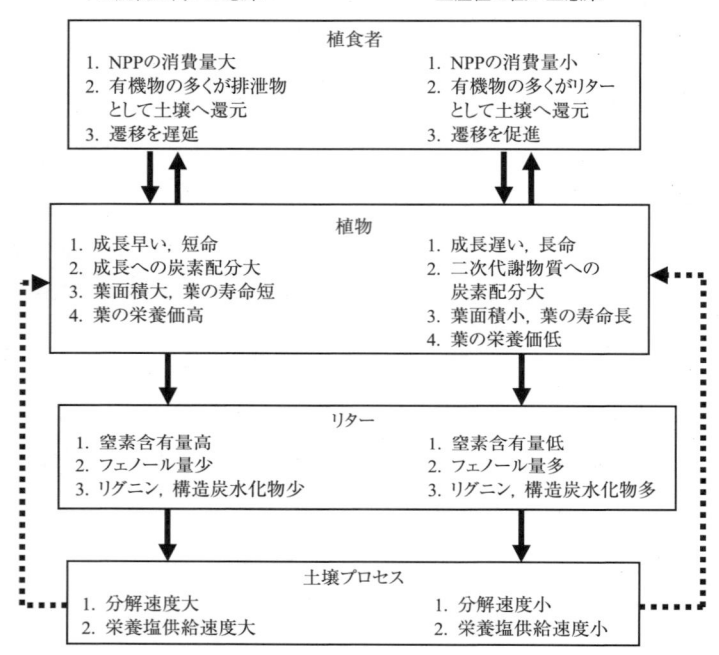

```
             生産性の高い生態系              生産性の低い生態系
        ┌─────────────────────植食者─────────────────────┐
        │ 1. NPPの消費量大        1. NPPの消費量小        │
        │ 2. 有機物の多くが排泄物  2. 有機物の多くがリター │
        │    として土壌へ還元        として土壌へ還元       │
        │ 3. 遷移を遅延           3. 遷移を促進           │
        └──────────────────────────────────────────────┘
```

図3　植食者が植物群集レベルでの特性を通して土壌系に及ぼす影響．
破線は正のフィードバック効果を示す．Wardle et al.（2004）を改変．

果で生産性の高い草原が維持されていると考えられている（Augustine and McNaughton 1998; Singer and Schoenecker 2003）．

　一方で生産性の低い環境では，上記と逆の現象が生じる（図3）．植食者は質の良い嗜好性植物を選択的に採食するが，その採食圧に対する補償作用を十分に発揮することができず，嗜好性植物は衰退し，やがて栄養価の低い不嗜好性植物が優占するようになる．植食者にとっての不嗜好性植物は，一般に分解者にとっても好適な資源ではないため，土壌中には未分解のデトリタスが大量に残り，栄養塩循環は遅延する．こうした貧栄養下では，成長の遅い木本植物が競争上有利となり，正のフィードバックの働きにより，やがて不嗜好性植物からなる森林へと遷移が進んでいく．

　この好例として，ミシガン州ロイヤル島のムースと森林の例があげられる（Pastor et al. 1993）．ムースは遷移初期に優占するポプラやカンバなどの広葉

樹を好んで採食するが，遷移後期に優占するトウヒはほとんど食べない．窒素含有量が少なくリグニンが大量に含まれているからである．設置後40年を経過したムースの排除柵の中と外で植物群集や土壌生態系の性質を調べたところ，土壌中の栄養塩類や微生物活性，有機物の分解速度は，いずれも柵内で高かった．またリター中の窒素や一次生産量も柵内で上昇していた．ムースの糞は有機物の分解を促進する効果はあるものの，柵外で増加したトウヒのリターの質の悪さを補うほどの効果はなかった．以上のことから，ムースによる嗜好性植物に対する選択的な採食は，質の悪い不嗜好性植物を間接的に増やし，それがリターの分解速度の低下を通して土壌の栄養塩量を減少させて不嗜好性植物をさらに増やすという正のフィードバックをもたらしていることがわかった．

　森林環境での草食獣は，一般に不嗜好性植物を増加させる傾向が強く，ニュージーランドの家畜やシカ（Wardle et al. 2001），スコットランドのアカシカ（Harisson and Bardgett 2004），合衆国のオジロジカ（McNeil and Cushman 2005），ベネズエラのアカホエザル（Feeley and Terborgh 2005），そして我国のニホンジカ（Suzuki et al. 2008）など枚挙に暇がない．こうした状況下では，栄養塩循環の遅延効果をもたらしている可能性が高い．

　草食獣以外では，一部の植食性昆虫が植物の群集構造を変え，土壌中の利用可能な窒素量を減少させることが知られているが（Uriarte 2000），地上と土壌の相互作用を大きく変えるほどの事例は概して少ないようである（Pacala and Crawley 1992; Carson and Root 2000）．

(2) 土壌の根食者，菌根菌と分解者の影響

　土壌系から地上系への影響はさまざまな経路が存在する．まず直接的な経路としては，植物の根を摂食する昆虫や線虫が植物の成長などにダメージを与えることがあげられる．地上部での植食の場合と同様に，根の摂食が地上部の植物体とその消費者に及ぼす影響についても正負の両方が存在する．たとえばPoveda et al.（2005）によれば，カラシナ科植物の根を摂食するコメツキムシの幼虫を実験的に接種すると，地上部の植食者であるアブラムシの個体数が増加し，その花に訪花する昆虫の個体数も増加した．コメツキムシに

よる根食が水ストレスの増加をもたらし，それが結果的に植物体中のアミノ酸や炭水化物の濃度を増加させ，アブラムシや訪花昆虫にとっての餌の質を向上させた結果ではないかと著者らは推測している．

　一方で，Bezemer et al. (2005) は根食性の線虫をイネ科の根に接種したところ，植物体のアミノ酸濃度が減り，地上部のアブラムシの個体数も減ることを示した．なぜ上記のような対照的な結果がえられたのかは不明であるが，養分ストレスが強い場合には負の影響が生じるのかもしれない．土壌系から地上系への別の直接的経路として，菌根菌などの共生微生物が植物にもたらす正の影響も重要であり，それが地上の消費者に間接的に影響を与えている．菌根菌も根食者同様に，地上の植食者に対しては正負両方の影響を与えることが知られている（負の影響：Gange and West 1994; Gange and Nice 1997; 正の影響：Gange et al. 1999; Goverde et al. 2000）．菌根菌は植物の養分ストレスを軽減させ植物体中の窒素濃度を高めるが，それは同時に植食者に対する防御物質の増加をもたらす．そのため，植物がおかれている養分ストレスの程度によって，植食者に対して正負双方の影響が生じると考えられている（Borowicz 1997）．

　土壌から地上部への間接的な経路としては，すでに述べてきた分解者による有機物の分解と栄養塩の提供がある．バクテリア食者である原生生物を土壌に添加すると，オオムギの窒素含有率と成長速度が高まり，それを摂食するアブラムシの増殖率も向上した（Bonkowski et al. 2001）．これはバクテリアを摂食することで原生動物が硝酸態の窒素を放出したことが原因とされている．また大型土壌動物であるミミズも植物の成長を促進し，アブラムシの増殖率を向上させるが（Scheu et al. 1999; Poveda et al. 2005），向上させない場合もある（Bonkowski et al. 2001）．トビムシについても同様にアブラムシに対して正の影響を与える場合もあればそうでない場合もある（Scheu et al. 1999）．こうした状況依存性がなぜ生じるかについてはよくわかっていない．これらのすべての研究は，構成メンバーや物理的環境が制御された室内実験によるものであり，実際の野外ではさらにさまざまなプロセスが関与しているはずである．そのため現段階では分解者が植物を通して地上生態系に及ぼす影響を一般化することはできない状況にあり，地上植食者が土壌系に及ぼす影響に

比べると研究は大きく立ち遅れている．

3 植食者による土壌の物理的改変

　植物が物質循環やエネルギー流を通して地上と土壌の相互作用に果たす役割はすでに述べてきた．しかし植物体自身は，他の生物の棲み場所となり，また気温や湿度，風雨による攪乱などを緩和する働きもある．さらにその遺骸の多くはデトリタスとして土壌中に蓄積され，多くの生物の棲み場所を提供し，環境条件を緩和する役割を果たしている．こうした多面的な物理的機能をもつ陸上植物が植食者によってダメージを受けると，地上土壌を問わず生態系レベルで大きなインパクトが生じるに違いない．

　しかし不思議なことに，これまでの生態学，とくに生物間相互作用に焦点を当てた個体群や群集研究では，生物による物理的環境改変のプロセスを明示的にくみこんだ研究は大きく立ち遅れていた．捕食被食関係と生態系エンジニアリングの統合は生物群集と生態系をつなぐ重要課題であることは最近ようやく認識されはじめたが（Wilby et al. 2001; Wright and Jones 2006; Miyashita and Takada 2007），実証研究はまだ緒についたばかりである．この節では，植食者による植生の改変が土壌の物理性の改変を通して生態系レベルでどのようなインパクトをもたらすかについて，三つの事例をあげて論じる．

(1) 乾燥地帯の草原と家畜

　ウシやヒツジなどの家畜は乾燥地の生態系で大きなインパクトをもたらしている．とくにアフリカ北部のサヘル（サハラ砂漠と湿潤サバンナの移行帯）では，20世紀後半の40年間で家畜の数が4千万頭から1億3千万頭に膨れ上がった．その結果，多年生のイネ科草本からなる広大な草原が，不嗜好性の灌木や一年生の双子葉草本が疎らに生えるだけの裸地に変化してしまった（Van de Koppel et al. 1997）．こうした過放牧による砂漠化は，アメリカ合衆国西南部やロシア，オーストラリアなど世界中の半乾燥地帯で広く生じている．ここで重要なのは，いったん砂漠化が生じると，家畜の数を減らすだけでは

容易に元の植生に戻らないことである．これには物理的環境改変を通した正のフィードバック機構が関与している．

　Graetz (1991) はこうしたフィードバックが生じる機構を土壌環境の物理的改変に注目して以下のように推測している．まず家畜の採食により表土が露出すると，降雨時の雨滴衝撃により土壌表面にクラストとよばれる硬い層が形成される．土壌のクラスト層は雨水の土壌中への浸透を妨げ表層流として流出を促すため，土壌水分量の低下を招き，栄養塩流出を引き起こす．これが植生のさらなる衰退をもたらすのである．一方，裸地化による地表面温度の上昇と乾燥化は実生の定着と成長の大きな阻害要因となり，これもフィードバック効果をもたらす．こうしたフィードバック効果は植生の衰退とともに徐々に進行するのではなく，被度がある程度低下すると急激に生じる可能性がある．ただし，以上のシナリオは既存の研究成果を繋ぎ合わせて推測したものであり，現在でも一連のプロセスを実証した例はないと思われる．

　家畜の採食によって生態系全体が植生の乏しい状態になると，土壌環境を改変するだけでなく，植物の蒸発散量の減少にともなう降水量の減少をもたらす可能性もある．こうした状況下では大域的な気象条件が向上しても，植生が元の状態に戻ることはむずかしい（Scheffer and Carpenter 2003)．これも今のところ仮説にすぎないが，過去数十年間に生じた降水量と植生被度の変化は，この仮説を支持している (Foley et al. 2003)．

(2) ツンドラの塩性湿地とハクガン

　植食者の増加による生態系へのインパクトは，家畜だけでなくさまざまな野生動物でもみられるようになっている．そのなかでもっともよく研究されているのは北米のハクガンの例であろう．ハクガンは春から夏にカナダ・ハドソン湾周辺の塩性湿地で繁殖し，秋から冬はテキサスやミシシッピなどのアメリカ合衆国南部の農耕地で越冬する．繁殖地の一つであるラ・ペローズ湾では，1967年以降の30年間で繁殖ペア数が1300羽から4万4500羽に急増した (Jefferies et al. 2004)．この増加には，越冬地での大量の窒素肥料を使った大規模集約農業の発展が関係しており，米や小麦の生産高とハクガン個体数の増加には強い正の相関がある．1983年頃まではハクガンの密度がま

だ低く，ガンによるグラミノイド（イネ科とカヤツリグサ科の総称）の採食は，糞の排泄を通して窒素循環を促進し，生産性を高める効果があった．

ところが1980年代半ば以降になるとガンの密度が著しく増加し，それまでとは逆に草原の植生を破壊する方向のフィードバックが働きはじめた．ガンは植物の根を掘り起こして食べるようになり，裸地化した地面から水分が蒸発したため土壌塩分濃度が上昇した．植物の再成長は土壌の塩分濃度の上昇により著しく抑制され，植生はさらなる衰退へと向かった．裸地化した地面では土壌の透水性の低下，有機物の分解速度の低下，さらに土壌浸食による有機物の流出も起きている（Jefferies et al. 2004）．これは砂漠化と同じ現象である．植生の衰退はランドサットの画像からも明らかで，泥地と化した塩性湿地が1980年代半ばからの10年間で3倍以上も増えた（Jeffereis et al. 2006）．これらの土壌環境の変化は，食物網を通して節足動物や鳥類などさまざまな生物に影響を及ぼしている．こうした状況下では，ガンの個体数を減少させても短期的には植生が回復することは困難で，ガンの排除柵を設置してから14年を経過しても多年生植物がみられない場所さえある．最近はガンの狩猟が解禁されて個体数は頭打ちになっているが，裸地の面積は広がりつづけている（Jefferies et al. 2006）．

ハクガンの例と先述の家畜による砂漠化の例の共通点は，いずれも植食者の増加が植物の現存量を著しく減少させ，それが土壌の物理条件（一部は化学条件）の劣化を招き，最終的に植生のさらなる衰退をもたらしたというシナリオにある（図4a, b）．こうした正のフィードバックを発生させる根本原因は，植食者の個体群を支える資源が系外に存在する点にある．家畜の場合は人間が個体数や放牧場所を決めるが，それは草原の資源変動や持続可能性にもとづいて決めているわけではなく，居住地や水場の位置に大きく制限される（Sinclair and Fryxell 1985）．またハクガンの増加は，ツンドラの繁殖地からはるか離れた合衆国南部の豊富な穀物資源によるものである．つまり，いずれも系外資源に由来する見かけの栄養カスケード（apparent trophic cascade）で生態系が変化しているのである．消費者個体群が系外資源に強く依存している場合には，当該システムに対するトップダウン効果は恒常的に働く．仮に家畜やハクガンの個体群が，草原やツンドラの餌資源で制限を受けていた

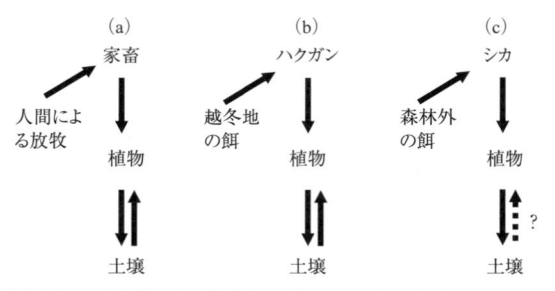

図4 系外資源により増加した植食者が植生や土壌に与えるカスケード効果.
(a) アフリカ半乾燥地の家畜の例. (b) カナダツンドラのハクガンの例. (c) 房総のシカの例.

とすれば，植食者と植物の間の負のフィードバックが働くため，恒常的に植食者が高密度でありつづけることはなく，土壌物理環境を介した正のフィードバックが働くこともなかったであろう．

(3) 森林とシカ

　植食者による土壌系への物理的環境改変は，乾燥地帯やツンドラのような生態系で重要視されてきたが，森林生態系ではほとんど注目されてこなかった．森林では採食により下層植生が減少しても，林冠木の存在により林床のリター量は維持され，また地表面の高温化や水分消失も生じにくいと考えられるからであろう．しかし，日本の森林のように地形が急峻な場合は，下層植生の衰退が土壌環境の改変をもたらす可能性は大きい．下層植生は土壌を被覆する機能があると同時に，重力方向へのリター流出を抑止する役割があると考えられるからである．日本では近年，増えすぎたシカによると思われる土壌流亡や土砂崩れが報告されている（常田 2006）．しかし，その因果関係やプロセスを定量的に明らかにした研究は今のところほとんどない．最近われわれは，シカの高密度化が下層植生の衰退を通してリターの減少や土壌の硬化をもたらすことを，野外パターンと野外実験から明らかにした（柳ら 2008）．このうち野外実験では，シカの採食に見立てた下層植生の刈り取り実験を行い，土壌の物理性に与える影響を調べた．その結果，処理区では数か月以内に土壌表面が硬化し，リターや土砂の移動量が対照区と比べて増加することがわかった．これは下層植生や地表面のリターの減少により雨滴衝

撃が増加し，土壌表面にクラスト層が形成され，土壌の透水性が減少し，その結果表層土壌が流亡したことを示唆している．これは乾燥地帯の家畜がもたらす砂漠化のプロセスとたいへんよく似ている．ただし，今のところこのプロセスがさらなる下層植生の衰退を招くかどうかは確かめられていない．一方，もう少し長い時間スケールで考えると，森林にギャップが生じた後の天然更新に対する植食の影響は非常に重要である．たとえば千葉県房総半島では，広葉樹林のギャップでシカを排除しない場合には，萌芽や実生による更新はほとんど行われず，リターの消失や土壌の硬化が起こっている．こうした物理的環境条件の劣化が回復するのにどのくらいの時間がかかるかを推定することは，今後の重要課題である．

　ではシカは上記の家畜やハクガンの場合と同じように，森林の土壌生態系に対して恒常的に強いインパクトを及ぼしつづけるのだろうか．最近のわれわれの研究により，房総半島のニホンジカは森林内の植物のバイオマスを減少させているが，シカの妊娠率を決めているのは林内の植物量ではなく，生息地内の林縁長（森林が農地や道路，伐採地など開放環境と接する部分の長さ）であることがわかった（Miyashita et al. 2008）．開放環境は林内よりもはるかに植物現存量が多く生産性も高いので，採食による餌資源の枯渇が起こりにくい．こうした豊富な餌が，シカ個体群を高密度に維持するのに役立っていると考えられる．実際，林縁が多い環境ではシカの糞中窒素含有率が高く（Miyashita et al. 2007），腎臓の脂肪蓄積量も高い傾向があった（Miyashita et al. 2008）．つまり，シカ個体群も森林外の生産性の高い系外資源により支えられていることになる．

　系外資源の由来や空間スケールは異なるものの，結局シカの場合も家畜やハクガンと同様なしくみで個体群が維持され，森林土壌に見せかけの栄養カスケードを生じさせていると考えてよさそうである（図4c）．開放環境の重要性はこれまでもシカ全般で推測されてきたが（たとえばdeCalesta 1997），個体群の増殖に深くかかわる妊娠率に対する影響を明らかにしたのははじめてと思われる．以上のことから，シカは恒常的に森林内の植物や土壌に影響を与えつづけ，土壌の物理性を介して森林生態系に正のフィードバックを引き起こす可能性が高いと考えられる．

(4) 土壌の劣化による生態系のレジームシフト

　家畜による砂漠化やハクガンによる塩性湿地の泥地化は，陸上生態系のレジームシフトの典型例と考えられている (Mayer and Rietkerk 2004)．レジームシフトとは，生態系のとある平衡状態が攪乱にともない別の平衡状態に転位する現象をいう（第2章参照）．とくに正のフィードバック作用が働いて平衡状態が転位する場合をカタストロフィック・レジームシフトという．家畜による砂漠化の例で考えると，家畜の採食と降雨という2種類の攪乱により，土壌の透水性や栄養塩の量が大きく変化し，その結果イネ科草本の草原が裸地同然の荒野に転位する現象をいう．カタストロフィック・レジームシフトが生じる系では，平衡状態が転位する外的要因の閾値が，要因の変化の方向性により異なるのが特徴であり，これを履歴効果（ヒステリシス）とよぶ（詳細は次の段落で説明する）．こうした状況下で劣化した生態系を復元するには，劣化が生じた閾値よりもずっと低いレベルに攪乱を抑えることが必要になる．

　土壌劣化がもたらす植生のカタストロフィック・レジームシフトは，次のような簡単なモデルで表現できる (van de Koppel et al. 1997)．まず土壌劣化が起こらない場合を考えよう．植物量はロジスティック的に増加し，採食による減少量は植物量に比例すると考える．これを単位現存量当たりの変化率で表すと，増加率は密度効果により植物量とともに単調減少し（図5aの鎖線），採食による減少率は植物量にかかわらず一定の値を示す（図5aの点線）．この場合，植物量の安定平衡点は植食者の個体数に応じて一つだけ存在する．次に植物量の減少が土壌劣化を招く場合を考えよう．この場合，植物量が少ない時には増加率が低下するので，増加率と植物量の関係は一山型の曲線となる（図5aの実線）．したがって，増加率と減少率が釣り合う平衡点は，植食者の個体数により1個または2個存在する．植食者が低密度の場合は安定平衡点が一つだが，中程度の場合には安定平衡点が2個（植生の有と無）と不安定平衡点が1個存在し，さらに高密度になると植生なしの安定平衡点が1個だけとなる（図5b）．これを家畜の採食による砂漠化にたとえて解釈してみよう．家畜が少ないうちは，家畜と植生が共存できる平衡点が一つ存在す

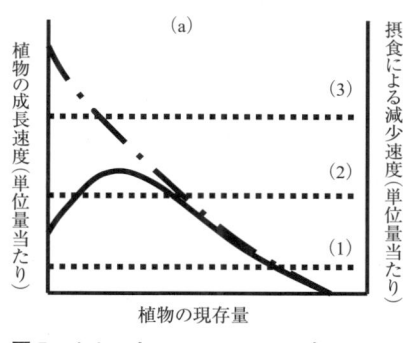

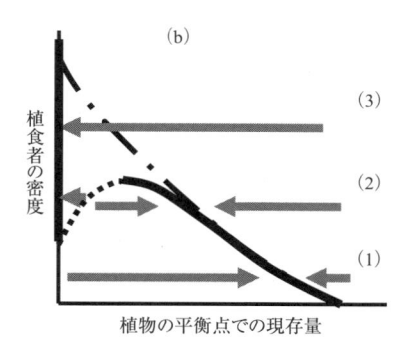

図5 カタストロフィック・レジームシフトの形成機構を表すモデル．
(a) 植物の現存量と単位量当たりの植物の成長速度，または植食者の採食による単位量当たり減少速度の関係．(b) 植物の現存量と植食者密度の関係（平衡点の集合）．
実線と鎖線は，それぞれ土壌劣化がある場合とない場合の植物の成長速度を示す．(a) の点線は採食による減少速度，(b) の点線部は不安定平衡点の領域を示す．矢印は土壌劣化がある場合の植物量の変化の方向を示す．括弧内の数字は，植食者の密度レベルを表す．van de Koppel et al. (1997) を改変．

るが（図中の (1)），家畜が増えると植生のない平衡点も現れる（図中の (2)）．しかし大規模な攪乱がない限り，植生ありの平衡点のまま推移する．ところが家畜の密度がある閾値を超えると，突然植生のない状態に転位する（図中の (3)）．いったんこの状態になると，家畜の密度を減らしても容易には植生のある状態に戻らない．つまり，家畜が増える場合と減る場合で，植生が転位する閾値が変わるのである．

このモデルは，どのような条件下でレジームシフトが生じやすいかを推測することができる．まず生産性が低い条件では，図5a の植物の成長速度の曲線が下方にシフトするため，植食者が低密度でもレジームシフトが生じる．また植生の減少にともなう土壌劣化が激しい急傾斜地などでは，成長速度の曲線の左端の低下が著しくなるため，やはりレジームシフトが生じやすいだろう．もう一つ重要な点は，このモデルの構造にある．つまり，植食者の密度は餌である植物量の影響を受けない場合を想定していることである．閉鎖系では植生のない状態に転位しても植食者が存在することはありえない．しかし，すでに述べた家畜の場合もハクガンの場合も，あるいは房総のシカの場合も，注目する植生の現存量ではなく系外資源で個体数が維持されていた．このモデルは，こうした状況下で土壌の劣化にともなうカタストロフィックなレジームシフトが生じやすいことを示している．

4 植物を直接介さない関係

これまでは地上の植食者ないしは土壌の分解者（または根食者）が植物を介在して他方の系に及ぼす影響を，栄養塩循環と生態系エンジニアリングの観点から考えてきた．植物を中心としたこれらの視点は，物質循環やエネルギー流の構造，および生態系エンジニアとしての植物の重要性を鑑みれば当然のことである．しかし，地上と土壌の関係は植物を直接介在しないものもあり，それは最近の研究により陸上生態系の生物多様性や生態系機能の維持を考えるうえで重要であることが明らかにされている．この節では，地上の捕食者が土壌由来の腐食者や系外からの物質輸送者を捕食することで生じる間接的影響に焦点を当てる．

(1) 腐食流入

地上生態系の捕食者の多くはジェネラリストであり，複数の栄養段階の生物を摂食する雑食者でもある（たとえば Polis 1991）．こうした知見自体は古くから自然史研究の常識であったが，群集生態学の分野（とくに理論分野）では食物連鎖の用語で代表されるように，明示的に意識されることは決して多くなかった．これは見かけの競争（apparent competition）や系外流入（allochthonous input）の概念が普及したのが比較的最近であることからも推察できるだろう．腐食流入（detrital infusion）もほぼ時を同じくして提唱されたもので，生食連鎖に属している捕食者が腐食連鎖の餌を摂食する現象をいう（Polis and Strong 1996）．ほぼ同じ概念に腐食補助（detrital subsidy）があるが，これは単に捕食者が腐食食物網の餌を食べているというだけでなく，それが個体群維持に貢献していることを前提としている（Wise et al. 1999）．陸上生態系では，一次生産の多くが植食者に消費されることなくデトリタスとして土壌の腐食連鎖に供給されるため，腐食連鎖から発生する資源は陸上捕食者の利用可能な餌資源を増やしているに違いない．また一般に捕食性節足動物の個体群はボトムアップ制限を受けていることが多いことも腐食資源の重要性を暗示するものである．しかし，陸上捕食者が個体群レベルで腐食生物に依存してい

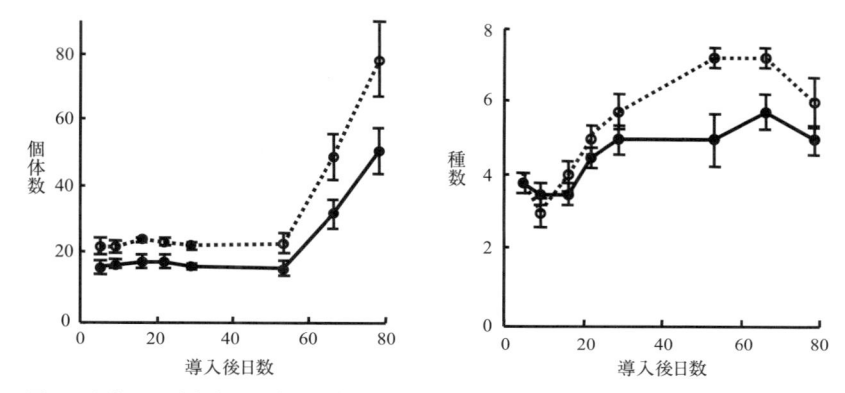

図6 土壌から発生する飛翔昆虫類の遮断がクモ類に与える影響．
個体数（左）と種数（右）（6m^2 あたりの平均 ± SE）．実線は飛翔昆虫を遮断した場合，点線は遮断しない場合．Miyashita et al.（2003）を改変．

ることを実証した例はいまだに少ない．

　陸上生態系の代表的なジェネラリスト捕食者であるクモ類は，個体数の多さや操作のしやすさ，応用上の重要性などから最近腐食流入の研究対象として研究されはじめている．安定同位体を用いた解析によれば，地表部に生息する小型のコモリグモやサラグモはトビムシなどの腐食昆虫への依存度が高く，大型のコモリグモはハムシなど植食者への依存度が高いことが推測されている（McNabb et al. 2001; Wise et al. 2006）．造網性クモでも似たような傾向があり，春先の植食者の少ない時期や体サイズの小さい種では腐食昆虫（おもにハエ目）への依存度が高いことが直接観察により確かめられている（Shimazaki and Miyashita 2005）．さらに，森林の林床で実験的に土壌から発生する飛翔性の腐食昆虫量を制限すると，クモの個体数と種数が減少することも明らかになっている（Miyashita et al. 2003）（図6）．つまり土壌の分解者（または菌食者）は，陸上捕食者の個体数や多様性を維持する重要な資源となっているのである．

　一方最近，農業生態系では害虫防除の目的から腐食昆虫とジェネラリスト捕食者の関係に注目が集まっている．アメリカ合衆国では，野菜や大豆畑でデトリタスを投入して腐食者を増やし，捕食者→害虫→作物のカスケード効果を実証しようという試みが行われている．デトリタスの供給は腐食者を増

やし，クモやゴミムシなどの捕食者の個体数を増加させるが，害虫による作物被害の軽減にはかならずしも繋がっていないようである (Halaj and Wise 2002; Rypstra and Marshall 2005)．デトリタスの供給により増加した土壌微生物が，植物の利用可能な栄養塩を減少させたことや，捕食者が餌を害虫から腐食者へスイッチングしたことが原因かもしれない．

　腐食流入は土壌から地上への生物資源の移動であり，同じ生態系内での資源の移動とみなせるが，役割的には系外流入と似た性質をもつ．まず腐食性昆虫の季節消長は植食者のそれとパターンがずれているため (Shimazaki and Miyashita 2005)，捕食者に対する補助効果が生じやすい．こうした季節的なずれは河川-森林系で知られているような資源変動の安定化 (Nakano and Murakami 2001) をもたらしている可能性が高い．次に，腐食性昆虫の体サイズは一般に小さいため (Shimazaki and Miyashita 2005)，捕食者の発育段階初期には重要な餌となるが後期には生食由来の資源が重要になるだろう．発育段階による餌のシフトは，先述の害虫防除の可能性を示唆するものである．最後に生産性が低いツンドラや森林の林床のような環境では，腐食性昆虫が資源の底上げを通して地上部の食物網を支える重要な役割を担っている可能性がある (Oksanen et al. 1997; Shimazaki and Miyashita 2005)．腐食連鎖は一般にドナーコントロール的性格が強いため，こうした環境ではとくに地上系に与える影響が大きいことが予想される．

(2) 地上捕食者による栄養塩流入の制御

　系外から流入するデトリタスや栄養塩が土壌系や地上系にさまざまなカスケード効果をもたらすことはよく知られている．陸上生態系の場合は，その運搬の担い手は鳥類や哺乳類など移動性の高い動物の場合が多い．とくに島嶼生態系においては，海から陸への物質輸送には海鳥類が大きな役割を果たしている (Polis et al. 1997)．一方で島嶼生態系はもっとも外来種の脅威に曝されている系でもある．ごく最近，外来捕食者が物質輸送者である海鳥類を捕食することで，地上-土壌の生態系を大きく改変している事例が報告された．

　最初はアリューシャン列島におけるホッキョクギツネの例である (Croll et

al. 2005; Maron et al. 2006).この列島には元来在来の哺乳類は分布せず,膨大な数のウミスズメやウミツバメなどの海鳥が繁殖していた.ところが今から100〜150年ほど前に毛皮目的でホッキョクギツネが導入されたため,多くの島で海鳥が激減してしまった.そのため,キツネの導入された島では海鳥が持ち込むグアノが激減し,生態系が丸ごと改変されたのである.キツネのいる島をいない島と比較したところ,まず土壌中のリン量が1/3以下に減少し,植物の現存量も半分以下になった.とくにイネ科草本の減少は顕著で,それに替わって灌木や双子葉草本の優占度が高まった.さらにキツネのいる島では,海由来の物質で含有量の高い$δ^{15}N$の値が,土壌や植物,動物(ハエ・クモ・貝・スズメ目)のいずれについても減少していた.しかしキツネのいる島で人為的に窒素とリンを施肥すると,2,3年でイネ科草本のバイオマスが急増した.これは土壌の物理的改変の効果は重要ではないことを示唆している.

　二つめはニュージーランド沖合の島嶼におけるクマネズミの例である(Fukami et al. 2006).ここでもミズナギドリなどの海鳥が,100年ほど前に侵入したクマネズミなどにより激減し,土壌中の有機物や栄養塩類が約半減した.これらを反映して,ネズミのいる島では土壌動物がカスケード的に減少していた.しかし,林床のリター量や地上部の植物についてはまったく逆の効果がみられ,実生の数や木本植物の胸高断面積はネズミがいる島のほうが高い値を示した.これはネズミが海鳥を捕食することで,海鳥が引き起こす土壌の踏みつけや穴掘りといった物理的攪乱を間接的に緩和したためと考えられた.植物体中の窒素量はネズミがいる島でやや低かったことを考え合わせると,海鳥の影響には化学的なプラスの効果と物理的なマイナス効果の双方が存在し,それらが異なる程度で地上系と土壌系に影響していたのだろう.

　上記の二つの研究例は,いずれも物質輸送者に対する捕食が引き金となったボトムアップ効果による栄養カスケードを示したものであり,捕食-被食関係と物質循環をつなぐ新しい関係を提示したものである.しかし,それ以上に興味深いのは,類似したシステムを扱っているにもかかわらず,一方では生態系レベルで景観がまったく変わるほどのインパクトを生じさせたのに

対し，他方では土壌系への影響は大きかったものの地上の植生には際立った変化がみられなかったことである．これにはもともとの生産性の違いやそれに起因する植生の違い，さらに鳥による物理的な攪乱様式の違いなどが関与していると想像される．

5 まとめと展望

　この章では，生物間相互作用が駆動力となって引き起こされる地上系と土壌系のダイナミックな相互作用を概説してきた．冒頭でも述べたように，この分野の研究は比較的新しく，21世紀になってようやく本格的な総説が現れはじめた（Wardle 2002; Wardle et al. 2004; De Deyn and Van der Putten 2005）．また本章で紹介したような物理的環境改変や，植物を直接介さない関係を含めた統合的な総説や展望は，これまでほとんど皆無であった．これらを統合することで地上と土壌の相互作用系の全体像がはじめて見えてくるはずである．

(1) 相互作用の時空間スケールと安定性

　まず地上系と土壌系の空間スケールの特徴について考えてみよう．地上での相互作用はその多くが昆虫や哺乳類，鳥類が関係している．もちろん植物同士の関係も重要であるが，それにもしばしば動物が関与してくる．動物は少なくとも生活史の一部のステージで移動性を示すため，その影響は空間的に波及しやすいと思われる．また，時間スケールで見ると，捕食被食のプロセスは一般に短時間で完了するが，土壌系の機能として重要な分解過程は，捕食被食に比べて時間がかかる．つまり，地上系は相互作用が生じる空間スケールが大きく時間スケールは短いが，土壌系ではその逆に空間スケールが局所に限定され，プロセスが生じる時間スケールが長いのが特徴といえる．したがって，地上系の相互作用はより動的であり，地上–土壌系全体のダイナミクスを駆動する働きをもつのに対し，土壌系は地上部で生じた変動の受け手であり，短期的変動に対しては概して鈍感と考えられる．しかし，土壌

部ではいったん状態が変化すると元の状態に復元するのに長い時間を要するに違いない．比喩で対比すると，熱しやすく冷めやすい地上系と，熱しにくく冷めにくい土壌系といえる．そのため，地上の生態系エンジニアの個体数が元のレベルに戻っても，土壌の物理化学性やそれに依存した食物網構造は容易に変化しないに違いない．こうした地上系と土壌系の反応速度や反応スケールの違いこそが，生態系のレジームシフトをもたらす主要因であると考えられる．この推測は，草食動物がもたらす物質循環の正のフィードバック効果や，家畜がもたらす砂漠化やハクガンによるツンドラ植生のカタストロフィックな破壊の例により支持される．従来の食物網動態のみに注目した相互作用系の解析からは，到底考えの及ばない視点であるといえよう．

(2) 化学的影響と物理的影響

　地上土壌の相互作用系を統一的に理解するには，栄養塩循環を中心とした化学的環境改変と土壌の物理的改変の両者の相対的重要性がどのように決定されるかを考えることが重要である．ここで植食による植生の衰退と土壌改変を例に考えよう．植食圧が非常に強い場合は，植生被度が著しく衰退するため，化学的な改変効果をはるかに上回る物理的影響（表層のクラスト形成，透水性の低下，表層流の促進，土壌浸食など）が生じるだろう．これは栄養塩流出などを通して化学的改変も促進する．一方，採食圧が弱ければ降雨などによる物理的改変の効果は無視でき，栄養塩循環を介した分解の促進や遅延などの化学的効果が卓越するに違いない．つまり，栄養段階間の相互作用が強い場合には，植生量の変化にともなう土壌の物理的改変が顕著になると思われる．

　では栄養段階間での相互作用が強い条件とは何だろうか．群集レベルでの栄養カスケードが生じやすい条件として，①雑食が少ない，②植物の化学防御の程度が小さい，③捕食（植食）に対する耐性の種間差が小さい，などがあげられる（Persson 1999; Halaj and Wise 2001）．これは環境の異質性が小さく，種構成や食物網構造が単純な生態系といいかえることもできる（Polis et al. 2000）．さらに，系外からの資源流入がある場合には恒常的に強い相互作用が生じやすい（Persson 1999; Halaj and Wise 2001）．これらの条件は，本章で

述べた土壌の物理的改変を介したヒステリシス現象が生じる生態系の例とよく一致する．まとめると，物理的環境改変は生物多様性が貧弱であるか人為による影響を受けやすい生態系で影響力が強まるといえる．これは地上と土壌の相互作用においても，生物多様性と生態系機能の関係性の解明が急務であることを示唆している．陸上生態系における生物多様性とその機能の研究では，生産性が機能の評価関数として頻繁に用いられてきた．最近では分解機能を対象とした知見も集積されつつあるが (Hattenschwiler et al. 2005)，今後は物理的機能を対象としたアプローチも不可欠であろう．

　地上と土壌の相互作用は，生態系エンジニアリングを含めたあらゆる種類の生物間相互作用を連結・統合し，さらに相互作用の時空間スケールを考えることで，はじめてその全貌の理解が可能となる．また，この分野はとくにヒステリシス現象で代表されるような非線形反応が卓越した世界である．こうした非線形反応の様式自体も状況により可変的で，系外流入の有無や生産性，植物の多様性などにより変化すると考えられる．したがって，地上系と土壌系の相互作用の理解は，基礎生態学としてチャレンジングであると同時に，人為的環境改変が生物多様性や生態系機能，生態系サービスにどのような影響を及ぼすかといった応用的課題に取り組むうえでも重要である．具体的には，すでに述べた過放牧や増えすぎた野生動物の問題，侵略的外来種の問題，さらに耕地生態系管理の問題などがあげられる．これらの問題は，従来地上部での出来事としてとらえられることが多かったが，土壌の物理化学的特性や食物網の変化も含めた統合的な視点からの取り組みが必要であると思われる．地上と土壌の相互作用にもとづく生態系の非線形動態の機構解明は，生態系のリスク評価や生態系の復元・再生の具体的方策を考えるうえで，大きな役割を果たすに違いない．

第4章

陸域と水域の生態系をつなぐ
流域動脈説の提唱

岩田智也

Key Word

他生性資源　食物網　物質循環　流域動脈説　景観

　生物群集を調べるときには，通常，特定の生息場所を対象に研究を行う．林冠を突き抜ける巨大高木を調べるために熱帯林に足を運び，岩陰に潜むイワナの食性を知るために渓流に潜り，はるか外洋の食物網を解明するために航海に出る．このように群集生態学が対象としてきた空間的広がりを「生態系」とよび，生物群集の動態はこの空間スケールを舞台とした生態過程の結果と考えられてきた．

　しかし，大規模操作実験の普及や分析技術の高精度化，景観生態学の発展によって，各生態系を個別に扱う従来の手法では生物群集の構造や機能を十分には説明できないことがつぎつぎと明らかになってきた．すべての生態系は開放系であり，生態系間を横断する生物やデトリタス，栄養塩の移出入によって互いに密接に結びついていたのである．

　本章では，このような生態系同士のエネルギーや栄養塩の交換が生物群集や物質循環に及ぼす影響について，最新の知見を交えて紹介する．また，水域と陸域を対象に，両生態系の相互作用の強さを変化させる景観要素を枠組み化し，「流域動脈説」として提示する．さらに，生態系間を伝わる人為影響について概観し，群集生態研究に求められる新たな課題について述べたい．

1 生態系間を横断する物質

　生物体を構成する炭素や窒素などの生元素の多くは，あらゆる空間軸で生態系間を往来している．異なる生態系から輸送されるこれら有機物や無機栄養物を，他生性資源（allochthonous resource）とよぶ．他生性資源は，生態系同士を物質的に連結させるだけでなく，受容側の生物群集に影響を及ぼすことが古くから知られていた．たとえばE・P・オダム（1991）は，系外から流入する他生性資源が生産速度を高める現象を補助（subsidy）と定義し，さまざまな生態系におけるその波及効果の大きさについて解説している．また，陸域の人間活動から排出されるリン酸塩が湖沼の一次生産を高め，富栄養化の原因となることなどもよく知られてきた．高度成長期に頻発した公害でも，重金属などの汚染物質が陸域から水域の食物網へ伝搬することで顕在化した例が多い．

　最近では，大陸や大洋を横断する大規模空間の物質輸送に注目が集まっている．外洋には，硝酸塩やリン酸塩が高濃度で存在しているにもかかわらず，植物プランクトンが少ない海域がある．1990年代になって，この高栄養塩−低クロロフィル海域の一次生産は，おもに鉄の不足により抑制されていることが大規模な鉄散布実験により確かめられた（Martin et al. 1994）．現在では，陸から大気経由で運ばれる土壌粒子が，外洋表層への鉄供給を担っているとの考えが有力視されている．また，窒素やリンを含んだ大気中の土壌粒子は，山岳地域に沈着して高山湖沼の生産速度を増加させたり，バイオエアロゾルとして微生物の分布拡大に影響したりと，遠く離れた地域の食物網や生物相にも影響する．

　生物自身による長距離移動も，生態系間の物質輸送を担う．よく知られている例に，サケなどの遡河回遊魚による海洋からの栄養輸送がある．川を遡上するサケは，陸上の大型動物（ヒグマや猛禽類など）の餌となり，海洋生活期に同化した沖合の生産を陸上食物網へ供給する．また，産卵後の遺骸は，栄養塩やデトリタスとして川や湖の生食連鎖と腐食連鎖の双方に入力する．さらに，岸に打ち上げられた遺骸からの窒素供給により，渓畔森林の成長

が促進されるとの報告もある（Helfield and Naiman 2001）．生物による能動的な物質輸送は，ほかにも数多く報告されている（Polis et al. 1997）．このように，あらゆる生態系は外部と物質を交換しており，生態系間を横断するこれら栄養物質の流れは，時に内的な生態過程を凌駕する．

　物質輸送を介した生態系同士の結びつきと生物群集に及ぼす波及効果については，過去10年間に活発に研究がなされてきた．すでに，多くの総説や書籍で解説されており，研究事例の詳細についてはこれら文献を見ていただきたい（たとえば，Polis et al. 1997; Polis et al. 2004 など）．しかし，従来の研究は，生態系同士が物質流により結びついていることを記載しただけのものが多い．外部からの栄養流が生物群集の動態や生態系機能に及ぼす影響について，その具体像を予測するための枠組みはいまだ描かれていない．われわれにもっとも不足している知見は，どのような条件で生態系同士の相互作用が最大となるのか，また他生性資源が生物群集や生態系機能に及ぼす影響は，時間や空間または生物群集ごとにどのように変化するのか，という問いに対する解答である．この問いは，群集生態学と生態系生態学の双方において，大きな課題である．

2　群集生態学における生態系間相互作用

　生態系間相互作用は，おもに二つの側面から注目されている．一つは，他生性資源の流入が，受け手側の生物群集に大きく影響する点である．もう一つは，生態系間の物質交換が地球規模の物質循環にかかわっている点である．後者については，次節で紹介する．前者の考え方は，G・ポリスらにより提案され，群集生態学に一つの潮流をもたらした．ポリスは，海洋島や海岸の生物群集が，浜辺に打ち上げられるデトリタスや，海鳥の糞尿として運ばれる海起源の窒素やリンによって維持されていることを示した（Polis and Hurd 1996）．さらに重要なこととして，海洋から資源補給を受けた捕食者が，下位栄養段階の陸上生物に強いトップダウン効果を起こすことを示した（Polis and Strong 1996; Polis et al. 1997; 図1）．他生性資源の流入速度は，受け手側の

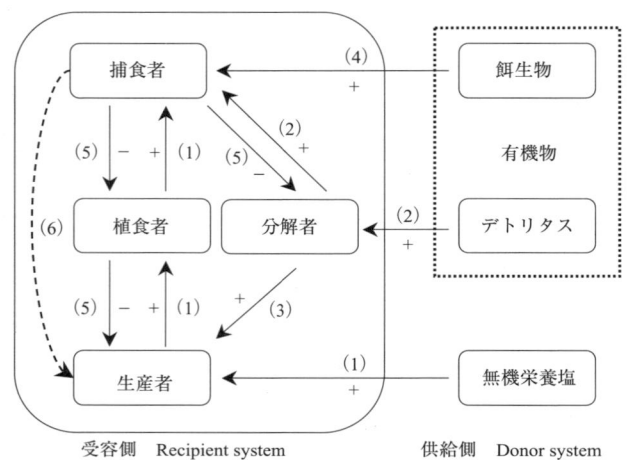

図1 他生性資源の流入が受容側の生物群集に及ぼす影響.
プラスは正の効果を，マイナスは負の効果を示す．(1) 栄養塩の流入が生食連鎖に及ぼす影響．(2) デトリタスの流入が腐食連鎖に及ぼす影響．(3) 外来性のデトリタスは，分解を経て無機栄養元素を独立栄養生物にも供給する．(4) 捕食者への餌資源の補給．(5) と (6) は，餌資源の補給を受けた捕食者が下位栄養段階に及ぼす作用．捕食者の (4) に対する機能的応答によって，(5) と (6) の強さは変化する．

捕食者個体群が増加しても変化しない（ドナーコントロール）．そのため，捕食者個体群は内部生産で到達できる密度以上にまで容易に増大し，受け手側の餌生物を減少させる．このトップダウン効果がさらに下位栄養段階にまで波及する間接効果を，見かけの栄養カスケード (apparent trophic cascade) とよぶ（図1 (6)）．ポリスは，捕食者が生産者にまで影響を及ぼすような強いトップダウン効果の多くは，外部から資源補給を受けた捕食者が引き金となる見かけの栄養カスケードであると主張した (Polis and Strong 1996)．また，この現象は多くの生態系でみられることを示した．このように，群集生態学の中心課題である食物網動態の解明において，特定の生態系に着目するだけではゴールにたどり着けないことを示した点で，ポリスの功績はたいへん大きい．

これら先駆的研究に刺激を受け，生態系間の物質交換に焦点をあてた研究が数多く行われるようになった．安定同位体分析の普及により，食物網内の炭素や窒素の起源が比較的容易に推定できるようになったことや，景観生態

学の発展で生態系同士の結びつきを重視する視点が見出されたことなど，生態学の研究手法が大きく変化したことも研究の進展につながっている．さらに，外部との有機物（デトリタスや餌生物）の移出入を物理的に遮断する大規模野外操作実験（Wallace et al. 1997; Nakano et al. 1999; Kato et al. 2003）や，安定同位体で標識した化合物を散布し，生態系間の物質移動を追跡するトレーサー研究も行われはじめた（Pace et al. 2004; Cole et al. 2006）．これら実証研究の積み重ねで明らかとなったことは，おもに次の六つの生態過程である．まず，外部から入力する無機栄養元素（窒素・リンなど）は，生産者の成長速度を高めることで生食連鎖のエネルギー流を増加させる（図1(1)）．次に，他生性有機物のうちデトリタス（生物遺骸）として入力するものは，腐食連鎖や微生物食物連鎖のエネルギー流を増大させ，この影響も上位栄養段階へ伝搬する（図1(2)）．デトリタスは，分解を経て窒素やリンなどの無機栄養元素を生食連鎖にも供給する（図1(3)）．最後に，餌生物の移動によって生態系間を横断する有機物は，受容側の捕食者に直接利用される（図1(4)）．この餌生物が補給されることによる捕食者の増加（数の応答）は，下位栄養段階に直接（図1(5)）または間接的（図1(6)）に影響する．なお，捕食者自身による生態系間の移動も，移動先の生態系に対してこれと同等の直接・間接効果を及ぼしうる．このように，他生性資源がどの栄養段階に入力するかによって，群集構造に及ぼす影響が異なる．

　捕食者の機能的応答（餌の切り替えなど）によっては，受け手側の下位栄養段階に正反対の影響が作用することがある．捕食者が他生性と自生性の双方の餌生物を利用する場合，他生性資源により捕食者個体群が増加すると，自生性の餌生物の被食率が増加する（見かけの競争 apparent competition と類似の機構）．これとは逆に，捕食者が外からの餌資源を集中的に利用すると，自生性の餌生物の被食率が低下する（見かけの相利関係 apparent mutualism と類似；Abrams et al. 1999）．3栄養段階の食物連鎖では，前者の場合に見かけの栄養カスケードが作用し生産者は増加するが（Henschel et al. 2001），後者の場合は餌生物が増えることで生産者は減少する（Nakano et al. 1999）．このような他生性資源に対する捕食者の機能的応答は，受容側の生物群集の安定性にも影響することが理論研究により示されている（Huxel and McCann 1998; Takimoto et al. 2002). そのため，系外資源に対する捕食者の数の応答や機能的応答の解明は，群集生態学における重要課題の一つとなっている．現在のところ，応答の時間スケール (Sabo and Power 2002)，自生性資源と他生性資源の量的関係 (Nakano and Murakami 2001)，他生性資源の質，捕食者の形質（採餌戦略や移動能力，増殖速度など；Ostfeld and Keesing 2000)，供給源からの距離や供給源との境界形状 (Polis et al. 1997) などの要因が関係するといわれている．これらはすべて，系外からの資源補給が受容側の群集構造に及ぼす影響の強弱にかかわっている．

3 生態系生態学における生態系間相互作用

生態系生態学では，生態系を横断する無機栄養塩や有機物の移動を地球規模の物質循環に関わる生態過程ととらえている．とくに，大気中の温室効果ガスの濃度上昇が注目されてから，有機炭素の生態系間移動に関心が集まっている．その理由は，つぎの通りである．すべての生物活動を支えているのは，独立栄養生物が炭酸同化によって生産した有機物である．この生態系内における有機物の生産速度を，総生産 (Gross Primary Production: GPP) とよぶ（図2）．総生産は，独立栄養生物自身の呼吸 (R_A) や従属栄養生物の呼吸 (R_H) により無機化され，おもに二酸化炭素として放出される．この呼吸速度の総和が，群集呼吸 (Community Respiration: $CR = R_A + R_H$) であり，総生産と群集呼吸の差が純生態系生産 (Net Ecosystem Production: $NEP = GPP - CR$) である．すなわち，NEP が正の生態系は系内に炭素が蓄積（CO_2 吸収源）し，負の生態系は減少（CO_2 放出源）していることを示す．さまざまな生態系の炭素代謝が見積もられた結果，多くの川や湖，湿地，外洋域などで NEP が負（または，GPP/CR 比<1）となっていることが示された (Duarte and Agustí 1998)．水域生態系は，大気に二酸化炭素を放出していたのである．

最新の見積もりでは，水域の呼吸速度は 150～200 GtC/年に達し，陸域の呼吸速度（100～120 GtC/年）をはるかに凌ぐ（図3）．このことは，水域の代謝バランスが地球規模の炭素循環に影響することを意味する．外部と物質

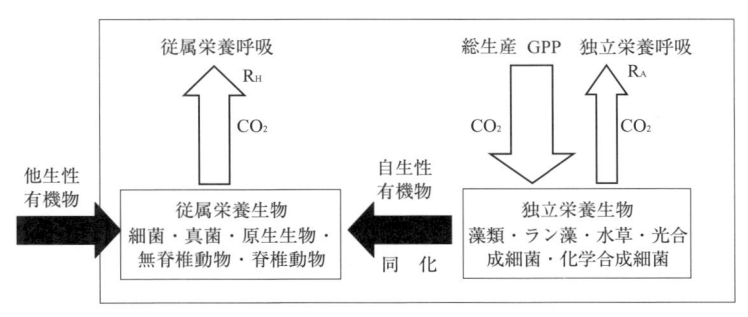

図2 水域生態系の炭素代謝.
群集呼吸 CR は，独立栄養呼吸 R_A と従属栄養呼吸 R_H の和である．総生産 GPP と CR の差が，純生態系生産 NEP となる．外部から有機物が流入すると R_H が増加し，NEP が負（または GPP/CR 比＜1）となることがある．

交換を行わない生態系では，生物活動を支えるエネルギー源は自生性有機物しかない．このような閉鎖生態系は，呼吸が生産を上回る状態では有機物が枯渇するため，長期間は持続不可能である．しかし，実際には GPP/CR 比が 1 以下の水域が普通にみられることから，外部から有機物が補給されていると考えられるようになった．この発見を契機に，水域に入力する他生性有機物が生態系代謝（生産と呼吸）に及ぼす影響について研究が活発化した．

陸上生態系は正味の二酸化炭素吸収源であり，巨大な炭素のリザーバーとして機能している．しかし，陸上の NEP のうちかなりの量の有機炭素が海洋へ運ばれている（図3）．従来，川や湖などの水系は，このような流下物質の輸送経路と見なされていた．しかし，有機物が多く流入する森林河川では GPP/CR 比が 1 以下を示すことが多く，今では陸上有機物は河川生物を維持する重要な炭素源と考えられている．川だけでなく，湖沼の従属栄養生物も陸起源の有機物を利用している．たとえば，湖沼生物群集が年間 0.2 〜 0.8 GtC の陸上有機物を無機化しているとの試算もある（del Giorgio and Williams 2005）．また，炭素安定同位体（^{13}C）と放射性炭素（^{14}C）を用いた年代測定の併用により，川を流下する 10^0〜10^3 年代の有機炭素のうち，5 年以内に生産された新しい陸上有機物が河川内で活発に分解されていることも示された（Mayorga et al. 2005）．このように，川や湖の食物網は，陸域の NEP をすばやく分解して大気に脱ガスするという点で，炭素の回転に貢献している．

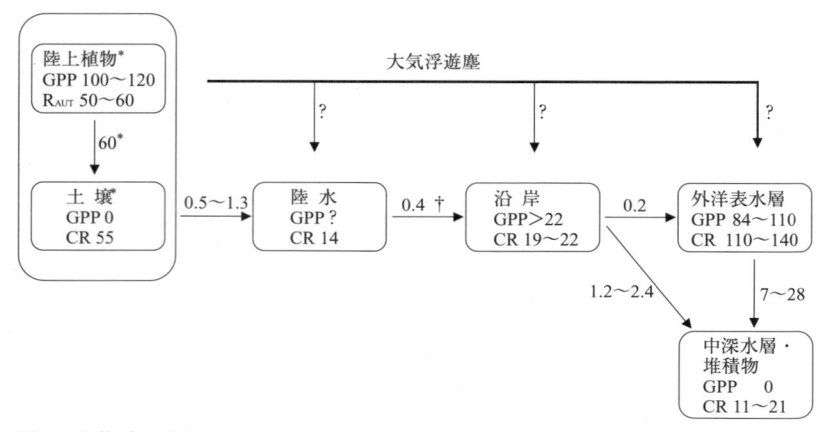

図3 生態系の炭素代謝と生態系間の有機炭素移動量（単位：GtC/年）．
陸水域は，湿地，河川，湖沼および河口域を含む．del Giorgio and Williams（2005）をもとに，＊Chapin et al.（2002）および†Meybeck（1993）も参考にした．ただし，推定値にはかなりの不確かさを含んでいる．

さらに下流の生態系には，上流から運ばれる有機炭素が入力してゆく（図3）．川を経由して運ばれる陸上起源の粒状有機炭素は，沿岸域の底生生物の二次生産を一部賄っている．また，川から供給される有機炭素が微生物に無機化されるため，生産力の高い河口域や湾内でもNEPが負となる海域がある（Sobczak et al. 2002）．ただし，陸起源の有機物には難分解性の画分が多く，動物プランクトンや他の高次消費者にとっては自生性有機物（植物プランクトンなど）がより重要なエネルギー源であるとみられている．有機物の最後の集積地である外洋は，その広大な面積（約3.2×10^8 km^2）から地球規模の炭素収支に及ぼす影響はきわめて大きい．貧栄養な外洋表層で呼吸が総生産を上回ることが指摘され，その原因をめぐり活発な議論がつづいている．陸上や河川，沿岸域，または生産の高い他の海域からの輸送や大気からの沈着による有機物フラックスが，外洋の高い従属栄養呼吸を支えているのだともいわれている（図3）．ただし，長期間保存されている難分解性の溶存態有機炭素（DOC）も，表水層で光分解により低分子化することで微生物に無機化されやすくなる（Mopper et al. 1991）．このように，生成年代の古い有機物が従属栄養生物の呼吸速度を増加させている可能性もある．

大局的には，水の動きに沿って有機物が連鎖的に受け渡されてゆくため，

有機物流の下流に位置する生態系が二酸化炭素の放出源になりやすい．このように，各生態系を個別に扱うだけでは地球規模の炭素循環を解明できないことから，生態系を横断する有機物の行方についてますます研究が活発化するだろう．また，大規模空間スケールにおける無機栄養塩の移動が受容側の生態系代謝に及ぼす影響についても，つぎつぎと明らかにされつつある．

4 生態系間相互作用のパターン

　これまで概説してきたように，群集生態学では他生性資源が生物群集の構造や動態に及ぼす影響に関心があり，生態系生態学は他生性資源と物質循環の関係に注目する．しかし，どちらも本質的に同じ生態過程を扱っており，他生性資源の影響に対して異なる変数（群集と物質）を用いてアプローチしているにすぎない．双方にもっとも共通しているのは，他生性資源の影響が生産性の低い生態系で顕在化しやすい点にある．このパターンの妥当性を点検することで，他生性資源が生物群集と生態系機能に及ぼす影響を一般化することが可能になる．

　群集生態学では，生産性の高い生態系から低い生態系に他生性資源が流入し，後者の食物網に影響を及ぼすといわれてきた（Polis and Strong 1996）．しかし，物質交換を行っている生態系同士で生産速度を実際に比較し，生産性勾配と他生性資源の影響度の相関関係を示した研究は少ない．メタ解析によりこの概念を検証した最近の研究では，生産性の差は生態系間の相互作用において重要でないと推論している（Marczak et al. 2007）．ここで，もっとも研究が進んでいる森林と河川の相互作用を例に挙げたい．温帯では，川から羽化する水生昆虫が渓畔林に生息する陸上捕食者の重要な餌資源となっている（Nakano and Murakami 2001）．鳥類やクモ類は，羽化のピークにあたる春から初夏に河川周辺で水生昆虫を多く採餌するが，この時期，森林の陸上昆虫量は羽化昆虫より多い．したがって，陸上捕食者への河川資源の補給が最大となる季節に，川から森へ大きな生産性の勾配があるとは考えにくい．実際，一連の研究が行われた幌内川（苫小牧市）のデータを見ると，この季節の川

の純一次生産（NPP）は約 100 mgC/m^2/日であり（Kishi et al. 2005 をもとに試算），森林の現存量増加率（NPP より過小推定である）の約 230 mgC/m^2/日より小さい（Hiura 2005 の年平均値から換算）．このように森林の方で生産が高くても，陸上捕食者は羽化水生昆虫を選択的に採餌する（Kato et al. 2004）．カゲロウやカワゲラなどの羽化水生昆虫は，分布が河川周辺に集中しており，固い外骨格をもたないなど，捕食者にとって利用しやすい餌資源であることが原因と思われる．

このことから，川から森林食物網への資源流入は生産性の勾配に関係なく生じており，相対的に質の高い資源が流入すれば森林の生物群集は応答すると考える．そして，この資源流入による個体群または群集レベルでの個体数の変化は，森林の生産が低い季節に顕在化しやすいのだろう（Kato et al. 2003）．つまり，生態系間の生産性勾配ではなく，受容側の生産性の低さそのものが，他生性資源の影響を相対的に大きくする要因であろう．一方，生産が高く自生性の有機物流が卓越する季節には，外部の影響があったとしても見えないことが多い．

生態系生態学の研究結果も，この考えを支持する．GPP/CR 比が 1 以下の生態系は，外部からの有機物補給で維持されていることは先に述べた．地球上のさまざまな水域（外洋，沿岸域，河川，湖沼，湿地）の生態系代謝を解析した研究により，貧栄養な水域ほど GPP/CR 比が 1 以下になりやすいことが示された（Duarte and Agustí 1998）．これは，生産が低い水域で他生性有機物の影響が顕在化することを示しており，群集生態学の例と一致している．類似の傾向は，山梨県の湖表層で測定した結果でもみられた（図4）．ここでは，植物プランクトン（クロロフィル a 量）の増加とともに，生産と呼吸が上昇している．また，ほとんどの場合で GPP は CR を上回り，NEP は正である．しかし，クロロフィル a 量が少ない時（約 1.5 mg/m^3 以下）には大小関係が逆転し，生産が低いほど呼吸が卓越する傾きを示した．ここで，植物プランクトンの生産効率を 0.7（GPP の 30% が独立栄養呼吸 R_A で損失）と仮定して，従属栄養呼吸 R_H を試算した（図4の破線）．その結果，R_H は植物プランクトン量に対しさらに緩い傾きを示し，植物プランクトンが増え生産速度が上昇しても同じようには増加しない．また，クロロフィル a 量が少ない時に，R_H

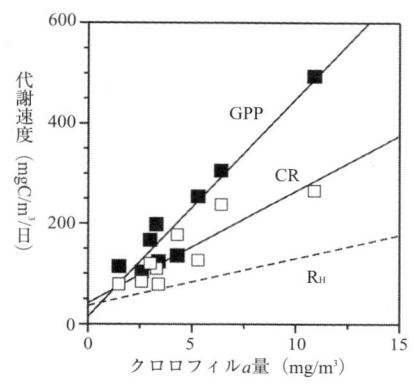

図4 山梨県の湖で測定した生態系代謝（GPPとCR）とクロロフィルa量の関係.
■はGPP，□はCRを示す．代謝速度は，表水層の湖水を用いてpCO_2培養法で推定した．従属栄養呼吸（R_H；破線）は，独立栄養生物の呼吸R_Aを$0.3 \times GPP$と仮定して試算した（$R_H = CR - R_A = CR - 0.3 \times GPP$）.

が群集呼吸に占める割合が高くなっている．

　この生産と呼吸の脱共役的な関係は，従属栄養生物が他生性有機物や過去に生産された古い有機物を利用している場合に起こりうる．回帰直線の切片から試算すると，他生性または過去の有機物を基質とするR_Hはおよそ3 mmol/m³/日になる（図4）．ただし，総生産の系外への流出や上位栄養段階への転送の遅れなども，R_Hの緩やかな変化に貢献しているかもしれない点には注意が必要である．もし，陸上や上流域で生産された有機物が，このような湖内の生産と呼吸の脱共役的関係に貢献しているなら，他生性有機物は一次生産の変動に対し呼吸を一定に保つ役割（生態系機能の安定化）を果たしていることになる．この予測を検証するには，他生性有機物を基質とする従属栄養呼吸（$R_{ALLO/H}$）を群集呼吸から分離して測定する手法の確立と，他生性有機物の入力量に対する$R_{ALLO/H}$の応答特性を明らかにする必要があるだろう．

　以上のように，他生性資源は，生態系間の生産性勾配に関係なく生物群集や生態系機能に影響し，その相対的な寄与が生産の低い生態系で大きくなることを浮き彫りにした．このパターンは，生態系間相互作用の一般的傾向と考えているが，実際には作用しあう生態系の組み合わせによって，他生性資源の影響を変化させる要因はより複雑となる．しかし，河川や湖沼などの陸

水域と陸上生態系との相互作用については古くから研究が活発に行われており，その結びつきを枠組み化するための情報が数多く揃っている．そこで次節では，他生性資源のベクトルに注目しながら，栄養流を介した陸−水間相互作用を変化させる要因についてより詳細に議論する．

5 流域動脈説
—— 栄養流を介した陸域と水域の相互作用

　河川食物網におけるエネルギー源としての陸上有機物の重要性については，一般仮説がいくつも提示されてきた．なかでも，各地でその汎用性が実証されているのが，河川連続体仮説である (Vannote et al. 1980)．この仮説では，河川の上下流方向に沿った環境傾度に対応して，陸上有機物の貢献が変化することを予測している．具体的には，渓畔林の樹冠が河道上を覆う上流域では藻類等の生産が抑制されるとともに，渓畔域から陸上有機物が大量に供給されるため，GPP/CR 比が 1 以下になると予測している．一方，河川規模が大きくなる中流域では水面へ直達する日射量が増すため，自生性有機物を起点としたエネルギー流が卓越し，河川食物網は GPP/CR 比＞1 を示すようになる．さらに下流の大河川では，上流から輸送される粒状有機物の分解と，水深・濁度の増加による総生産の抑制により，再び GPP/CR 比＜1 になるとしている．この傾向は，原生環境が良好に維持された温帯河川などで広く認められている．しかしながら，河川連続体仮説が提示されて以降，陸域と湖沼の連結や，水域から陸域へのエネルギー・フラックスの重要性，人間活動による流域改変の影響など，新たな知見が蓄積している．そこで，川だけでなく，湖沼や陸域−水域間の移行帯，そして広く陸上生態系を含む流域を空間単位とし，陸−水間相互作用の強さを変化させる生態過程について，筆者の研究成果や未検証の仮説も含めながら新たな枠組み（流域動脈説）を提示したい（図5，図6）．これは，昨今注目されている流域を基準とした生態系管理を推進するうえでも有効であろう．

第 4 章　陸域と水域の生態系をつなぐ

```
他生性資源
   ↓
┌─────┐  供給量にかかわる要因
│ 流 入 │   陸上植生，陸—水境界域の形状，
└─────┘   水域の大きさ，土地利用，水文過程
   ↓
┌─────┐  利用効率にかかわる要因
│ 滞 留 │   流域地形，水域の貯留構造物，
└─────┘   食物網への保持，水文過程
   ↓
┌─────┐  消費者の数・機能応答にかかわる要因
│ 消 費 │   資源の形態・質，消費者の形質（採餌，
└─────┘   移動，増殖），生物相互作用，時間軸
   ↓
群集構造・動態
生態系機能
```

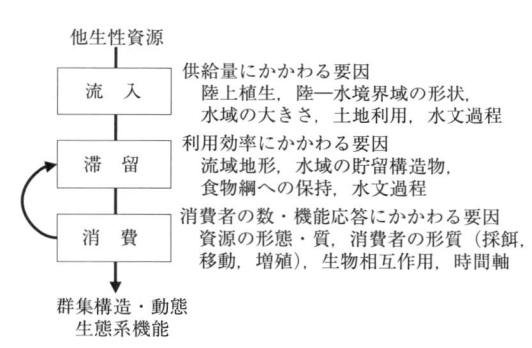

図 5　流域における陸域と水域の生態系間相互作用.
他生性資源が生物群集に入力する過程を三つに分け，各生態過程にかかわる要因を示した.

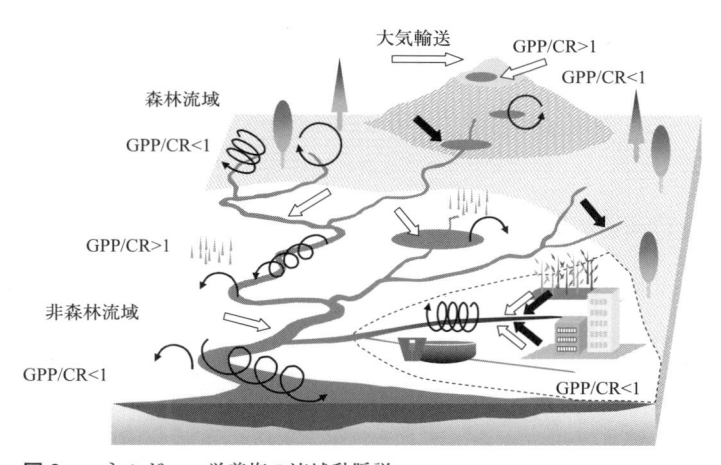

図 6　エネルギー・栄養塩の流域動脈説.
陸−水間相互作用に重要と思われる有機物（黒矢印）と栄養塩（白矢印）の移動方向を示した．森林流域（斜線部）の小河川・小湖沼では陸上有機物の流入が多く，源流域では陸−川間をまたぐ環流も生じる（環状矢印）．非森林流域では栄養塩の供給が多く，水域の生産が水生生物の上陸により陸に運ばれる（カーブ矢印）．陸起源物質の水域内での回転距離（らせん）は，貯留構造物が多く河川規模の小さな上流ほど短く，下流で長い．例外として，人間活動が卓越する流域（破線）では，有機物と栄養塩の過剰な負荷により，小河川でなくても陸起源物質の回転が速まる．ただし，陸からの負荷が過剰な水域や，水の滞留時間が長すぎる止水域では貧酸素水塊（都市河川とダム湖の濃色部）が形成され，好気性生物による陸起源物質の利用は減少する．全体として見ると，水系網が発達した流域ほど陸域−水域間の相互作用は活発である．

(1) 流域動脈説

　流域に入力したエネルギーや栄養塩の一部は，有機物や無機物として河川に集積し下流へ運ばれてゆく．水系を流下するこれら栄養物質は，下流域の河川，湖沼，沿岸域の食物網を駆動しながら海洋へ運ばれる．また，上陸する水生生物も陸上捕食者の餌資源となっており，陸域と水域の食物網は相互依存関係にある．このことは，水系網がさまざまな隣接生態系と栄養物質を交換し，流域におけるエネルギーと栄養塩の動脈として機能していることを意味している．ここに提示する流域動脈説の根幹は，動脈網を形成する水系とその周辺環境との隣接様式により，陸−水間相互作用の強さが変化することを枠組み化している点にある．とくに，流域の生物群集による他生性資源の利用には，時間的に先行する順に資源の「流入」「滞留」および「消費」の三つの過程が重要であるとし（図5），これら生態過程に影響を及ぼす流域景観要素を抽出した．消費にかかわる要因については第2節で解説しているため，ここでは流入と滞留を中心に議論してゆく．

(2) 他生性資源の流入にかかわる要因

　流入は，他生性資源の供給速度にかかわる過程であり，受容側の生物群集や生態系機能の応答を一次に支配している．流域では，おもに陸上植生，陸−水境界域の形状，水域の大きさ，土地利用，水文過程（出水頻度・規模など）などが陸−水間の物質移動に関係している（図5）．

(a) 陸上植生

　陸上植生が，水域へのデトリタスや栄養塩の供給量を変化させることはよく知られている．たとえば，水域へのDOC供給量は上流域の森林や湿地面積に比例して増加する（Canham et al. 2004）．森林からのDOC補給により湖沼の呼吸が速まり，表層の二酸化炭素分圧も上昇する（Algesten et al. 2003）．また，森林から供給された陸上有機物の分解により，源流河川のGPP/CR比は1以下となるのが通常である．陸上植生は，生物群集にも影響する．森林河川には落葉が多く流入するため，無脊椎動物群集ではデトリタス食者が卓越する．

河川性魚類は陸上から落下する節足動物を多く採餌するが，河畔からの落下量と魚類による消費量は，草地河川より森林河川ではるかに多い（Kawaguchi and Nakano 2001）．一方，無機態の窒素やリンは，陸上植生の発達した流域で川への流出が少ない傾向にある（Likens and Bormann 1977）．窒素やリンを陸上植物が取り込むためであり，森林と水域は流域内に入力した栄養塩を巡って一方向的な競争関係にあるといえる．森林が栄養元素を保持することで，水域の生産は抑制されていると思われる．このように，森林は有機物のソースであり，かつ栄養塩のシンクとなるため，森林流域の陸-水間相互作用は外来性有機物の移動経路（図1(2)，(3)，(4)）が中心となるだろう．一方，森林限界上や伐採地などの非森林流域では，陸上からの資源供給パターンが逆転し（有機物減少と栄養塩増加），水域では生食連鎖のエネルギー流が相対的に大きくなると予想している（図1(1)，図6）．

(b) 陸-水境界域の形状

陸域と水域が接する境界の形状も，栄養物質の流入と消費者の分布にかかわっている．流域スケールでは，水系網の発達した流域ほど陸上から水系への有機物輸送が多いだろう．また，水系網の発達した流域は，水生昆虫の羽化・上陸を介した水域から陸上捕食者への有機物流をも促進する．図7は，筆者が北海道の8流域で行ったセンサスをもとに森林鳥類の空間分布を地図化したものである．河川には水路が合流し，流域全体として樹木形状に類似した水系網が形成されている．春先，森林鳥類はこの水系網に沿って高密度に分布し，羽化水生昆虫を多く採餌する．そのため水系密度（単位面積当たりの河川長）の高い流域ほど，鳥類の平均個体数も多い．より小さな空間スケールでも同様に，森林との隣接域が長い蛇行河川で河畔林の羽化水生昆虫量が多く，それらを餌とする鳥類も増加する（Iwata et al. 2003）．サケなどに運ばれる海起源の栄養も，水系網の発達した流域ほど陸上のさまざまな食物網へ供給されてゆくだろう．このように，流域動脈網の形状は，流域全体の生物群集に影響を及ぼす可能性がある．

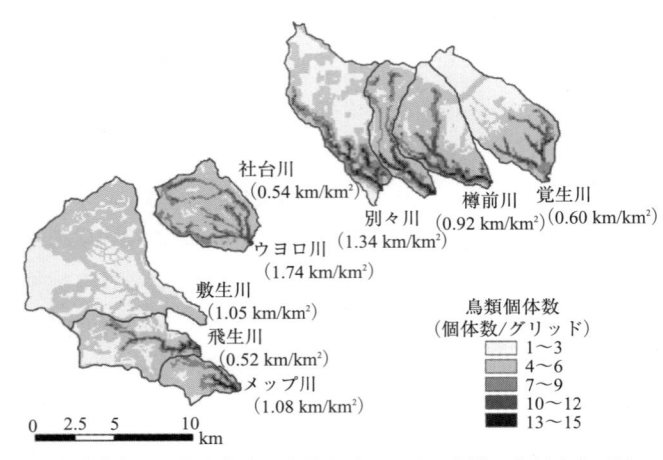

図7 北海道白老町・苫小牧市の森林流域における春期の鳥類分布予測モデル．流域内269か所で行ったセンサス結果をもとに，一般化加法モデルを用いて90mグリッドの空間解像度で個体数を予測した．ただし，敷生川流域は，仮想事業として地理情報システム上で水系網を消去した時の，鳥類の分布を示している．図には，各流域の水系密度（km/km^2）も示した．

(c) 水域の大きさ

川や湖の生態系サイズも，他生性資源の流入にかかわる．湖沼のような島状生態系では，面積が小さいほど周囲長/面積比（P/A比）が大きい（Polis et al. 1997）．川も同様に，川幅の狭い小河川ほど相対的に縁辺長が長い．このことは，小さな水域ほど周囲から物質が流入しやすいことを示している．また，小さな湖沼は，水表面積当たりの流域面積（流域面積/水域面積比）も大きい傾向にある（図8）．P/A比の増加に加え，集水域自体も相対的に広くなるため，小さな水域ほど面積当たりの陸上資源の入力量が大きいだろう．実際，水中の溶存無機態炭素（DIC）をみると，小湖沼や小河川ほどその炭素安定同位体比は低下して，陸起源の有機炭素の値に近づいてゆく（Bade et al. 2004）．小さな水域の食物網ほど，陸上有機物を活発に無機化しているのだろう．小規模水域は，流域内の上流に位置することが多いため，下流から上流に向かうに従って陸-水間の結びつきが強化されることとなる（図6）．

川や湖の大きさは，水域食物網への陸上資源の入力にさらに関与している．生物活動が表層で活発な外洋とは異なり，陸水域では底生環境が有機物分解や栄養塩の取込に大きく貢献する．一般に，小さな水域ほど水深が浅く，水

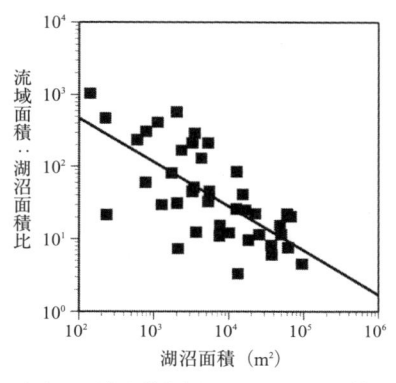

第4章　陸域と水域の生態系をつなぐ

図8　日本国内の高山・亜高山帯湖沼における流域面積と湖沼面積の関係.
小さな湖沼ほど流域面積が相対的に大きい.

柱体積に比して水底面積（水底面積／水柱体積比）が大きい．そのため，小河川や小湖沼ほど系外から流入する栄養塩や有機物を効率よく代謝する．海外での研究例によると，陸域から投入されたアンモニウム塩は，流量100 L/秒以下の小河川ではわずか$10^1 \sim 10^2$mを流下する間に河床で取り込まれるようである（Peterson et al. 2001）．河川を流下する有機物のスパイラルレングス（従属栄養生物が無機化するのに要する流程の長さ）も，小河川ほど短い（図9）．このように，小規模水界は底生食物網への陸上資源の入力を相対的に高めることから，水系における陸起源物質の代謝に大きな貢献を果たしていると予想している（図6）.

(d) 土地利用

人間活動が活発な流域では，陸-水間の栄養流が大きく変化することがある．都市や農地からは栄養塩が流出し，水域の生産を高めることはよく知られている．一方，有機物の流入は，従属栄養呼吸（R_H）を高める方向に作用し，総生産の高い中流の都市・農地河川でもGPP/CR比が1以下となることがある（Iwata et al. 2007）．これは，他生性資源の影響は貧栄養な系で顕在化するという一般傾向から逸脱している（第4節参照）．また，原生環境が比較的維持された海外の河川と比較して，国内の都市・農地河川では高い呼吸活性により流下有機炭素のスパイラルレングスが大幅に短くなっていた（図9の破

107

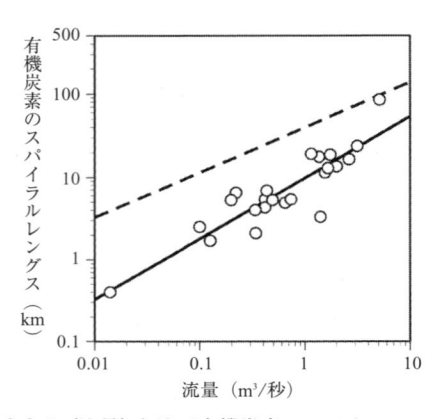

図9 河川の大きさ（流量）と流下有機炭素のスパイラルレングスの関係.
白丸と実線は，山梨県内の都市・農地河川における測定結果と回帰直線を示す．破線は，海外河川のデータから Young and Huryn（1999）が推定した回帰直線を示す．スパイラルレングスは，（有機炭素濃度×流量）/（水面幅×従属栄養呼吸速度）から算出した．実線・破線ともに，従属栄養呼吸 R_H は群集呼吸 CR と独立栄養呼吸（R_A = 0.2×GPP）の差から推定し，流下有機物を呼吸基質にしていると仮定している．

線と実線）．陸域の人間活動が，水域の炭素の回転を加速させているものと思われる．スパイラルレングスの算出では，従属栄養生物の呼吸基質はすべて上流から負荷された流下有機物であると仮定していること，さらに流下有機物の中には上流域で生産された内部生産（藻類など）も含まれていることなど，その解釈には注意を要する．しかし，これら調査河川の多くは GPP/CR 比＜1 を示しており，陸上から負荷された有機炭素が従属栄養呼吸（R_H）を高めている可能性が高いと思われる．このことから，都市・農地流域では陸起源の有機炭素の回転距離が短くなっていると予想している（図6）．

しかし，陸上有機物の流入は，水域の生物個体群やその代謝をかならずしも高めるわけではない．有機物分解による酸素消費が大気との酸素交換速度を上回れば，溶存酸素は枯渇する（Iwata et al. 2007）．その結果，魚類などの好気性生物が生息できなくなるのである．この貧酸素水域は，ダムや堰などの構造物と同じく水生生物の移動を妨げるはずである．陸域からの過剰な有機物や栄養塩の負荷は，水系網を縦横に移動する生物に対して人為バリアを形成し，好気性生物の生息場所を縮小することに繋がるだろう（図6）．

(3) 他生性資源の滞留にかかわる要因

　陸域からの流入が多くても，水域内に保持する機構がなければ，陸上資源は利用されないまま流されてゆく．したがって，他生性資源の利用効率を高める滞留過程も，陸域と水域の相互作用に重要である．他生性資源の滞留時間にかかわる要因には，おもに流域地形や水域の貯留構造物，食物網への保持，水文過程などがある（図5）．

(a) 流域地形・貯留構造物

　一般に，水系内における物質の滞留時間の長さには，流域地形（起伏・浸食・窪地など）や流下物質を捕捉する貯留構造物が関係する．後者は，流速の遅い停滞水域（湖沼・湿地・後背水域など），瀬や淵などの河床の凹凸，倒流木，大礫・巨礫，氾濫原，水底の間隙水域，水生植物帯などである．このような場所では，陸上有機物を起点とする腐食連鎖が発達することが多い．たとえば，北海道の湧水河川では，流速の遅い淵に落ち葉が多く滞留し，それを餌とする水生昆虫も瀬より多く生息している．さらに，淵から羽化する昆虫量は瀬の4〜5倍に達し，その結果，淵に隣接する渓畔域では羽化昆虫を餌とするアシナガグモ類の数が瀬の約2倍に増加していた（Iwata 2007）．このように，貯留構造物は陸域から水域食物網，さらに水域食物網から陸上捕食者へと回帰する陸上有機物の環流を促進することがある．この陸-川間の陸上有機物の環流は，源流域に特徴的なエネルギー流と考えている（図6; Kato et al. 2004; Iwata 2007）．

　生態系機能も，物質の滞留時間で変化する．寒帯では，水系を流下する全有機炭素の30〜80%が湖沼内で無機化されているとの報告がある（Algesten et al. 2003）．また，湖沼が多く分布する水系でその割合が高くなることから，滞留時間が長い水系ほど陸上有機物が効率良く分解されると考えられている．ただし，滞留時間が長すぎる水域（湖の深水層など）には貧酸素水塊が形成されることがあり，このような場所には好気性生物は生息できない．無酸素の還元環境では，しばしば陸上有機物が嫌気性細菌に利用されるが，この二次生産は好気性生物には転送されにくいだろう．このように，滞留時間が

あまりに長い水域では，陸上有機物は大きな食物網を駆動しないまま堆積してゆくか，あるいは無機化されて水域から脱ガスすると予想している．ただし，嫌気性細菌により生成した陸上有機物起源のメタンや二酸化炭素が独立栄養生物に同化され，水生昆虫や動物プランクトンに転送されていくリサイクル経路が湖や川で相次いで発見されている (Bastviken et al. 2003; Kohzu et al. 2004)．

(b) 食物網による保持

水系を流下する栄養物質は，生物が取り込むことで食物網内に保持される．このように生物体に保持された陸起源物質は，他の生物に利用可能な形態で流域に留まっていることになる．このバイオマス中に保持された有機物の滞留時間は，生産速度/バイオマス比 (P/B 比) の逆数で示される．一般に，体重当たりの代謝速度は体サイズとともに減少する (Gillooly et al. 2001)．つまり，大型の生物ほど P/B 比が小さく，有機物の滞留時間は長い．回転時間の短い小型の生物から上位栄養段階の大型生物へ陸上有機物が転送されることが，結果として滞留時間を延長させることに繋がる．この栄養段階間の陸上有機物の転送には，被食者の成長効率 (同化量に対する成長量の割合) が大きく関係するだろう．被食者の成長に回らない有機物は，呼吸によって無機化され食物網から放出されるからである．水域において陸上有機物をおもに代謝しているのは従属栄養細菌であるが，その成長効率はかなり低く，同化した有機物の大部分 (75〜90%) を呼吸によって無機化しているといわれている (del Giorgio et al. 1997)．これら細菌類の成長効率に影響を及ぼす要因 (水温など) が，水域食物網における陸上有機物の保持時間に大きく影響していると思われる．また，食物連鎖長が長い水域ほど物質の保持時間が長くなることが予測されるため，生態系サイズや捕食者と被食者の体サイズ比など，食物連鎖長に影響する要因もまた陸上資源の利用効率に関係すると考えている．

(4) まとめ

これまで解説してきた陸域−水域間の栄養交換に影響を及ぼす景観要素と

栄養流のベクトルを，模式化したものが図6である．ここには，河川連続体仮説の予測（中流・下流域のGPP/CR比）も合わせて示している．矢印で示した他生性の有機物や栄養塩の移動は，流入・滞留過程を経て，消費者の数の応答や機能的応答を変化させながら（図1，5），多くの場合，受容側の生物個体群や生態系機能（生産と呼吸速度）を高める方向に作用する．しかし，いずれの栄養フローにおいても，過剰な入力や長期間の滞留は生物多様性の劣化や生態系機能の低下をもたらす可能性がある．この流域動脈説は，汎用性の高い概念というよりは，今後各地の流域で一般性や共通性を検証してゆくべき仮説である．また，他生性資源の動態に大きくかかわる水文過程を考慮していないことにも注意が必要である．それにもかかわらずこの模式図から予測される重要事項は，流域内の地形や景観が他生性資源の流入と滞留過程を変化させ，流域全体の生物多様性や物質代謝のパフォーマンス，さらに海洋への資源供給や大気へのガスフラックスにまで影響する可能性を示唆している点である．

6 生態系間を伝搬する人為影響

　本章では，栄養流を介した生態系間の相互作用について，とくに生物群集への正の影響や生態系機能を高める効果に力点を置きながら解説を行ってきた．しかし，生態系同士が密接に結びついているという事実は，かならずしも良い方向ばかりには働かない．人間活動による景観改変の影響が，陸域だけに留まらず，あらゆる方向に伝搬してゆくかもしれないからである．たとえば，DOCの主な供給源である湿地が開発などによって減少すれば，下流や海洋への炭素移動量も減少するだろう．また，ダムは流下有機物を湖で捕捉して無機化するため，下流への陸上炭素のフラックスを減少させる．それに替わり，湖で生産された植物プランクトンを下流河川の食物網に供給している（岩田　未発表データ）．流路の直線化や暗渠化などの水系網の改変は，陸域と水域の両生態系に影響するだろう．図7には，地理情報システム上で一つの流域から全河川を消去した時の森林鳥類の予想分布を載せている．こ

の仮想事業に鳥類は大きく応答し，川が流れていた場所周辺ではグリッド当たり最大8個体が減少している．この捕食者の分布変化の影響は，下位栄養段階にも波及するかもしれない．このような水系改変は極端であるが，水系網の変化が陸上食物網に伝わる可能性が低くはないことを予想させる．土地利用や水系の連続性の喪失，温度上昇による植生変化など，流域景観を改変する人為影響の多くは，他の生態系に波及すると考えるべきである．さらに，大規模空間を長距離移動する生物は，遠方の土地開発の影響をも伝達するだろう．たとえば，熱帯の流域破壊による鳥類個体群の減少は，温帯域の繁殖地の食物網に影響を及ぼすかもしれないのである．

　陸から水系へ伝搬した人間活動の影響が，再び社会に回帰するループがある．たとえば，北米では森林管理の一環として行われる管理火災で栄養塩が流出し，湖沼の生産性が上昇している．これにより魚類（ニジマスなど）の栄養段階も上昇したが，火災と同時に流出した水銀が長い食物連鎖を経て魚に高濃度に蓄積しているらしい（Kelly et al. 2006）．いくつかの湖沼では，水銀濃度がすでに環境基準を上回っており，人への健康影響が心配されている．また，海洋へ薄く拡散した有機塩素化合物や重金属は，生物濃縮によりサケや海鳥に高濃度に蓄積し，産卵や繁殖コロニー形成のための移動にともなって陸へ回帰している（Krümmel et al. 2003; Blais et al. 2005）．水域を伝わる人為影響は下流生態系を変化させ，生物の移動や大気輸送によって陸に戻るのである．このため，流域だけでなく，陸上−河川−海洋−大気複合システムを一つの代謝系ととらえる生態系間相互作用の研究が，環境変化に対する生態系の応答に関して重要な発見をしていくに違いない．この中で，群集生態学が貢献できる部分は大きい．他生性資源を消費するのは生物群集であり，生態系の機能的変化をもたらすのもまた，補給を受けた生物群集だからである．しかし，他生性資源に対する群集の応答が，生態系機能にどうかかわっているのか理解は進んでいない．群集生態学の関心の多くが，大規模空間の生態現象には向けられていないからである．

　一方で，スケーリングの考えを導入して，個体レベルから生態系機能を予測する試みが行われている．たとえば，生物個体の代謝率を体サイズと温度の関数として定式化し，バイオマス・スペクトルを用いて群集全体を積分す

ることで，生態系の呼吸速度が見積もられている（López-Urrutia et al. 2006）．この研究では，外来性有機物の補給で呼吸が生産を上回る外洋では，温度上昇により個体さらには群集全体の呼吸活性が上昇し，二酸化炭素を今より多く放出すると予測している．しかし，外来性有機物の供給量変化に対する群集の応答や温度上昇に対する群集構造の変化，バイオマス・スペクトルに影響する生態過程などは不問としている．個体から生態系へスケールアップする際に，群集レベルの生理理論を導入することも，生態系の機能変化に対する予測精度の向上に必要となるだろう．

今日問題となっている環境変化も，多くの場合システム間を横断する物質移動の文脈でとらえることが可能だ．系外からの資源輸送は日常的にわれわれが行っていることであり，たとえば地圏から輸送した原油を生物圏で酸化して，大気中へ二酸化炭素を排出している．また，高度に発達した物流網により，大量の資源が高速で都市部に投入されている．生産の低い都市部でも，他生性資源を投入することでヒトは高い個体群密度を実現する（Imhoff et al. 2004）．生息地の生物生産と物質代謝（資源消費）の脱共役的な関係（図4）は，人間社会においてもっとも顕著なのかもしれない．また，資源補給により集中分布が可能となったヒトは，その高い人口密度によって大規模な土地改変や廃棄物の蓄積，水資源の劣化，生物多様性の喪失など，生息地にさまざまな負の影響を及ぼしている．これとは反対に，ヒトが輸入物資への高い依存度を示せば，「見かけの相利関係」と類似の機構が働くことで，生息環境に正の効果がもたらされることもあるだろう．他生性資源に対するヒトの数の応答や機能的応答が引き金となって，生態系の構造や安定性，そして物質循環などが変貌していると考えられる（第2節参照）．ただし，自然界でみられる資源の生態系間移動と大きく異なる点は，供給側からの資源流入がドナーコントロールではないことにある．他の生態系から能動的に資源を獲得することで，供給側が資源枯渇に陥るおそれを孕んでいるのだ．

このような考え方は，決して新しいものではない．ヒトによる他生性資源の大量投入がもたらす弊害については，さまざまな環境学分野で認識されてきた．しかし，それらは他生性資源とその波及効果について言及するに留まっており，具体的に現象を記述するための理論化が十分になされているわけで

はない．生態系間相互作用に関する生態研究は，生物群集や物質循環に対する理解の深化につながるだけではない．それは，地球環境の変化予測においても欠かすことができないものと信じている．

第5章

群集-環境間のフィードバック
生物多様性と生態系機能のつながりを再考する

三木　健

Key Word

数理モデル　群集構造　進化　環境適応　フィードバック

　生物多様性は，さまざまな生態系機能の維持に貢献している．この生物多様性の減少が今後進むと，われわれを含めあらゆる生物を支えている生態系機能はどうなってしまうのだろうか．

　この疑問に答えるための研究は，1990年代初頭，種の多様性に注目するところからはじまり，さまざまな階層の生物多様性に対象をひろげて成果をあげてきた．本章では，「生態系機能は生態系のあらゆる構成要素によって決まっている」という根本的な視点から出発したい．とくに，個体群動態・進化動態・群集動態の視点を統合して生態系機能の問題に取り組むためのアイディアを提案していく．まず，進化・多様性・機能の関係や，環境・群集・機能の相互依存性について整理してみよう．さらに，生物の環境適応や環境と生物の間のフィードバックについても議論を進めたい．

　以上により，生物多様性と生態系機能が決まっていく動態（ダイナミクス）について理解を深めよう．そして，地球における生命の誕生以来，進化してきた生態系の維持メカニズムを深く理解し，人間社会にとって不可欠なこのしくみを，破綻させることなく維持・保全していくための解決策を探っていく．

1 生物多様性と生態系機能研究の現在

 生態学とは，環境と生物の相互作用および生物と生物の相互作用から構成される系，すなわち「生態系」を対象とした生物学である．その中には，次のようにさまざまな分野がある．まず，生物の数の変動や空間分布に注目する個体群生態学，多種からなる生物群集の構造，生物多様性や構成生物間の相互作用に注目する群集生態学がある．また，進化生態学においても，物理的環境および生物的環境への生物の適応過程が主要な研究課題の一つとなっている．これらは，生態系での生物の振る舞いの理解を目指す生態学である．一方，生態系生態学では，各生物の振る舞いと生物間の相互作用の結果として生じる，生態系内のエネルギーと物質の流れの理解を目指す．これらの生態学は生態系を共通の対象としながらも，それぞれ別々の道を歩んできた（生態学の歴史については，マッキントッシュ 1989 に詳しい）．

 生態系生態学においては，生物群集を構成する個々の種には注目しないことが多い．それよりも，一次生産者・一次消費者などの「機能群 (functional group)」を単位とし，化学的プロセスと「被食–捕食関係」に基づく物質循環モデルを構築する研究が行われてきた (DeAngelis 1992)．たとえば，1980 年代には，生態系が二つの食物連鎖を柱に構成されているという一般的な理解が進んだ．すなわち，陸上においてその二つの柱とは，生食連鎖と腐食連鎖であり (Begon et al. 1986)，水界においては，捕食食物連鎖と微生物食物連鎖がその柱をなしている (Azam et al. 1983)．そして，森林生態系と湖沼生態系といった異なる生態系を比較して，機能群の間の相互作用と物質循環における共通点や相違点を整理することもできるようになった．このように機能群という単位に注目することによって，ものの流れの全体像をある程度定量的に把握することに成功した（オダム 1991）．しかし，機能群を単位にすることで，進化の結果としての種の多様性やそれぞれの種の特性の違いといった生物多様性が機能群内に存在することを無視することにもつながった．したがって，生態系生態学は，種レベル以下での生物の特性に注目してきた個体群・群集・進化生態学の知見を活かして，さらに物質循環の理解を深めるこ

とを次の課題として残すことになった．

　この残された課題——「機能群内の生物多様性が物質循環過程をはじめとした生態系機能に与える影響を理解すること」——に対する研究が，今から20年前近く前の1990年代初頭，群集生態学と生態系生態学の境界領域としてはじまった．具体的には，「生物多様性が高いほど生態系機能が高い」という仮説を検証するための研究がアメリカ合衆国およびヨーロッパにおいてさかんに行われた．研究がはじまった当初，生物多様性としては，種レベルでの多様性つまり種数の多寡に注目が集まった．その結果として，「群集を構成する種数が多いほど，物質循環速度が増し」(Tilman et al. 1997; Loreau 1998)，そして，「種数が多いほど，物質循環速度の時間的安定性が増す」(Doak et al. 1998; Yachi and Loreau 1999) という一般則，およびこのパターンを生み出す二つのメカニズム（選択効果と相補性効果：Tilman et al. 1997）が特定された．また，この法則の普遍性や，単に種数に注目することの限界についても認識が進んだ．これらの90年代の研究成果については，それをまとめた総説論文 (Loreau et al. 2001) や本 (Loreau et al. 2002) がすでに発表され，日本語の解説も，『動物生態学　新版』17章（嶋田ら 2005）に詳しく載っている．また最近では，これらの研究を統合的に比較した論文も出版されている (Balvanera et al. 2006)．

　本章では，現在も進行するこれらの「生物多様性-生態系機能」研究について議論する．個体群・進化・群集という三つの視点をすべて取り込み生態系機能の理解をめざすことが，この研究課題の最終目標であろう．しかし，必要に応じて個体群と進化の視点にふれながらも，群集の視点を中心において議論を進めたい．

　これまでは見過ごされることが多かった生物群集の動的な側面に注目する．生物群集では，構成種間の相互作用によってそれぞれの種の個体数変動が生じ，種構成も時間的に変化する．この「群集動態」というミクロな過程の結果，群集全体のマクロなパターンである，群集構造（群集レベルで見たときの生物多様性）と生態系機能が見えてくるのである．ミクロな過程からマクロなパターンを説明しようとする考え方は，自然科学における典型的な考え方の一つである．とくに，ダーウィンの自然選択の考え方を一般化し，生

態系や人間の社会などの複雑なシステムが見せる柔軟な振る舞いを説明するために，「複雑適応系（complex adaptive systems）」という考え方がLevinによって整理されている（Levin 1998）．生物群集は，①性質の異なる複数の構成要素を含んでその多様性を維持する機構をもち，②複数の要素間に相互作用が存在し，③相互作用の結果，自動的に構成要素の相対頻度が決まる選択機構をもつ，という三つの条件を満たしており，まさに複雑適応系である（Norberg 2004; Leibold and Norberg 2004）．

このような動的な視点に立ち，地球における生命の誕生以来，絶え間なくつづく環境変化の中で"進化"してきた物質循環システムの維持機構を明らかにしていきたい．人間にとって不可欠な生態系というしくみを，破綻させることなく維持・保全していくためには，生物多様性と生態系機能というマクロなパターンが環境変化に応答してどのように変化していくかを予測することが必要である．本章が，ミクロな動的過程から生物多様性と生態系機能というマクロなパターンを理解するための新たなアプローチを探っていく際の，その思考の整理に役立つ資料となれば幸いである．

2　生物の進化と生物多様性，生態系機能

現在，生物の進化の結果として地球上にはさまざまな種が共存している．多様性の存在を前提にして，多種間の相互作用が原動力となる群集動態に焦点を当てるのが本章での中心課題である．しかし，まずは，より広い視野から，進化によって生物が多様化を遂げてきた過程と生態系機能の関係についても考えておく必要があるだろう．またこのような進化的視点は，今後，実際の研究アプローチとしても発展していく可能性もある．したがって本節では進化的視点を含めて一般的な議論をしてみたい．

(1) 生物と生態系機能

約30〜40億年前に最初の生物が誕生して以来，生物はみずからの存在とその活動により，周囲の物理的環境を変えてきた．それと同時に，その存在

と活動は，他の生物に影響を及ぼすため，みずからも他の生物にとっての環境（すなわち，生物的環境）の一部となっている．生物の作り出す集団は，個体間の直接的な相互作用（たとえば被食-捕食関係）と，環境との作用・反作用を介した間接的な相互作用（たとえば，資源競争関係）とによって，たがいに影響しあいながら，この地球上で自立的に自己を維持している．生物は互いに作用しあいながら進化によって多様化し，地球上にはさまざまな特性をもつ種が生まれた．このような複数の種の個体群から構成される生物群集と非生物的環境との相互作用系が生態系である．生物群集を構成する生物はみな，自己をとりまく非生物的あるいは生物的環境に影響を与えながら，活動し子孫を残していく．一つひとつの生物個体のもつこの環境改変作用が，生物集団内での相互作用の結果として生まれる群集構造に依存して組み合わさり（いいかえれば，群集構造という制約の中で働き），群集全体として周囲の環境を変える作用が生態系機能である．したがって，すべての生物が生態系機能に対してなんらかの役割を果たしており，さらに，個々の生物の性質が異なるために，その担う役割も多種多様である．これが本章における第一のメッセージである．生態系機能のことを考えていると，重要な生態系機能に貢献しているのは微生物や植物だけではないかと誤解する危険もある．しかし，物質循環や環境形成などの重要な過程にかかわる生態系機能は多岐にわたり，今後注目すべき生物集団も多様になっていくだろう．

(2) 生物の進化-生物多様性-生態系機能のトライアングル

ここでは，地球上における生命の誕生以来の長い進化の歴史をふまえて，①生物の進化，②多様化，③生態系機能の3者の間のフィードバックとして生物多様性と生態系機能の関係を解き明かしたい．この3者の関係を模式的に表したのが，図1のトライアングルである．ここである一つの種，種Aに注目しよう．この種Aは環境中から，自分に必要な物質を取り込み，みずからの体の成長と，子どもの生産に使う．これをバイオマスの生産という．簡単のため，種Aが環境中からとりこむ物質を物質aと名づける．種Aが物質aを用いて生産するバイオマスは物質aとは異なる化学組成をもつ物質であるから，区別のために物質bと名づける．このように整理すると，「種

```
1. より高い効率で資源aを
   利用できる特性
2. 異なる環境条件で資源a
   を利用できる特性
3. 物質bを利用できる特性
4. 物質cを利用できる特性
```

進化

環境 ─ 資源a減少 / 物質b増加

生物多様性　　生態系機能

種A ①
物質aを消費
物質bを生産

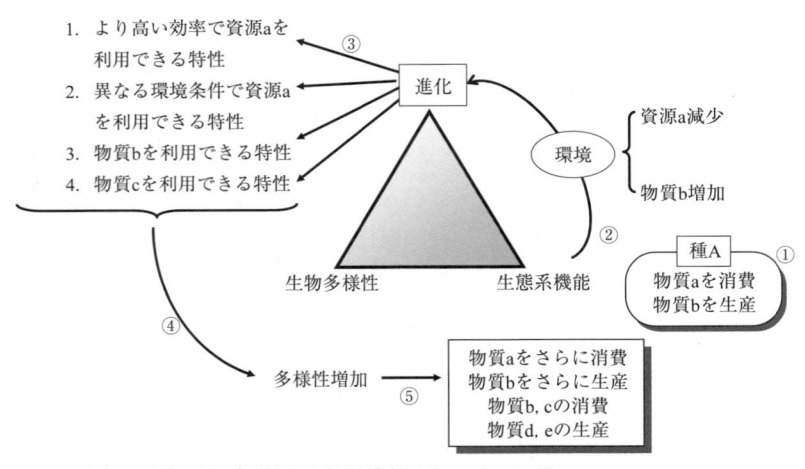

多様性増加 → ⑤
物質aをさらに消費
物質bをさらに生産
物質b, cの消費
物質d, eの生産

図1 生物の進化−生物多様性−生態系機能のトライアングル．
①種Aの集団の生態系機能が，②環境を変え，③四つの方向の進化を引き起こし，④生物多様性が増加する．これにより，⑤生態系機能も変わっていく，というフィードバックがかかっていく．

Aから構成される生物群集の生態系機能は，環境中から，物質aの量（現存量）を減らすことと，物質bを生産することである」といえる（図1①）．あるいは，「種Aから構成される生物群集は，その生態系機能の作用の結果として，物質aの現存量を減少させ，物質bを増加させるという環境変化を引き起こす」ともいえる（図1②）．

すなわち，生態系機能とは，生物群集もしくは生物集団が生態系（環境）を変える作用である．もちろん実際には，この生物は物質bの生産にともなってpHなどの環境条件を変えたり，物質aを獲得するために地面に穴を掘ったりするかもしれない（たとえば，種Aが人間なら，化石燃料（物質a）の埋蔵量を減らし，さまざまな工業製品を生産（物質b）し温室効果ガスを排出する）．しかし，ここでは物質aと物質bにだけ注目して単純化する．このとき，種Aが環境中で増えていくと，環境中から物質aが減少し，物質aを巡る競争が次第に強くなっていくと考えられる（図1②）．この新たな状況に対応するため，生物には四つの選択肢がある（図1③）．第一に，物質aをより効率よく利用できる特性が進化するだろう．第二に，種Aとは異なる環境条件下でも物質aを利用できる特性が進化するだろう．たとえば，異なる温度

条件への適応である．第三に，種Aが作り出した物質bを資源として利用するような特性の進化も起きるだろう．たとえば，種Aの個体を「食べる」という特性である．生きたままの個体を利用するものは，捕食者と寄生者であり，種Aの個体が死んだ後の物質bを利用するものは，一種の分解者である．このようにして，生物間相互作用が生まれる．そして，第四に，現在はまったく未使用の物質c，を新たに資源として利用してバイオマスを生産する特性も進化するだろう．

さて，これら四つの方向の進化はつまり，生物の戦略の多様化を意味している．そして，この戦略の多様化は，生物の多様化をともなって実現すると考えていいだろう（図1④）．このような慎重ないい回しになるのは，戦略の多様化は種内の遺伝的多様化や種分化などの生物の多様化をともなう必然性はなく，各個体が多様な戦略をもつことによっても実現可能だからである．しかし，個体内の戦略の多様化にも限度があるだろう．遺伝子・ゲノム・細胞・個体などのさまざまな階層においてなんらかの制約が存在し，一つの個体がなんでもできるようなことはありえない．したがって，物質aの減少という状況に対して，生物は四つの方向へと進化し，生物多様性が増加すると考えてよいだろう．いいかえると，生物多様性の高い生物集団は，他の生物の生産する物質も含めてさまざまな資源を利用するグループを擁し，同じ資源を利用するグループの内部にさまざまな効率をもつものと，さまざまな環境下で活動できるものを入れ子状に含んでいる．

それでは次に，この生物多様性の増加は，生態系機能，そして環境にどのようにフィードバックするのであろうか（図1⑤）まず，効率の向上を達成した種と活動できる環境条件を広げた種は，既存の物質aをさらに減らすと同時に物質bの生産量を増やすだろう．さらには，物質bを使う種は新たな物質dを生み出すだろうし，物質cを使う種の生産するバイオマスも新規物質eかもしれない．このようにして，生物多様性の増加は，既存の生態系機能（物質aを減らし物質bを生産すること）の効率を変えるとともに，新たな生態系機能（新たな物質dやeの生産，新たな資源，物質bやcの消費を生み出す結果となる．以上を要約すれば，生物集団は，生態系機能を発揮することによって生態系（環境）の状態を変化させ，それが既存の機能の効率の変化と

121

新規機能の獲得という二つの進化過程によって生物の多様化を促進する．これは再び生態系機能の変化を促す結果となる．つまり，生物の進化・生物多様性・生態系機能はフィードバックループを形成しているのである．

(3) さまざまな生態系機能を担う生物群

それでは，現在地球上にみられる生態系を構成するさまざまなグループの生物はどのような生態系機能を担っているのであろうか．以下に，物質循環過程（生物地球化学過程）および環境形成過程の視点から，いくつかの生物群に関して詳しく説明する．

(a) 植物

広い意味での植物（シアノバクテリア・真核植物プランクトン・陸上植物）は，光エネルギーを使って二酸化炭素と水から有機物を生成する「一次生産者」である．私たちを含む動物すべての生存を支えるこの有機物生産過程は，他にもさまざまな生態系機能を含んでいる．すなわち，二酸化炭素の固定過程でもあり，気体酸素の生成過程でもある．また，窒素やリンなどの無機栄養塩を消費し，有機体へと変換する過程でもある．陸上森林生態系において樹木は，土壌を安定化させたり水分を保持したりする機能ももち，気温や降雨量にすら影響を与える．

(b) 微生物

微生物を，0.7mm以下のサイズの単細胞生物の総称として便宜的に定義（日本微生物生態学会教育研究部会 2004）すると，このカテゴリーには，さまざまな機能をもつ生物が含まれることになる．細菌という分類群一つをとっても，化学合成細菌・光合成細菌（シアノバクテリア）・従属栄養細菌など，その栄養戦略はさまざまである．まず，シアノバクテリアは地球の歴史の中で，光合成にともなう気体酸素の生産により地球環境を劇的に変化させて陸上への生物の上陸を可能としたのと同時に，現在も海洋における一次生産の大きな部分を占めている（Agawin et al. 2000）．一方の従属栄養細菌は，陸海を問わず地球上のあらゆる環境で，有機物を無機化する分解者として炭素循

環の中で重要な位置を占めている．それと同時に，細菌による有機物の二次生産が食物網の上位栄養段階を支える場面もある（微生物ループ：Azam et al. 1983）．

(c) 消費者

上で説明したような植物や微生物は，「生態系機能」を担っているというイメージがつかみやすい．なぜなら，一次生産者や分解者といった機能群は，地球上の誰にとっても必要な基本的な機能を担い，生態系を自立的に維持するために不可欠な生物群だからである．一方，その他の生物は，植物と微生物が作り出した物質循環システムの上にただ乗りしているだけにすぎず，何ら重要な生態系機能を担っていないような気もする．

しかし，考えてほしい．われわれ人間は，植物と微生物だけの世界で生きていけるだろうか．さらには，いまのような豊かな文化を築くことができるだろうか．答えは否である．文化の問題は置いておいても，ただ生きていくだけでもむずかしいだろう．なぜなら，われわれは，衣食住それぞれに関し，植物や微生物だけではなく多種多様な動物たちを利用しているからである．われわれ人間に限らず，多くの従属栄養生物は進化の歴史の中で，他の生物の生産する資源を二次的に利用するグループとして出現してきた．したがって，逆にいえば，多くの生物は，他の生物に利用されている．すなわち，各生物は，別の生物が生産した資源を消費する消費者であり，消費した資源を別の資源へと作り変え他の生物に供給するという機能（ボトムアップ機能）を担っている．このような機能はまさに「被食–捕食」の関係によって実現している．

それと同時に，食われることによって他の生物に資源を供給することだけではなく，他の生物を食うことによって，その生物が作り出す資源の生産速度と現存量に影響を与えていること（トップダウン機能）も，生態系内の物質循環過程に大きな影響を及ぼすため，消費者のもつ重要な生態系機能であるといえよう．たとえば，一次消費者については，その多様性の多寡が植物の一次生産および消費者による二次生産に大きな影響を与えることが2000年代の研究によって明らかになってきた（Gamfeldt et al. 2005; Duffy et al. 2007 の

総説参照).以上のことから,すべての消費者の活動は,程度の差はあっても,それを資源として利用する生物と,資源として利用される生物にとっての無視できない生態系機能を担っていることに気づいていただけるだろう.

陸上生態系において消費者としての多様性が著しく高いのは昆虫群(記載されているだけで97万種以上)である.このうちの約半数の種は,植物を利用する植食性昆虫である.彼らは,植物の一次消費者であり,植物の作り出した有機物を直接利用できない生物たち(高次消費者)に,植物資源を提供する「結節点(ノード)」の役割をしており,これは上で述べたとおり消費者としての機能である.しかも,植食性昆虫は,植物資源を消費し上位栄養段階に伝達するという直接的な作用に加えて,もう一つ重要な作用を介して物質循環に影響を与えている.植食性昆虫は,植物個体を殺すことなく植物の物理的構造を変化させ,その結果として,別の昆虫にとっての住み場所資源を作り出すことが多い(たとえば,Nakamura and Ohgushi 2003).これにより,新たに作られた場所を利用する生物から,新たな生物間相互作用が創出される(Ohgushi 2005).この新たな相互作用の多くは被食-捕食関係や相利共生関係であり,生物間の物質の移動を促す.このようにして植食性昆虫は,植物の形質を変えることによって間接的に物質循環に影響を与えているのである.このような間接的な相互作用は,とくに陸上生態系において生態系機能にとどまらずさまざまな役割を担っている.詳しくは,本シリーズ第3巻を参照していただきたい.

3 環境・群集・機能の相互関係

第2節では,生物の進化の視点から,生物多様性と生態系機能について,図1を使って説明した.ここからは,群集生態学からの視点を提供したい.1990年代の研究を振り返ると,植物の種の多様性と一次生産速度・植物現存量との関係が調べられた際には,同一の気候・土壌環境条件下において実験が行われていたことがわかる.その理由の一つは,人間の活動によって生物多様性が減少した時に,生態系機能にどれだけの悪影響が出るかを,それ

それの環境において予測したかったからである．しかし，より大きな空間スケールで考えてみると，そもそも環境条件には，空間的な勾配や不均一性があることに気づくだろう．そして，そもそも環境条件が異なれば，共存する植物の種数は異なり，また，生態系機能も違っているだろう．それでは，環境の不均一性も加味した場合の，環境条件-生物多様性-生態系機能の全体像はいかなるものなのであろうか．

(1) 環境条件-群集構造-生態系機能の三次元表示

この問いに対する答えの一つは，Loreau et al. (2001) の総説論文中の Fig. 4 および Schmid (2002) の Fig. 2 で紹介されている．ここではその内容に著者の視点も加えて解説したい．それでは，生態系の状態を三つの軸（X：環境条件，Y：群集構造，Z：生態系機能）によって構成される三次元空間の中で表現してみよう（図2）．まずは，環境条件を X 軸として，生態系の「生産性」に注目する．ここで生産性とは，植物による一次生産の上限を決めるような環境条件のことであり，具体的には，降水量や日射量，あるいは土壌栄養塩量などである．次に，群集構造を Y 軸として，生物多様性の指標の中から単純に「種数」に注目する．そして，生態系機能を Z 軸として，植物による一次生産速度に注目する．このように環境・群集・機能について，それぞれ軸を設定すれば，環境の不均一性も加味した場合の，環境条件-生物多様性-生態系機能の全体像が得られる．

この図2において，X-Y 平面状の放物線は，生産性と共存種数の関係である．生産性に依存した共存種数のパターンは，一般的に，生産性が中程度のときに多様性が最大になるという一山型のパターンであることが知られている（Huston 1979; Kondoh 2001）．これは，共存可能な種数を表しているので，放物線下部の塗りつぶし部分（領域 a）が実現可能な種数である．ここで，ある一定の生産性のもとで，種数を変化させたときにどのように一次生産が変化するかを見たのが X-Y 平面に垂直に立つ，線と面である（領域 b1-4）．これが，90年代以降に行われてきた生物多様性と生態系機能の研究の実験設定である（Loreau et al. 2002）．

白抜きの丸が各生産性のもとで自然状態（極相）において実現する種数と

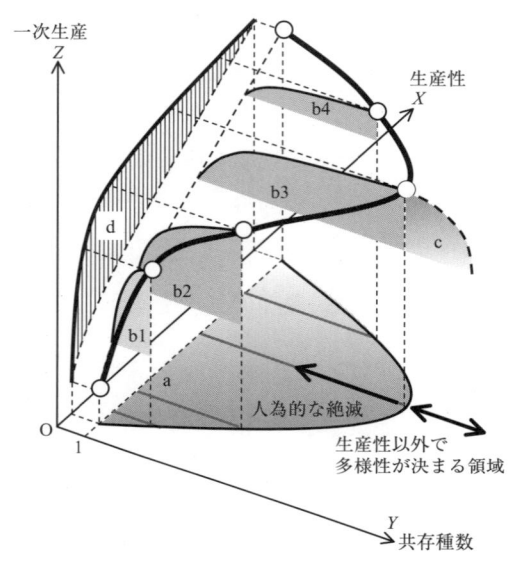

図2 環境条件−群集構造−生態系機能の三次元表示．
生産性 (X)−共存種数 (Y)，生産性 (X)−一次生産 (Z)，種数 (Y)−一次生産 (Z) の関係を X-Y-Z の三次元空間に統合したもの．この図の白抜きの（○）の座標は，生産性の各値によって共存種数が決まっている場合の種数と一次生産を示す．この生産性の値を動かせば，環境に応じた種数と一次生産の関係を示す曲線（○をつなぐ黒い曲線）が得られる．この曲線を X-Z 平面に投影することにより，「一次生産に生物多様性が与える影響は，中程度の生産性で最大になる」という新たなパターンを発見できる．

一次生産を表している．通常，生物多様性と生態系機能の研究においては，自然状態よりも低い種数の場合について調べる．しかし，この値は，生産性や資源の供給様式（複数の資源の供給のバランスなど）によって共存種数が決まる場合の上限値であるにすぎず，天敵の存在や攪乱による死亡要因を加味した場合には，それよりも多くの種数の共存も可能である．図2中のcで表された領域においては，資源利用の効率が悪く，一次生産に対する貢献度が低い種の個体群も群集内で存続している状態であるために，群集全体でみたときの一次生産は減少するかもしれない．まとめると，生産性が決まれば，自然状態での種数と一次生産が一意に決まる．このようにして決まる点を，生産性の小さい方から大きい方まで動かして線で結べば，生産性が不均一な環境の中で実現する，種数と一次生産の全体像が得られる．この線を X-Z

平面に投影すれば，生産性と一次生産の関係が得られる（黒色の実曲線）．この関係は，一次生産速度の最大値は生産性という環境条件によって決まっていることを示す．なお，従来の物質循環研究は生産性という環境条件と生態系機能の関係を直接調べてきたことにも注意していただきたい（Begon et al. 1986）．

　ここでもう一つ重要な点は，たとえ種数が低くても（共存種数＝1），生産性が高いほど一次生産が高くなることである（破線）．すると，実線と破線の間の領域（斜線部分：領域d）が，生物多様性が一次生産に与える影響の大きさを表すことになる．したがって，この図から，「一次生産に生物多様性が与える影響は，中程度の生産性で最大になる」という新たな仮説が発見できる．この仮説は最新の理論的研究によって支持されている（Gross and Cardinale 2007）．より一般には，生物多様性が生態系機能に与える影響の大小と環境条件とを結びつける研究（たとえば，Costanza et al. 2007, Grace et al; 2007）が今後進んでいくだろう．

(2) 環境条件-群集構造-生態系機能の相互依存性

　上で説明した，環境-群集-機能の三次元的関係をもう少し簡略化して表せば，図3aとなる．すなわち，環境条件は，群集構造を決定（矢印①）し，群集レベルの特性をきめることによって，生態系機能に大きな影響を与える（矢印②）．それと同時に，生態系機能の上限は生物の生理的特性などの制約のもとで環境条件によって規定される（矢印③）．このように単純化して考えると，結局，生物群集のありさまもその機能も環境によって一意に決まってしまっているような印象を受ける．生物群集の環境適応がうまく進んでいれば，環境条件にうまく適合した群集が形作られ，結果として環境に適合した機能が発揮されるだけなのだろうか．生物群集の構造が機能に直接的に効いてくるのは，人間が生態系を破壊し，生物多様性を減少させて，環境にうまく適合した群集の形成過程を阻害するときだけなのであろうか．たとえば，植生を地球スケールの粗い解像度でみたときのことを考えよう．赤道付近には熱帯雨林が広がり，北半球の高緯度地方には針葉樹林が広がる．粗い解像度で見ると，環境条件としての気候に対応した植生ができあがっている．す

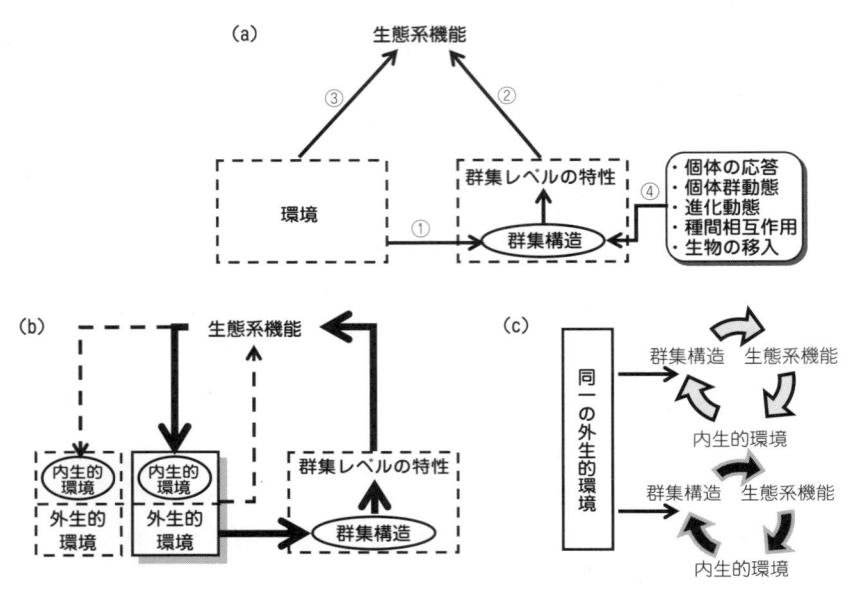

図3 環境条件−群集構造−生態系機能の相互依存性.
(a) 生物群集の環境適応過程. 環境条件が変化したときにそれに応じた群集構造が実現することを群集の環境適応とよぶことにする. このとき, 群集の環境適応の過程を動かすメカニズムには, 個体の応答, 個体群の増減 (個体群動態), 個体群の特性の変化 (進化動態), 種間相互作用が引き起こす種構成の変化 (群集動態) などがあり, さらに周囲の環境からの生物の移入もこれらの過程に影響する. (b) 環境と生物群集のフィードバック過程. 群集は, 生態系機能を介して環境を変えることができるが, その影響は限定的である. そこで, 群集構造に影響を与える環境を, 生態系機能から影響を与え返される「内生的環境」とその影響を受けない「外生的環境」にわけることにする. さらに, 生物群集は, みずからが影響を受けている環境とは別の環境条件に対しても影響を与えうる. これも内生的環境であるが, 上のものとは区別する (破線によって囲まれている内生的環境). したがって, フィードバックは, 内生的環境の一部と生物群集, 生態系機能の間に働くことがわかる. (c) 安定化フィードバックと双安定性. 安定化フィードバックがかかると, 同一の外生的環境の下で, 複数の内生的環境—群集構造—生態系機能のループ状態が実現する.

なわち, 地球規模という大きな空間スケールで生態系を眺めたときには, 長い進化の歴史の結果として, たしかに環境条件→群集構造 (生物多様性) →生態系機能, という一連の対応関係がみられるだろう. ここでは, この対応関係のことを「群集の環境適応」とよぶことにする.

しかし, このような群集の環境適応とよべるパターンが実際にみられたとしても, さらに私たちの知りたいことが二つある. 一つには, 環境変化が生じたときの, 新たな環境への適応までの動的過程である. なぜなら, 群集の環境適応は瞬時に実現するものではなく, 新たな環境適応が実現するまでの

動的な過程を見ることが，実際の環境変動のもとでの生物群集の振る舞いを理解し，また予測するために必要になるからである．もう一つには，環境と生物群集との間の生態系機能を介したフィードバック過程である．これも，環境適応で説明できるように思われる．環境-群集-機能の対応関係は，生態系機能を発揮した生物群集が環境条件を再び変えるというフィードバックの効果も含んだ平衡状態として実現していると考えられるからである．この二つの点について，もう少し詳しく解説したい．

(a) 群集の環境適応過程を進めるメカニズムは何か

環境条件の変化後に生じる群集の環境適応過程は，さまざまなメカニズムによって引き起こされている．つまり，環境条件に対応した群集構造は，さまざまなメカニズムによって決まっているのである（図3a：矢印④）．たとえば仮に，ある植物を餌として利用する動物群集を考えてみよう．ここで，植物による一次生産が増加すると，動物群集による植物の消費が増加し，動物群集による二次生産という生態系機能が増加すると思われる．この二次生産の増加は，個体・個体群・群集の三つのレベルの応答によって実現している可能性がある．まず，個体レベルでは，それぞれの個体による植物の消費量増加という応答が生じるだろう．次に，個体群レベルでは，一次生産量が低い周囲の生息場所から動物個体が集まってくることによって，あるいは，繁殖によって個体群密度が増加し，個体群全体での消費量が増加するという応答がみられる．さらには，個体群内に複数の遺伝子型が存在するのであれば，遺伝子型頻度の変化，すなわち進化によって，個体群での平均形質が変化するだろうし，個体群内での突然変異と周囲の個体群からの移入によって，新たな遺伝子型が供給される可能性もあり，これもまた個体群レベルでの資源の消費量の変化に影響するだろう．そして，群集レベルでは，各種の個体群の増加速度の違いによって群集構造の変化（各種の個体群の相対頻度の変化）が生じ，より植物の消費速度の大きな種の優占度の高い群集ができあがり，植物の消費量が増加するという応答がみられるだろう．群集レベルの応答においても，周囲の生息場所からの個体の移入が効いてくる場合もある（Leibold and Miller 2004）．

以上のような三つのレベルにおける環境応答のうち，どのメカニズムが強く効いてくるかは，注目する群集によって異なるだろう．ただし，一つの群集においても，環境適応の過程に果たす役割の大きさは，環境変化が生じてからの経過時間が長くなるにつれて，個体，個体群，群集の順に移っていくという傾向があるかもしれない．ただし，進化過程については，個体群動態と群集動態にまたがる時間スケールであると思われる．個体群動態や群集動態がみられるような時間スケールにおける進化過程が，環境適応に及ぼす影響については最近注目が集まっており，重要性も非常に高いが，詳しい議論は本シリーズの第2巻に譲る．以上の一般論に関する具体例については，次の節で紹介したい．

(b) フィードバック過程の理解に向けて

次に考えたいのは，環境−生物群集−機能の間のフィードバック過程である．この問題は第2節(2)でもすでに扱ったが，ここでは別の視点から理解を深めたい．そもそも，環境と機能の間にフィードバックが生じるのは，生物群集が影響を受ける環境条件と，群集が影響を与える環境条件が同じときである．したがって，それらが独立であれば，フィードバックは生じない．たとえば，地球温暖化により気温が上昇し，植物群集の組成が変化するという環境適応が起きたとしても，植物群集の組成の変化に対して，少なくとも短期的には，気温は影響を受けないので，植物群集と気温の間にフィードバックはない．

このような例を考えると，一つに環境といっても，短期的には，生物群集の影響を受けるものと受けないものがあることに気づく．受けるものとしては，土壌の栄養塩濃度などの資源量や，餌生物や天敵の密度などの生物的環境があり，受けないものとしては，気温や降水量といった物理的パラメータがある（長期的には影響を受ける場合も多い）．ここでは，このような物理的環境を外生的環境 (exogenous environment)，生物群集と相互に影響を与えうる環境を内生的環境 (endogenous environment) とよぶことにする（図3b）．あるいは，前者を外的環境 (external environment)，後者を内的環境 (internal environment) とよぶこともできるかもしれない．さらに内生的環境の中で，注目する群集と

互いに影響を及ぼしあい，環境-群集-機能のフィードバック関係を築くものと，一方的に生物群集から影響を受けるものとの二つを区別する必要があるだろう（図3b）．そしてもちろん，注目する時間スケールでは生物群集とまったく相互作用しない環境要因もある（図3b）．以上のように環境を四つに分類して整理することによって，環境条件-群集構造-生態系機能の相互依存性の問題の見通しがよくなるのではないだろうか．

　しかし，このフィードバックは，さらにややこしい問題を含んでいる．なぜなら，実際には，フィードバックが働いていても，群集の環境適応パターンの場合と同様に，環境条件-群集構造-生態系機能の対応関係がみられるからである．この問題点を掘り下げるために，性質の異なる2種類のフィードバックに分けて考えたい．一つめは，現在の生物群集の構造の安定性を増すような方向，すなわち他種の侵入を妨げるような方向での，生物群集による環境の改変である（ここでは，安定化フィードバックとよぶ）．安定化フィードバックが働くと，環境と生物群集の間の対応関係がより強化されると予想されるので，群集の環境適応の場合となかなか区別しにくいだろう．この場合に，生物群集と環境が互いに影響を及ぼしあっていることを示すためには，もともとの外生的環境条件が同じであっても，フィードバックの結果として，内生的環境条件-群集構造-生態系機能の対応関係が相異なる状態が複数存在することを明らかにすればよいだろう（図3c）．あるいは，現在の生物群集がなんらかの撹乱によって大きなダメージを受けた後に，まったく構造の異なる生物群集ができあがり，内生的環境条件と生態系機能が撹乱前の状態と変化するということを示せばよいだろう．しかし，小さな撹乱に対しては，環境と生物群集の対応関係は安定であるので，上記のような証拠をつかむのは容易ではない．一方，現在の生物群集の構造の安定性を低下させるような方向での生物群集による環境の改変は，群集構造の変化を促すフィードバック（不安定化フィードバックとよぶ）であるために，上の場合に比べてその動的な過程が顕在化しやすいと考えられる．不安定化フィードバックが働いている場合は，環境と生物群集の間の対応関係は過渡的なものであり，環境との対応状態と非対応状態（ミスマッチ）とが，生物群集内の種の入れ替わりとともに繰り返されることになる．以上のフィードバック過程についても，具

体例については，次の節で紹介したい．

4 生物多様性と生態系機能のダイナミクス

本節では，「群集の環境適応過程」と「環境−群集−機能のフィードバック」についてさらに議論を深めたい．そこで，それぞれの問題について具体的な系に即した理論的な研究を紹介し，生物多様性（すなわち群集構造）と生態系機能（とその環境への影響）の動的過程（ダイナミクス）の具体像を提示したい．

(1) 群集の環境適応過程

2000年以降，生物の環境適応の動的過程について，上で述べた群集レベルのメカニズム（種の入れ替わりのような群集構造の変化）に着目して理解しようという試みが，1990年代における「生物多様性と生態系機能」の研究の発展形の一つとして進んできた．とくに，環境の異質性が見えてくるような大きな空間スケールにおいて，群集構造の空間的不均一性に注目するようになった．大きな空間の中でのそれぞれの部分に存在する群集を局所群集，局所群集の集合体をメタ群集とそれぞれ区別して群集動態を論じるメタ群集理論(Leibold et al. 2004；Leibold and Miller 2004)が発展した（本シリーズの第5巻『メタ群集と空間スケール』に詳しい）．これは，小さな空間スケール（局所環境）における群集構造と生態系機能の動態を決める要因として，その場の局所的な環境条件だけではなく，局所環境間の生物の移動・分散過程の重要性を強調する考え方である(Leibold and Norberg 2004)．たとえば，Loreau et al. (2003) は，時間的・空間的に資源量が変動するような環境における植物群集の動態をモデル化し，植物個体の局所環境間の分散速度が中程度の時に，植物群集の環境適応の程度が最大となり，共存種数と生態系機能がともに最大になるという予測を得た．また，Norbergほか (2001) は，進化生物学における自然選択の理論を応用して，群集レベルの形質の変化速度を記述する方程式を導出し，変動環境下での群集の環境適応の問題に適用した．これらの

メタ群集理論を使って，具体的な事象の解明をめざすことが今後進むであろう．ここでは一例として，海洋における炭素循環に大きな影響を与える細菌群集の環境適応過程についての理論的研究（Miki et al. in press）を紹介する．

(a) 海洋の炭素循環と細菌群集

海洋の表層では，植物プランクトンによる光合成によって二酸化炭素が有機物に変換される．生産された有機物の一部は，粒子状有機物または溶存有機物として水中に放出され，従属栄養細菌（正確には，細菌と古細菌を含む従属栄養原核生物）によって再利用されている（微生物ループ：Azam et al. 1983, 永田 2006）（図 4a）．細菌によって利用されなかった有機物（とくに粒子状有機物）は，深層へと沈降する．このような有機物の鉛直輸送を生物ポンプとよぶ（永田 2006；Sarmiento and Gruber 2006）．生物ポンプの働きは，地球規模での炭素循環や地球温暖化の進行程度を決定する重要な要因である（Sarmiento and Gruber 2006）．そして，生物ポンプの働きは，植物プランクトンによる生産量が増加すれば強まる一方で，動物プランクトンや細菌による消費量・無機化量が増加すれば弱くなるため，細菌群集の機能は，生物ポンプの主要な制御機構の一つである．

1990年代以降の研究により，①細菌の多様性は局所的スケールにおいて非常に高く（Venter et al. 2004），②その生理的特性も種（系統群）によって異なり（Cottrell and Kirchman 2000），③環境変動に対応して細菌群集の組成もまた時空間変動を示すこと（Riemann et al. 2000; Pommier et al. 2005）が明らかになった．これらの事実から推察するに，細菌の多様性，群集構造の時空間変動と細菌群集全体での生態系機能の関係は，前節までで議論してきたような群集の環境適応として，統一的に理解できる可能性が高い．今後は，細菌群集の環境適応の観点から，海洋の海洋循環モデルを見直すことが必要である．

(b) 海洋細菌のメタ群集モデル

そこでその第一歩として，細菌と2種類の有機物（粒子状有機物と溶存有機物）との相互作用モデルを構築した（図4b）．まず，細菌の多様性をモデルに反映させるために，生理的特性の異なる細菌グループが存在するとした．こ

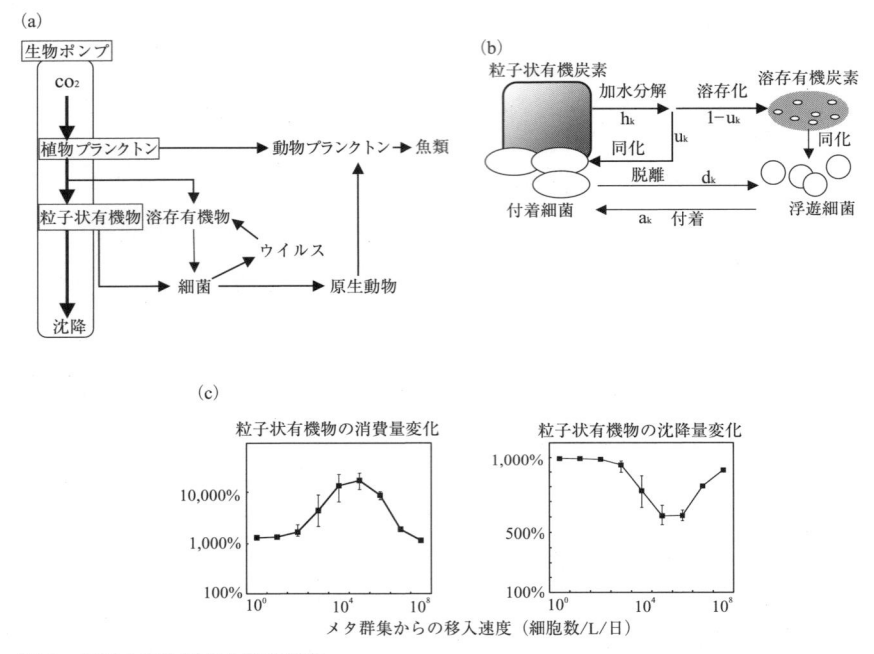

図 4　海洋の炭素循環と細菌群集.
(a) 海洋表層の炭素循環．植物プランクトンによって生産された有機物は食物連鎖を介して上位栄養段階に伝わると同時に，細菌にも利用される．彼らによっても消費されない部分は沈降粒子として深層に輸送される（生物ポンプ）．簡単のため，粒子状有機物の沈降過程のみを生物ポンプに含めているが，実際には，溶存有機物も海水の鉛直混合の影響により表層から中・深層に運ばれるので，生物ポンプの一部を構成している．(b) 細菌と有機物との相互作用モデル．細菌には二つの状態がある（付着状態と浮遊状態）．粒子状有機物の加水分解速度 (h_k)，加水分解産物の取り込み効率 (u_k)，粒子への付着速度 (a_k) および粒子からの脱離速度 (d_k) が種によって異なるとした．(c) 粒子消費量と沈降量の変化率．細菌群集の環境適応は，メタ群集からの移入速度が中程度のときに実現し，供給量変化（10 倍）以上の消費量の増加（100 倍以上）を引き起こして，沈降量の増加率を 5 倍程度まで抑える．縦軸は，粒子状有機物の供給量を 10 倍に増加させた場合の炭素流量の変化を示す．各点は 1000 回のシミュレーションの平均値を表し，バーは 95％信頼区間を示す．

の違いは，2 種類の有機物の利用戦略の違いを表し，この戦略の違いと有機物の供給量に応じて細菌グループの増殖速度が決まる．そして，グループ間の競争の結果，群集構造が決まるとした．さらに，細菌群集組成の空間的不均一性を考慮するために，4 種類の生理的特性の値をランダムに各グループに割り当て，1000 種類の細菌から構成されるメタ群集（種プール）を設定して，このメタ群集から局所群集への細菌の移入過程をモデルにくみこんだ．

(c) 細菌群集の環境適応ダイナミクス

　植物プランクトンの大増殖にともない粒子状有機物の供給速度が 10 倍に増加するという環境変化に対して，細菌群集がどのように振舞うかを，このメタ群集モデルを用いて数値シミュレーションにより予測した．ここでは，環境変化から 100 日後にみられた変化を，「群集組成の変化→群集の特性の変化→生態系機能の変化」という群集の環境適応の一連のダイナミクスに沿って説明する．まず，メタ群集からの移入が中程度のときに，細菌群集組成の変化は最大となった．この組成の変化により，群集レベルでみると，粒子状有機物をより効率よく利用する特性をもつようになった．このような群集の特性の変化により，局所群集内で消費される粒子状有機物量は，供給量の増加率（10 倍）を超えて増えることがわかった（図 4c：粒子消費量と沈降量のグラフ）．すなわち，生物ポンプ過程において，細菌群集の環境適応が十分に働くと，たとえ植物プランクトンによる一次生産が増加しても，その消費効率が増加することによって，一次生産の増加分に比例しては有機物の鉛直輸送が増加しないことが示唆された（図 4c：供給量 10 倍→沈降量約 5 倍）．この予測は，一次生産の増加と鉛直輸送の増加がかならずしも同期しないという，外洋での大規模実験における生物ポンプの応答のしかた（Boyd et al. 2007）を説明できる仮説の一つとなる．他方，細菌群集内の多様性を考慮しない場合には，単純に沈降量も 10 倍に増えるという予測が得られた．

(d) 環境適応の時間スケール

　このモデルから得られたもう一つの重要な結果は，細菌群集の環境適応に要する時間と，メタ群集からの移入の貢献度の関係である．環境変化から 1000 日経過後までの細菌群集の環境適応を調べたところ，メタ群集からの移入速度が小さくても，もともと局所群集内に存在した個体数の小さかったグループが，環境変化後に時間をかけて個体数を増加させ，環境適応が達成されることがわかった．ただしここで重要なのは，移入速度が小さいほど環境適応に要する時間が長くなってしまうことである．この結果は，Norbergほか（2001）が導出した方程式からの予測とも一致する．つまり，注目する環境変化の時間スケールが短いほど，環境適応に対する移入の貢献度が大き

くなることが示唆されたのである．

(e) まとめ

　上の例からわかるように，機能群内の多様性とその変化を考慮した物質循環モデリングでは，環境変化に対する生態系機能の変化に関する予測が従来のモデリングの予測とは劇的に異なる可能性が高い．これはもちろん細菌だけではなく，さまざまな機能群についていえることである．人間活動によって地球環境が変化しつづけている現在，生態系の応答の仕方を予測するためには，生物群集の環境適応過程として，生物多様性と生態系機能のダイナミクスを理解することが不可欠になっていくだろう．生物群集の環境適応過程は前述したように複数のメカニズムによって駆動しているので，進化生態学・個体群生態学・群集生態学の知見を総動員して取り組んでいくことが必要となる．

(2) 環境−群集−機能のフィードバック

　それでは次に，環境条件−群集構造−生態系機能間のフィードバック関係についての具体例を紹介したい．環境と群集の間のフィードバックループによって複数の平衡状態をもつような現象は，履歴効果（ヒステリシス），多重安定性，カタストロフィックシフト，レジームシフトなどとよばれ，さまざまな生態系において注目を集めている（Yoshiyama and Nakajima 2002; Miki and Kondoh 2002; Besner et al. 2003; Fukami and Morin 2003; Scheffer and Carpenter 2003, 第 2 章，第 3 章も参照）．たとえば，森林と草原の間の遷移，砂漠と草原の間の遷移，湖での富栄養状態と貧栄養状態の間の遷移などである．これらの中から，陸上植物群集と栄養塩循環の間のフィードバックに関する著者自身の理論的研究（Miki and Kondoh 2002）について紹介したい．

(a) 植物群集と栄養塩循環のフィードバック

　草原や森林などの植物群集において，窒素やリンなどの土壌栄養塩は，植物個体の成長や繁殖を制限し，植物種間の競争関係に影響することによって，植物の群集組成を決定している（Tilman 1982）．たとえば，栄養塩を多量に消

第5章　群集−環境間のフィードバック

費する成長の速い植物種は富栄養の土地で優占し，栄養塩を個体内に保持する能力の高い植物は貧栄養の土地で優占する傾向がみられる（Aerts 1999）．一方で，土壌の無機態栄養塩濃度は，植物群集の組成に影響を受ける．なぜなら，植物由来の有機物（リター）の無機化速度は，リターの質と量という植物の形質によって影響を受け，これが土壌栄養塩濃度を決めるからである．そして，このリターの化学的特性は種特異的であるために，栄養塩濃度に与える影響も種特異的となる（Miki and Kondoh 2002）．以上により，植物群集と栄養塩循環の間には，有機物リターを介したフィードバックが働いていることが予想される（Chapman et al. 2006a）（図5a）．さらに，無機栄養塩の濃度を決めるのは植物の特性だけではない．栄養塩濃度は地質年代によっても大きく制限され，リターの無機化速度も気候条件に大きな影響を受ける．栄養塩循環と植物群集の対応関係が，これらの外生的環境条件と植物の特性との両方の効果によって生まれる過程を理解するために，2種類の植物から構成される群集モデルを構築した（図5b）．

(b) 植物群集と栄養塩循環のフィードバックモデル

資源要求度とリターの特性が種によって特異的に決まっている植物群集のダイナミクスを単純化して理解するために，次の2種類の植物が競争をしている群集を仮定する．成長が早く個体間の成長をめぐる競争に強い反面，貧栄養状態ではやっていけない種Cと，個体間の競争に弱い反面，貧栄養状態でも繁殖能力が高い種Rの二つである．このような2種間の栄養塩をめぐる競争を考えると，無機栄養塩濃度Nが小さいときには，種Rが繁殖競争に勝って種Cを排除し，Nが大きいときには，種Cが成長競争に勝って種Rを排除する．そして，Nが中間の値をとる時に種Cと種Rは共存する．このような状況を実現できるように，それぞれの植物の頻度（P_CとP_R）の動態をモデル化した．他方，植物群集構造が栄養塩濃度に与える影響は，種特異的リターの現存量（D_CとD_R）と無機栄養塩濃度（N）の動態を表す方程式によってモデル化できる．ここで，リターの無機化速度は，種特異的なリターの「分解されやすさ」を表すパラメータ（e_Cまたはe_R）と，種にかかわらず共通のパラメータ「分解効率」（s_D）によって決まるとした．s_Dは，リターの無

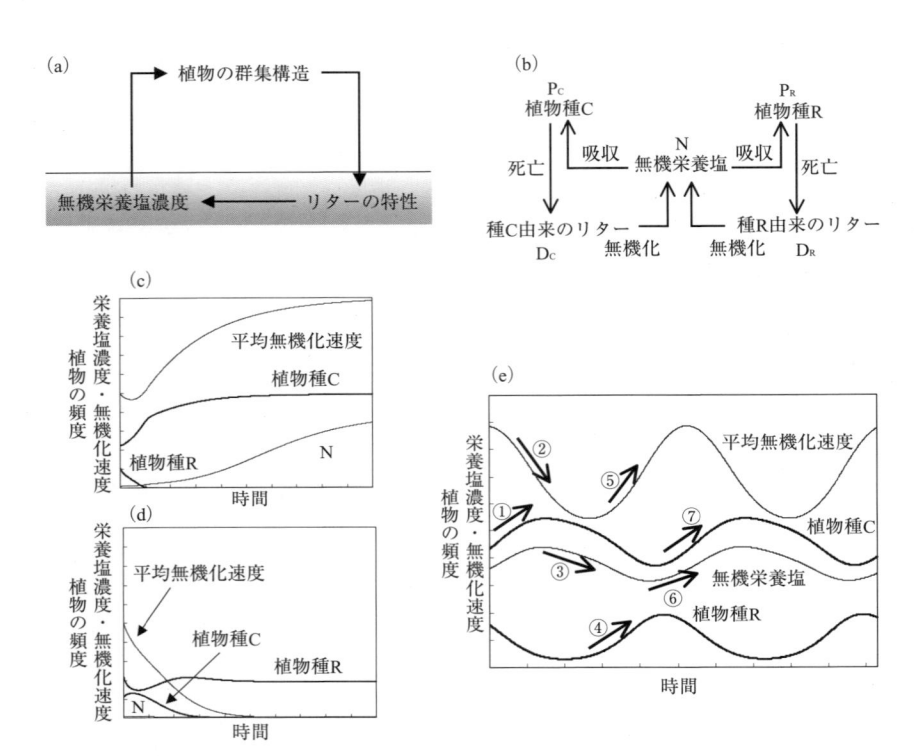

図5　植物群集と栄養塩循環のフィードバックモデル
(a) 植物群集と栄養塩循環の相互依存性．植物の群集（群落）構造は土壌中の無機栄養塩濃度の影響を受ける一方で，群集構造はリターの特性を介して栄養塩濃度に影響を与える．このようにして植物群集と栄養塩循環のフィードバックが生じる可能性がある．(b) 2種からなる植物群集モデル．P_C, P_R はそれぞれ植物C, Rの相対頻度，D_C と D_R は植物種特異的なリターの現存量，Nは無機態栄養塩の濃度．(c) 安定化フィードバックにより種Cが優占する場合．無機化速度が速く無機栄養塩濃度の高い生態系ができる．種C, Rそれぞれの初期頻度は，0.4と0.2．(d) 安定化フィードバックにより種Rが優占する場合．無機化速度が遅く，無機栄養塩濃度の低い生態系ができる．種C, Rの初期頻度（0.2と0.4）だけが，図(c)の場合と異なる．(e) 不安定化フィードバックが働く場合．種Cの分解されやすさが低く（$e_C = 1.4$），種Rの分解されやすさが高い（$e_R = 4.0$）場合には，種Cと種Rが互いに入れ替わっていくような解が得られる．以上の数値計算は，Miki and Kondoh (2002) に基づく．

機化速度を決める外生的環境条件を代表するパラメータであると考えるとよい．もう一つの重要な外生的環境条件は系内全体の栄養塩量 T_N である．以上の仮定に基づいた微分方程式を数学的に解析することによって，それぞれのフィードバックが生じる条件を得ることができた．その結果は非常にシンプルなものである．無機栄養塩濃度が高いときに有利になる種Cに関しては，その分解されやすさ e_C がある閾値（E_C^* と表記）よりも大きいときに，

第 5 章　群集-環境間のフィードバック

表 1　種の特性（リターの分解されやすさ）とフィードバックの関係.

		種 C の特性	
		難分解（$e_C < E_C^*$）不安定化	易分解（$e_C > E_C^*$）安定化
種 R の特性	難分解（$e_R < E_R^*$）安定化	種 R 優占	種 R or C
	易分解（$e_R > E_R^*$）不安定化	共存	種 C 優占

種 C は，分解されやすさが小さいときは不安定化，大きいときには安定化フィードバックがかかる．種 R は，分解されやすさが小さいときには安定化，大きいときには不安定化フィードバックがかかる．2 種類の分解されやすさの大小によってフィードバックのかかり方は四つのパターン（種 R が常に優占・種 C が常に優占・2 種が共存・種 R もしくは C が優占）に区別できる．

種 R の侵入を防ぐような安定化フィードバックが生じ，その閾値よりも小さいときに，種 R の侵入を促進するような不安定化フィードバックが生じることがわかった．逆に，無機栄養塩濃度が低いときに有利になる種 R に関してはその分解されやすさ e_R がある閾値（E_R^* と表記）より大きいときに，種 C の侵入を許す不安定化フィードバックが生じ，その閾値よりも小さいときに種 C の侵入を防ぐ，安定化フィードバックが生じる．したがって，2 種の分解されやすさの組み合わせによって，フィードバックのパターンは四つに分類されることになる（表 1）．以下では，そのうちの一部について，フィードバックの結果として生まれる栄養塩循環と群集組成の対応関係を説明する．

(c) 安定化フィードバックがともに働く場合

まず，取り上げたいのは 2 種ともに安定化フィードバックを引き起こす場合である（表 1：$e_C > E_C^*$ & $e_R < E_R^*$）．2 種の植物がこのようなリターの特性をもっているときには，それぞれの種は，自身にとって有利になるように栄養塩循環を変えるので，2 種の共存は不可能である．この場合は，その土地に侵入した初期段階において，個体数が多く自分の都合のよい方に栄養塩濃度を変えることできる種が競争に勝って優占する．すなわち，種 C の初期頻度が大きければ，リターの無機化が速く，栄養塩濃度は高く維持され種 C

が優占する群集ができ（図5c），逆に種Rの頻度が大きければ，リターの無機化速度が遅く，栄養塩濃度が低く維持される種Rが優占する群集ができあがる（図5d）．したがって，外生的環境条件（総栄養塩量：T_N，分解効率s_D）が一定であっても，植物の働きかけによって，異なる内生的環境（栄養塩循環）ができあがる．

(d) 不安定化フィードバックがともに働く場合

次に取り上げたいのは，2種ともに自身の分解されやすさが不安定化フィードバックを引き起こす場合である（表1：$e_C < E_C^*$ & $e_R > E_R^*$）．2種の植物がこのようなリターの特性をもっているときには，それぞれの種は，競争相手に有利になるように栄養塩循環を変えるので，2種の共存は可能である．この場合は，ある特定のパラメータをモデルに当てはめると，植物の働きかけによって環境と群集構造との間の対応関係とミスマッチが周期的に生じる．つまり，図5eから見て取れるように，分解されやすさの低い種C（e_C = 1.4）が増加するとともに（矢印①），群集全体で見たときの平均無機化速度が低下し（矢印②），それに遅れて無機栄養塩濃度が低下する（矢印③）（種Cと環境とのミスマッチ）．これにより貧栄養条件で有利になる種Rが増加するが（矢印④）（種Rと環境との対応），種Rのリターは分解されやすい（e_R = 4.0）ので，つづいてリターの平均無機化速度を増加させる（矢印⑤）．これが無機栄養塩濃度の増加を増加させて（矢印⑥）（種Rと環境とのミスマッチ），富栄養条件で有利になる種Cの増加につながる（矢印⑦）（種Cと環境との対応）．この例は，不安定化フィードバックが群集内の種の置換を促進するという傾向をよく表している．

(e) 外生的環境条件とフィードバックの相対的重要性

上で説明したように，植物の特性は栄養塩循環と群集組成を決める重要な要因である．しかし，栄養塩循環を制御しているのは，植物の特性だけではない．フィードバックの種類をわける閾値（E_C^*とE_R^*）は，数学的解析により，外生的環境条件である総栄養塩量（T_N）と分解効率（s_D）に依存することがわかった．つまり，種のもつ特性が系を安定化させるか不安定化させるかは，

外生的環境条件によって逆転しうるのである．顕著な例を挙げると，上で説明したように，e_C の値が大きく，e_R の値が小さいという，ともに安定化フィードバックを引き起こして複数の平衡状態を作りうる場合でも，分解効率 (s_D) が非常に小さいときには E_C^* が大きくなり，e_C が閾値以下となる．したがって，種 C は負のフィードバックを引き起こして種 R の侵入を許すため，種 C と種 R の分解されやすさの違いに関係なく，貧栄養で有利になるような種 R が優占する群集が常にできあがる．逆に，分解効率 (s_D) が非常に大きければ，富栄養で有利になるような種 C が常に優占することになる．分解効率 (s_D) が中程度のときだけ，種 C と種 R の分解されやすさの違いが栄養塩循環に影響を与え，先に数を増やした方が優占し，植物が栄養塩循環を決めるようなパターンが得られる．

(f) まとめ

以上からわかるように，環境−群集−機能の間に安定化フィードバックが働いて複数の平衡状態が実現するような条件は限定的であり，それ以外の場合には，外生的環境条件に応じて，一意に，環境−生物群集−生態系機能の対応関係が決まっている，つまり，群集の環境適応パターンが実現しているのである．また，外生的環境条件の小さな変化が安定化・不安定化の切り替えを引き起こし，群集構造と生態系機能を劇的に変える可能性があることも注目に値する．さらに興味深いのは，生物が環境に影響を及ぼす空間スケールの大小にも大きく依存して多重安定性の生じやすさが変わる点であり，本シリーズ 5 巻において重要な議論がなされている．また，第 3 章では，物質循環だけではなく生物による物理的改変も含めた視点で，地上部と地下部との相互作用で生じる多重安定性について議論されているので参考にしていただきたい．

5 今後の課題

最後に，生物多様性と生態系機能の関係を理解するための発展的話題を二

つ取り上げたい．それは，研究する際の時空間スケールの設定の問題と，生物多様性の「冗長性」の問題である．

(1) 生物多様性・生態系機能のダイナミクスと時空間スケール

さて，これまでも何度か出てきたが，生物多様性と生態系機能のダイナミクスを理解するには，「時間スケール」と「空間スケール」という重要な概念の理解が必要である (Bentsson et al. 2002)．生態学が扱う現象は，通常，複数の時間・空間スケールにまたがっている．したがって，研究者が注目するスケールをそれぞれ独立に決めることが多い．しかし，時間スケールと空間スケールは独立ではなく，時間と空間のどちらかのスケールを決めれば，他方は固有のスケールへと自動的に決まるのではないかと著者は考える．

一つの例として，ある時刻に空間のある一点で生じた環境変化に対して，群集動態を観測すべき空間スケールについて考える．まず，注目する群集 (一つの機能群) と環境変化，そして，観測期間を決める (ΔT とする)．これが時間スケールである．ここでは，資源環境に変化が生じ，それが注目する群集と間接的にその天敵群集に影響すると仮定する．また，天敵まで影響が伝わるのに要する時間は，注目する時間スケールに比べて十分短いとする．

まず，一点で生じた環境変化が ΔT の間に伝わる領域，すなわち空間スケールは，資源の拡散速度などにより決まる ($\Delta S1$ とする)．さらに群集に属する分類群に依存して，ΔT の間に生物個体とその子孫が移動できる空間スケールが決まる ($\Delta S2$)．この二つのうち大きい方が，環境変化が群集に影響する空間スケールである ($\Delta S2 \supseteq \Delta S1$ とする)．ただし，ここで天敵群集を内生的環境としてとらえると，ΔT の間の天敵の移動する領域 ($\Delta S3$) に含まれる個体は，天敵を介して間接的に相互作用するため，群集動態を追うべき空間スケールは，$\Delta S2$ と $\Delta S3$ の大きい方となる ($\Delta S3 \supseteq \Delta S2$ とする)．さらには，ΔT の間の個体の移動距離を考慮することによって，$\Delta S3$ 内部への移入が可能な空間スケール ($\Delta S4$) も定まる (当然，$\Delta S4 \supseteq \Delta S3$ である)．

最初に時間スケール ΔT を定めていることにより，生物の世代数や突然変異の供給量も決まっている．以上により，群集の環境適応を進める複数のメカニズム (個体群動態，種内の進化，種の入れ替わり，突然変異や移入による多

様性の供給)の相対的重要性を議論できるようになる.さらに,このように定めた空間スケール($\Delta S3$)は,生物群集が生態系機能を介して環境に影響を及ぼす空間スケールであるため,環境-群集-機能の間のフィードバックに注目する際の基本情報ともなる.ここで紹介した考え方はナイーブであるかもしれないが,なんらかの方法により,研究者が最初に設定してしまう条件を緩めることができれば,いくつもの過程によって進められていく生物多様性と生態系機能のダイナミクスの理解を深めていくことが期待できる.

(2) 生物多様性の冗長性

　生物群集では,小さな空間スケールの中で,同じような機能を担う種が数多く共存している.90年代に行われた生物多様性-生態系機能研究においても,実際に野外で共存している種数よりもかなり少ない種数のところで生態系機能は飽和してしまうという結果が多い.つまり,生態系機能の面から見ると,種数はあまりに冗長なのである.この「冗長性(redundancy)」の問題は早くから認識され,類似した機能をもつ種も,環境変動下では補完的な機能を発揮するという「保険仮説」が提案されている(Yachi and Loreau 1999; Loreau et al. 2002, 2003).これは,環境への影響の与え方(すわなち,生態系機能)が同じグループ(functional effect group)の中には,環境への応答の仕方が異なる種(functional response group)が複数含まれているという考え方(Hooper et al. 2005)とも関連する.前節で紹介した細菌のメタ群集モデルにおいても,1000種という多様性は環境変動下ではじめて機能に貢献する.しかし,それでもやはり,すべての種がこの保険に貢献しているかどうかは疑問である.

　そもそも,生態系機能に与える効果が少数の種数(あるいは少数の機能群)で飽和してしまうのは,ニッチの次元が低いことを示唆しているといえる.すると,ニッチの次元では説明できないほどの種が共存しているということに気づく(Hutchinson 1961).この説明には三つある.第一の説明は,ニッチの次元が低くても,巧妙なトレードオフがそれぞれのニッチに対応する形質の間に存在すればうまく共存できるという議論である(たとえば,competition-colonization tradeoff: Tilman 1994).第二の説明は,ニッチの違いではなく,群集内のすべての個体間に環境応答に対する違いはなく,確率的な個体数の増

減（生態的浮動：ecological drift）によって共存が実現しているという「生物多様性の中立説」(Hubbell 1997; 2001) である．個体数の浮動が生態系機能に与える影響は非常に興味深いテーマの一つであるが，まだその回答はない（三木 2006)．そして第三には，ニッチ次元を高いと考える説明もあり，その高次元性を理論モデルにくみこむ必要性や，一見ランダムな浮動に見える動態を統計的な解析に組み込む必要性を主張している (Clark et al. 2007)．これは，第一や第二，あるいはそれらの折衷案 (Gravel et al. 2006) に対立するものである．また，Chesson (2000) は，特定の仮説によらずに種の共存のメカニズムを二つに絞ることに成功し，21世紀における共存問題の議論のさきがけとなっている．

もうお気づきかもしれないが，種の共存機構・共存種数の問題と，生物多様性の生態系機能への貢献度の問題とは，不可分である．しかも，生物は資源分割のみによって共存しているわけではないので，天敵との関係も重要である (Chesson 2000)．したがって，近い将来，統一的な理論によって，多様性の維持機構と多様性-生態系機能の問題は同時に解決されるべきではないかと著者は考えている．

6 おわりに

「生物多様性と生態系機能」研究は今後，構造と機能との対応パターンを抽出することではなく，生態系機能の決定過程のダイナミクスを理解することをめざすべきである．個体群動態，進化動態，群集動態，それぞれとその組み合わせによって，群集レベルの特性が決まり，その結果として生態系機能が発揮される過程を理解することが必要である．群集構造と生態系機能を記述することはもっとも重要なことの一つではあるが，個体群・進化・群集の視点から生態系機能を理解するための，出発点にすぎない．そもそも，群集動態について個体群と進化の知見を統合することがはじまったばかりであり，このプロセスを通じて，個体群動態や進化動態が機能に与える影響を知ることが現在の課題である．生態系機能が決まる動的な過程に注目するな

らば，どんなアプローチでも有効となるだろう．「生物多様性と生態系機能（Biodiversity and Ecosystem Functioning）」という独立した研究テーマが存在するわけではないともいえる．生態系という地球上もっとも複雑なシステムに注目する限り，生態系機能というマクロなパターンを説明する方法として，個体，個体群，群集といった生態系の構成要因間の関係を積み上げていくような，ボトムアップ的なアプローチが今のところの唯一の有効なアプローチであろう．あらゆる分野の生態学者が協力し合い，一つひとつ事実を積み重ね，異なるスケールの現象をつなげていくことによって，生態系機能に関する研究は発展していくだろう．このようなアプローチが，生態学に限らず，海洋学や生物地球化学など他の生態系科学と生態学との架け橋となり，地球における生命の誕生以来，進化してきた生態系の維持メカニズムを深く理解し，人間社会にとって不可欠なこのしくみを，破綻させることなく維持・保全していくための解決策を提案できるようになることを期待したい．

第6章

ランドスケープフェノロジー
植物の季節性を介した生物間相互作用

工藤　岳

🔑 *Key Word*

開花フェノロジー　北方生態系　送粉系
生物間相互作用　地球温暖化

　植物の空間分布のしかたは陸域生態系の基本的な骨格である．動物は植物を利用するために，植物が作り出す資源（花・果実・新葉など）の季節性に反応して，植物群集や生態系を移動する．つまり生態系の生物間相互作用を明らかにするには，景観スケールで植物群集の季節性（フェノロジー）を知ることが大切である．本章では，植物群集の季節性にともなう生物間相互作用を景観スケールで探求する新たな研究アプローチ，「ランドスケープフェノロジー」を提唱する．

　植物群集のフェノロジー構造は生態系ごとに大きく異なる．冷温帯林生態系では，林冠層の葉がいつ開くかによって林床の光環境に季節性が生まれ，林床植物群集には光の季節変動を反映した特有の繁殖システムが存在している．生態系をまたがる花粉媒介昆虫が季節によって移動することも，植物群集間のフェノロジーパターンの違いを反映しており，それぞれの植物の繁殖成功度に強く作用している．高山生態系では雪解け時期によって高山植物の繁殖スケジュールが決まり，その開花フェノロジーの季節変動が，送粉系をめぐる生物間相互作用を複雑にし，高山植物の繁殖や個体群の遺伝構造に強く作用している．

　このようなフェノロジー構造を介した生物間ネットワークは，気候変動によって攪乱されてしまうかもしれない．温暖化の影響を予測するには，生態系がもつフェノロジー構造を理解することが重要となる．

1 はじめに

　季節性とは，気温や降水量などの気候要因が時間的に変化することであり，春夏秋冬や雨季乾季という言葉で表わされる．陸域生態系において，季節性はほとんどすべてのバイオーム（群系）に存在する．季節性が希薄であると思われていた熱帯多雨林においても，エルニーニョ現象など数年おきに現れる大規模な気候変動が樹木の一斉開花現象を引き起こし，生態系に劇的な影響をもたらすことが明らかになってきた．われわれの住んでいる温帯域は一年周期の明瞭な季節性に支配されており，多くの生物は，低温のため生育しにくい冬が終わると成長をはじめる．落葉樹林では春に一斉に開葉がはじまり，夏に森は緑に覆われる．秋になると紅葉がはじまり，冬には落葉する．多くの植物は春から夏にかけて開花し，秋に実りの季節を迎える．開花・結実や開葉・落葉といった季節的な生物現象のスケジュールをフェノロジー（生物季節）とよぶ．そして，個々の生物のフェノロジー現象（たとえば開花時期）の総体である，群集レベルのフェノロジーパターンをここではフェノロジー構造とよぶことにする．たとえば，ある場所においてどの時期にどの花が咲いたかという花暦は，一つの植物群集の開花フェノロジー構造ということになる．

　陸域生態系の基本構造は，独立栄養生物である植物によって形成されている．植物が光合成によって作り出した有機物を動物が摂取し，動物の排泄物や動植物の遺体を菌類や微生物が分解し無機化する．そしてそれを植物が吸収し，光合成活動を行うというように生態系の中で物質が循環する．生態系の成り立ちは，生産者−消費者−分解者にまたがる食物連鎖を介した物質循環系として理解されてきた．しかし，単なる物質循環系としての生態系の理解は，生物群集の多様性や，複雑な生物間相互作用を生み出しているメカニズムの理解には不十分である．このような特徴を理解するためには，さまざまな生物が生態系の中で担っている，物質循環作用とは異なる機能にも着目する必要がある．たとえば，遷移系列に沿った土壌の発達や，階層構造の発達にともなう光環境の変化などの植物による環境形成作用は，植物群集やそれ

を利用する動物群集の組成に大きく影響する．植物による動物への資源供給の季節的な変動は，花粉媒介者・種子散布者・植食者の行動と密接に関係している．動物は植物が作り出す資源（花・果実・種子・若芽・新葉など）の時空間分布に応じて植物群集の間を移動する．その移動スケールは，ときには複数の生態系にまたがる場合もある．このような景観スケールでの生物間相互作用を理解するには，まず植物群集間のフェノロジー現象を定量化し，景観スケールのフェノロジー構造を把握する必要がある．その上で，植物を利用する動物の行動や移動パターンを調べ，それが生物個体群の形成と存続にどう関係しているのかを明らかにしていくことが重要である．

　地域生態系はそれぞれ特有の非生物資源（光・水・養分など）の分布パターンをもっている．資源分布の時空間変動は，植物種間のニッチ分割を引き起こし，植物群集の多様性を生み出す．非生物資源の空間的な異質性は植生パターンとして現れ，時間的な変動は開花や開葉時期といったフェノロジー特性に作用する．その結果，形成される植物群集のフェノロジー構造は，植物を利用する動物に対して餌資源の時空間の変動をもたらし，資源利用パターンに影響する．動物の行動は，受粉・被食・種子散布などの過程を経て植物の適応度に影響し，植物個体群の動態や新たな形質進化が引き起こされる場合もあるだろう．たとえば，開花時期が重複する植物種間で花粉媒介者（ポリネーター）の獲得をめぐって競合がある場合，劣位にある種個体群ではポリネーターに花粉媒介を依存せず，自殖を促進するような交配システムが進化する場合もあるだろう．この場合，競合関係は同所的な特定種間でのみ起こるとは限らず，異なる植物群集にいる種間で生じている場合もあるだろう．

　このような植物のフェノロジー構造を介した生物間相互作用は，これまでごく断片的にしか調べられていない．特定の種間の直接的な相互作用は注目されやすいが，複雑な生物間ネットワークの中での間接的な相互作用については，ネットワークの全体像の把握がないと理解するのが困難である．フェノロジーは生態学では古くから研究対象とされてきたが，そのほとんどは特定の生物の生活史戦略の一特性としてとらえられており，生態系の環境形成作用としてのフェノロジー構造の重要性については，十分な検討がされてこなかった（フェノロジーについてのレビューは，Rathcke and Lacey 1985 や Kudo

2006 を参照されたい).

　本章では,「季節性は陸域生態系の構造を作り出す重要な選択圧である」という視点に基づき,植物群集の季節的スケジュール（フェノロジー現象）が作り出す生態系機能に着目する.そして,フェノロジー現象を介した生物間相互作用を景観スケールで探求しようという新たな研究アプローチ,「ランドスケープフェノロジー」を提唱する.植物のフェノロジー現象は,開花・結実,開葉・落葉,種子散布,発芽などさまざまな生活史ステージに存在する.限られた紙面ですべてのフェノロジーについて説明するのはむずかしいので,本章では植物の開花現象に的を絞り,開花フェノロジー構造のもつ生態学的な重要性を中心に見ていくことにする.

　まず,植物群集のフェノロジー構造はどのように形成されるのかについて概説し,それぞれの生態系はそれぞれ特有のフェノロジー構造をもっていることを実際の植物群集を例に見ていく.つぎに,明瞭な季節性をもつ北方生態系（冷温帯林と高山生態系）を例に,植物群集の開花フェノロジー構造が植物の繁殖成功に及ぼす影響,送粉系を介した群集内・群集間の相互作用,開花フェノロジー変異がメタ個体群構造に及ぼす影響について紹介する.さらに,近年深刻な環境問題として注目されている地球温暖化が陸域生態系に及ぼす影響について,ランドスケープフェノロジーの観点から考えてみたい.

　温暖化は,これまで地球上の生態系が経験したことのないほどのスピードで気候変動を引き起こしている.2007 年の IPCC の報告でも明らかにされたように,近年の急速な気候変化はさまざまな生物のフェノロジー現象を変化させ,生物群集のフェノロジーパターンを改変しつつある.とくに北方生態系では温暖化の影響が顕著であると指摘されているが,フェノロジー構造の変化が生態系機能にどう作用するのかについてはほとんどなにもわかっていないのが現状である.ランドスケープフェノロジーという視点の重要性を指摘したい.

2 植物群集の開花フェノロジー構造

(1) 開花フェノロジー構造はどのように形成されるのか？

　同じ気候帯にあっても，植物群集が示す開花の季節的スケジュールは大きく異なる．これは，群集構成種の開花特性が多様であることを反映している．花芽形成や開花時期を決定づける主要な外的要因は，光，水，温度である．たとえば，花芽形成は日長の変化によって誘導される植物も多く，比較的日長の長いときに花芽形成を行う長日性植物と，その反対の短日性植物の2タイプがあることはよく知られている．水分ストレスにより生育が制限されている乾燥地では，降雨などが引き金となって植物群集で一斉に花芽形成がはじまる．温度は花芽の発達速度に影響し，開花時期に強く作用する．植物の温度要求性は，生育に必要とされる最低温度（生育ゼロ点）を基準とした有効積算温度で表されることが多い．有効温度とは，ある温度から生育ゼロ点を差し引いた値であり，有効積算温度（T_{cum}）は以下の式で表される．

$$T_{cum} = \sum_{i=1}^{n}(T_i - T_{min}), ただし T_i > T_{min} の時にのみ積算．$$

T_i は日 i の日平均気温，T_{min} は生育ゼロ点（通常5℃が使われることが多い），n は生育開始時期から開花までの日数である．同じ群集構成種でも開花に要する温度要求性（有効積算温度）は大きく異なることが知られている（たとえばKudo and Suzuki 1998）．地域内で日長条件が大きく変わるような状況はあまり考えられないが，個々の植物が生育している微環境で温度や水分条件が大きく変動する状況はありそうである．たとえば，日陰では日向よりも温度が低く，その結果，同じ植物であっても開花が遅れるような状況は頻繁に起こりうる．

　季節性のある温帯や寒帯生態系では，春に多くの植物が一斉に成長をはじめる．しかし，生育期間の中でどのように開花や結実が起こるのかは，それぞれの種に特有の生活史特性に依存する．たとえば，一年生植物は一般に成長完了後に繁殖ステージに達するが，多年生植物の中には貯蔵資源を使って

生育開始とともに開花し，繁殖ステージを迎えるタイプも存在する（後述する春植物）．開花が植物のサイズに依存する場合，開花時期は個々の植物の成長速度に影響されるので，光・温度・水分といった微環境の変異がフェノロジーの変異に作用することになる．また，なんらかの原因で（たとえば雪解け時期や気温変動）植物の生育開始時期が変化したときに，その時間変動はフェノロジーの変異として現れる．

　開花フェノロジーが積算温度によって決められている場合，同じ温度要求性をもった植物であっても，生育期間に経験する温度環境が異なれば，実際の開花時期は違ってくる（工藤 2000a）．たとえば，気温の低いシーズン初期には有効積算温度がなかなか上昇しない．季節が進むにともなって気温は上昇するので，積算温度の増加速度は加速される．群集構成種の開花に対する温度要求性が左右対称の一山分布（正規分布など）を示す場合を考えよう．気温が一定の場合，潜在的な温度要求性を反映し，群集内の開花は左右対称の一山型を示す．しかし，日平均気温が上昇していく環境では，実現される開花フェノロジーは後へ押しやられたようなパターンを示すと期待される（図1）．すなわち，開花期後半に多くの種の開花が集中するようなフェノロジー構造となる．

　一方で，気温が十分に高いシーズン中期に生育がはじまる場合，生育開始とともに積算温度の蓄積は加速される．しかし，シーズン後期になると，気温が低下していくので積算温度の蓄積は緩やかとなる．この場合，実現される開花フェノロジーは前倒しのパターンを示し，開花シーズンの初期に多くの種の開花が集中すると予測される．雪解け時期によって生育開始時期が大きく異なる高山植物群集では，生育開始後の有効積算温度の季節変化から期待されるような群集レベルのフェノロジー構造が観察されている（図1）．雪がほとんど積もらない風衝地では，高山植物は気温の低い5月末から生育を開始する．ここでは，多くの植物が重複して開花するのは開花期の後期の7月下旬であった．一方で，夏遅くまで雪渓が残る雪田環境では，気温の高い盛夏に成長をはじめる．ここでは，雪解け直後に多くの植物が集中して開花する傾向がみられた．すなわち，気温の季節変化が植物群集の開花フェノロジー構造を形成している重要な要因であることがわかる．高山植物群集の

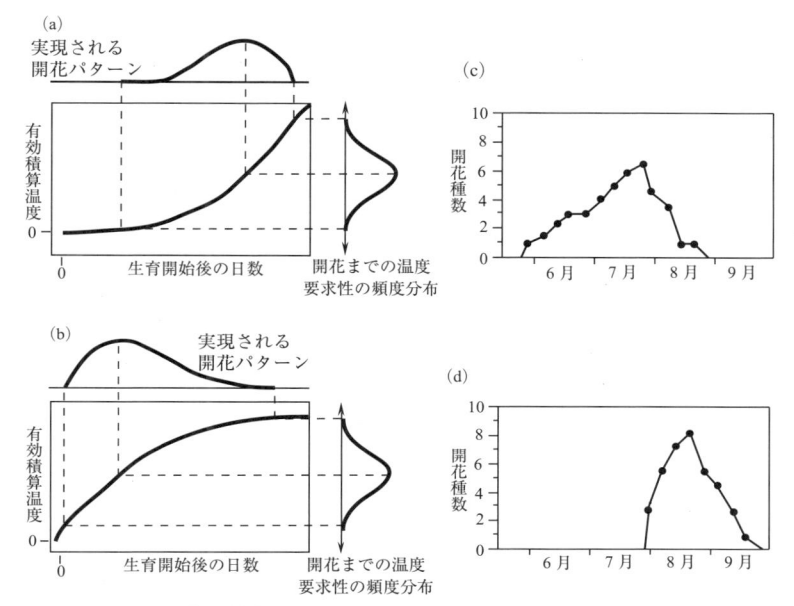

図 1 生育開始時期が植物群集の開花フェノロジーに及ぼす影響の模式図.
(a) 気温の低い生育シーズン初期に生育を開始するとき,積算有効温度は最初緩やかに増加し,季節とともに増加速度は加速する.その結果,群集構成種の温度要求性(開花までに要する有効積算温度)が左右対称の一山分布を示す場合でも,実現される群集の開花は後半に集中すると予測される.(b) 気温が高いシーズン中期に生育を開始するとき,有効積算温度は生育開始とともに急増するが,季節進行にともなう気温低下により減速型の飽和曲線を描く.この場合,実現される植物群集の開花は前半に集中すると予測される.(c) 生育開始が早い高山風衝地群集と,(d) 遅い雪田植物群集(7月中旬雪解け)の開花フェノロジー(開花している種数の季節変化)を比較したら,予測どおりの傾向がみられた.Kudo and Suzuki (1998) を改変.

フェノロジー特性については,後にまた詳しく述べることにする.

(2) 冷温帯林生態系の開花フェノロジー構造

　日本の中部地方以北の冷温帯域には,落葉広葉樹を主体とする森林生態系が発達している.落葉樹林内の光環境は季節とともに大きく変化する.雪解け後の早春には日射が直接林内に差し込むので明るいが,初夏に林冠木の開葉がはじまると林内は急速に暗くなる.夏の間は暗い時期がつづき,秋に落葉がはじまると再び林内は明るくなる.このような光環境の季節変動は,林床植物の光資源利用の形態の多様化を生み出し,森林植物群集の開花パターンを形成する原動力となっている(Kudo et al. 2008).

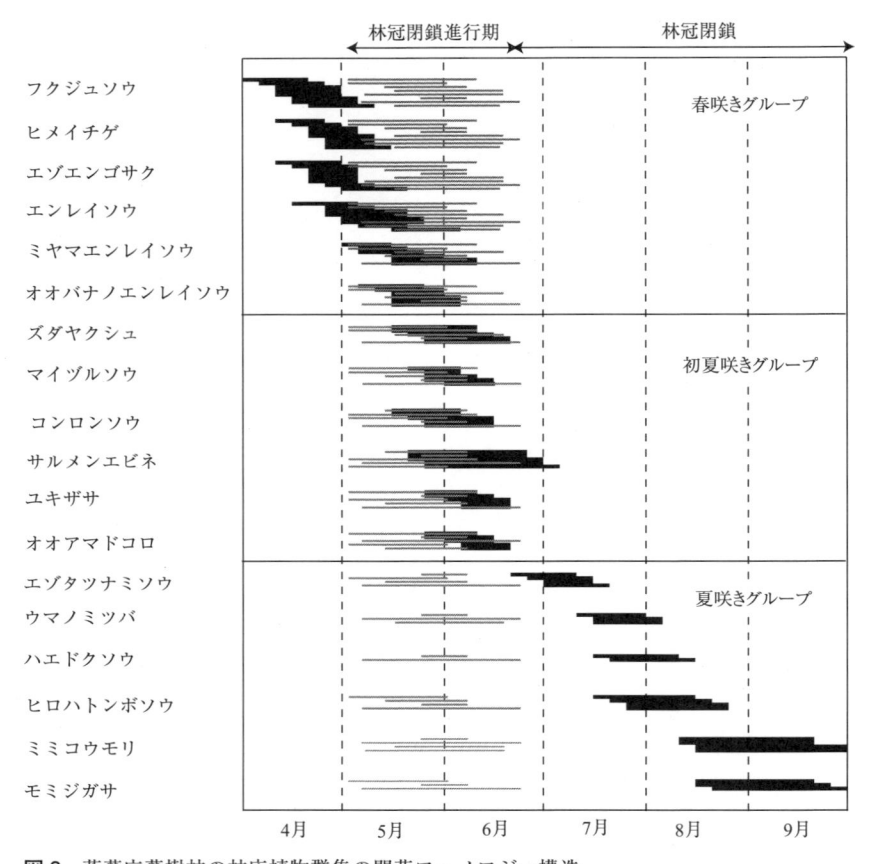

図2 落葉広葉樹林の林床植物群集の開花フェノロジー構造.
黒線が開花時期,灰色線が林冠の閉鎖が進行する期間(開葉開始から完全に閉鎖するまでの期間)を示す.種により2～8年のデータを示す.開花期の光環境によって,春咲き植物,初夏咲き植物,夏咲き植物の3グループに分けられる.北海道大学苫小牧研究林での観察結果.Kudo et al. (2008)を改変.

　林床の虫媒花植物群集の開花フェノロジーを比較すると,おもに三つのグループに分けられる(図2).一般に春植物と総称される「春咲きグループ」は雪解け直後に一斉に開花し,明るい環境で急速に成長し,林冠木の展葉により林内が暗くなるまでに生産と繁殖活動をほぼ完了する.春咲き植物はシーズン初期の光資源の豊富な時期に活発な光合成を行うことにより,成長と繁殖を同時に行う生活史をもつ.主な構成種は,フクジュソウ・カタクリ・

エゾエンゴサク・チゴユリ・ヒメイチゲ・エンレイソウである．

　林冠木の開葉の開始時期から完全に林冠層が閉鎖する初夏（5月下旬から6月）に集中して開花する「初夏咲きグループ」は，春の明るい時期にまず栄養成長と花芽形成を行う．開花期間中に林冠木の開葉が進むため，光量は急激に低下し，暗い環境で種子を成熟させる．すなわち開花から種子生産にいたる繁殖期間中に光環境が劇的に変化する．主な初夏咲き植物として，ユキザサ・コンロンソウ・マイヅルソウ・ズダヤクシュ・サルメンエビネ・オオアマドコロなどがある．

　林冠が完全に閉鎖した後の暗い環境で開花結実する「夏咲きグループ」は，明るい時期にはおもに栄養成長を行い，成長が完了した後に繁殖を開始する．春植物や初夏咲きグループに比べると開花シーズンは7月から9月と長い．おもな植物は，ミミコウモリ・モミジガサ・チシマアザミ・ウマノミツバ・エゾタツナミソウなどである．

　このような林床植物の開花パターンは，光資源の利用形態を反映した生活史特性を示すものである．春植物は一般に高い光合成速度をもち，花期は短く，開花から種子生産までの期間も短い．このような短期の生育期間は，明るい環境下で最大光合成速度を持続させて活発な光合成を行うことにより可能となる．これに対して，初夏咲きや夏咲き植物は，林冠閉鎖後に光合成速度は急激に低下し，暗い環境下で生育をつづける．これは，シーズン初期の成長期には旺盛な光合成を行うが，その後の繁殖期には弱光環境下で細々と光合成を行っていることを示している．重要なことは，林内の光環境の季節性は，林冠木の葉群動態がもたらした生物現象だということである．落葉樹の開葉時期は，おもに早春の気温によって決まる（Gordo and Sanz 2005）．明るい上層部に葉を展開する樹木にとって，開葉フェノロジーの制限要因は温度である．しかし，林床に生育する植物にとって，一番の制限要因は樹木が作り出した光資源の季節変動である．すなわち，落葉広葉樹林生態系のフェノロジー構造は，植物の階層構造が作り出した光資源の時間変動を反映したものなのである．

(3) 高山生態系の開花フェノロジー構造

　高山生態系は,山岳地域上部の寒冷環境に現れる隔離された生態系である.高山環境は,低温,強風,多雪など厳しい気象的な制約があるので,高山植物の生活は物理的環境の影響を強く受けている.高山生態系の基本的な構成要素は,風衝地と雪田である.風衝地というのは,山頂や稜線部,冬期に季節風の吹きつける北西斜面上部に現れる立地であり,冬期でもほとんど積雪がない.そのため,地表は厳しい寒気にさらされ,土壌は深くまで凍結する.風衝地に生育する植物は,厳しい寒さや乾燥への耐性が要求される.一方で,雪田は,窪地や季節風の風下となる南東斜面に現れる雪の吹きだまりとなる立地で,夏まで雪渓が残るような場所である.深い積雪による断熱効果のため,冬でも土壌凍結が起こらず,比較的暖かい環境で植物は越冬できる.しかし,雪解けが遅いために生育期間は短く,短期間で成長・開花・結実を完了することが要求される.高山生態系は風衝地と雪田を両極とする環境が微地形を反映したモザイク状に形成されており,風衝地から雪田に向かっての雪解け傾度に沿って,植生が連続的に入れ代わった構造をもっている.風衝地から雪田への連続体は数十mといったわずかな範囲でも現れ,このような局所的な環境傾度の存在は,高山生態系の生物多様性の維持機構としてきわめて重要である(工藤 2000b).

　高山植物の生育開始や開花時期は,雪解け時期と密接に関連している.雪解けの遅れは開花時期の遅れを引き起こすので,同じ植物であっても雪解け傾度に沿って開花時期は大きく変化する(図3).一つの植物群集には早く開花する種も遅く開花する種もいるので,それぞれの群集ごとに特有の開花の季節性がある.たとえば風衝地の植物群集では,5月末から早咲きのウラシマツツジやコメバツガザクラが開花し,その後ミネズオウ・イワウメ・コケモモ・イソツツジ・タカネオミナエシ・シラネニンジン・ウスユキトウヒレンと8月上旬まで入れ代わり開花がつづく.このような群集ごとの開花パターンが,雪解け傾度に沿って隣接する群集間で連続的に生じているのである.雪解けの遅い場所では早い場所に比べて,1か月以上も遅れて開花がはじまる.場所によっては7月下旬にようやく雪が解け,8月に入ってから開

第6章 ランドスケープフェノロジー

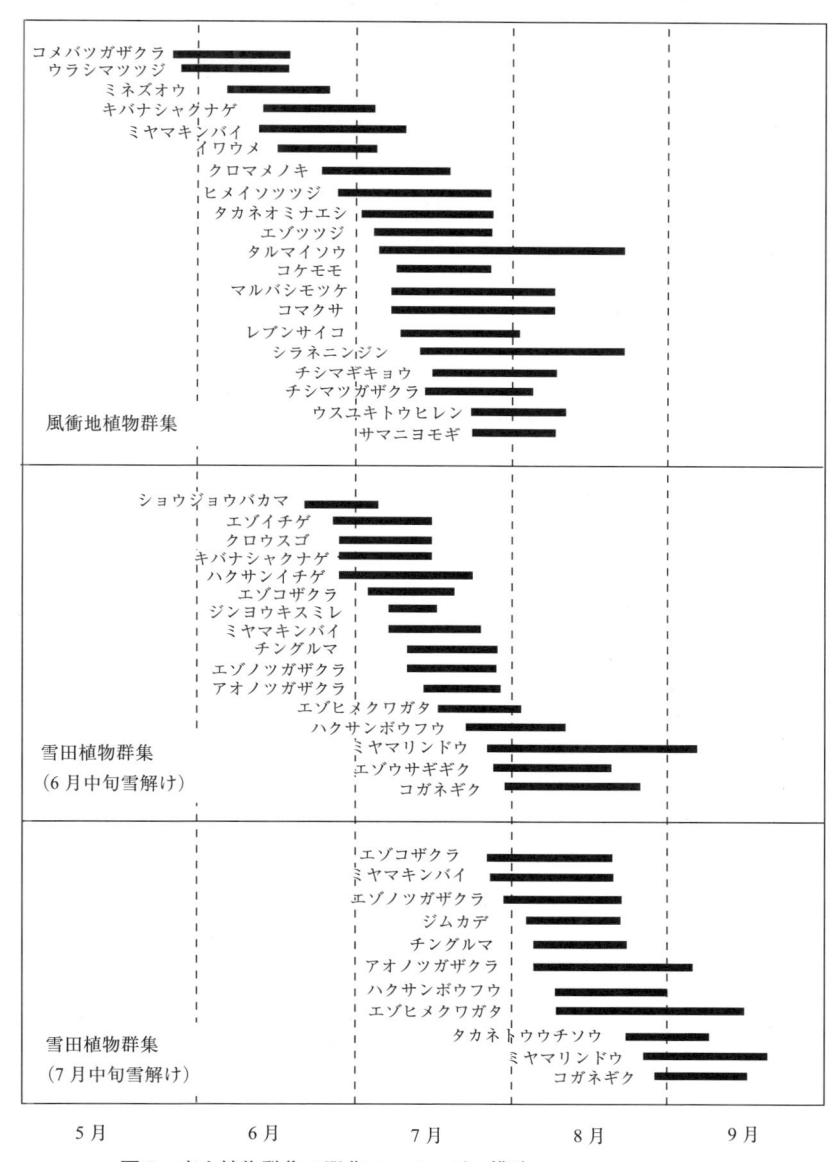

風衝地植物群集
- コメバツガザクラ
- ウラシマツツジ
- ミネズオウ
- キバナシャクナゲ
- ミヤマキンバイ
- イワウメ
- クロマメノキ
- ヒメイソツツジ
- タカネオミナエシ
- エゾツツジ
- タルマイソウ
- コケモモ
- マルバシモツケ
- コマクサ
- レブンサイコ
- シラネニンジン
- チシマギキョウ
- チシマツガザクラ
- ウスユキトウヒレン
- サマニヨモギ

雪田植物群集（6月中旬雪解け）
- ショウジョウバカマ
- エゾイチゲ
- クロウスゴ
- キバナシャクナゲ
- ハクサンイチゲ
- エゾコザクラ
- ジンヨウキスミレ
- ミヤマキンバイ
- チングルマ
- エゾツガザクラ
- アオノツガザクラ
- エゾヒメクワガタ
- ハクサンボウフウ
- ミヤマリンドウ
- エゾウサギギク
- コガネギク

雪田植物群集（7月中旬雪解け）
- エゾコザクラ
- ミヤマキンバイ
- エゾノツガザクラ
- ジムカデ
- チングルマ
- アオノツガザクラ
- ハクサンボウフウ
- エゾヒメクワガタ
- タカネトウウチソウ
- ミヤマリンドウ
- コガネギク

5月　6月　7月　8月　9月

図3 高山植物群集の開花フェノロジー構造．
風衝地群集，雪解けの早い雪田群集，雪解けの遅い雪田群集の例を示す．北海道大雪山系での観察結果．工藤（2000a）を改変．

157

花がはじまる．そのような場所では9月中旬まで開花がつづくが，遅咲き植物の多くは，結実前に凍害を受け種子生産に失敗する．雪解けの遅い雪田では，数年に一度訪れる雪解けの早い年にのみ種子生産が可能となる．潜在的に短い高山帯の生育シーズンの中で，1か月の季節の違いは温度的にも開花期の気候条件を大きく変化させる．個々の群集では開花期間は2か月足らずであるが，雪解け傾度の存在により地域全体の開花期間は4か月近くつづくことになる．このように，高山生態系の開花フェノロジー構造は非常に複雑である．すべては，微地形が作り出す積雪分布の不均一性がなせる業であると言えよう．

3 森林生態系のフェノロジーを介した生物間相互作用

(1) 林床植物群集のフェノロジカルシンドローム

　植物群集内の開花パターンは，実際の種子生産とどう対応しているのだろうか．前節では，落葉広葉樹林の林床植物群集には，おもに春咲き，初夏咲き，夏咲きの三つのフェノロジーグループが存在することを述べた．このような生活史の違いは，林床へ到達する光エネルギーの利用方法の違いを表している．林冠木の開葉フェノロジーが作り出す光資源の季節変動に対して，林床植物はそれぞれの繁殖スケジュールに合わせた繁殖への資源分配を行っている．そしてそれは，フェノロジータイプごとに種子生産の類似性を生み出している．この開花フェノロジーと関連した繁殖特性をフェノロジカルシンドロームという（Kudo et al. 2008）．

　図4は，北海道大学苫小牧研究林で8年間にわたり観察した主要な林床草本植物15種の結実状況をまとめたものである．典型的な春咲き，初夏咲き，夏咲きそれぞれ5種の結実状況をみると，グループ間にある傾向が認められる．春咲き植物と夏咲き植物は一般に高い結実を示すのに対して，初夏咲き植物の結実率はきわめて低いのである．植物の種子生産に影響する至近要因は，大きく分けて花粉制限と資源制限がある．花粉制限とは，花粉媒介がう

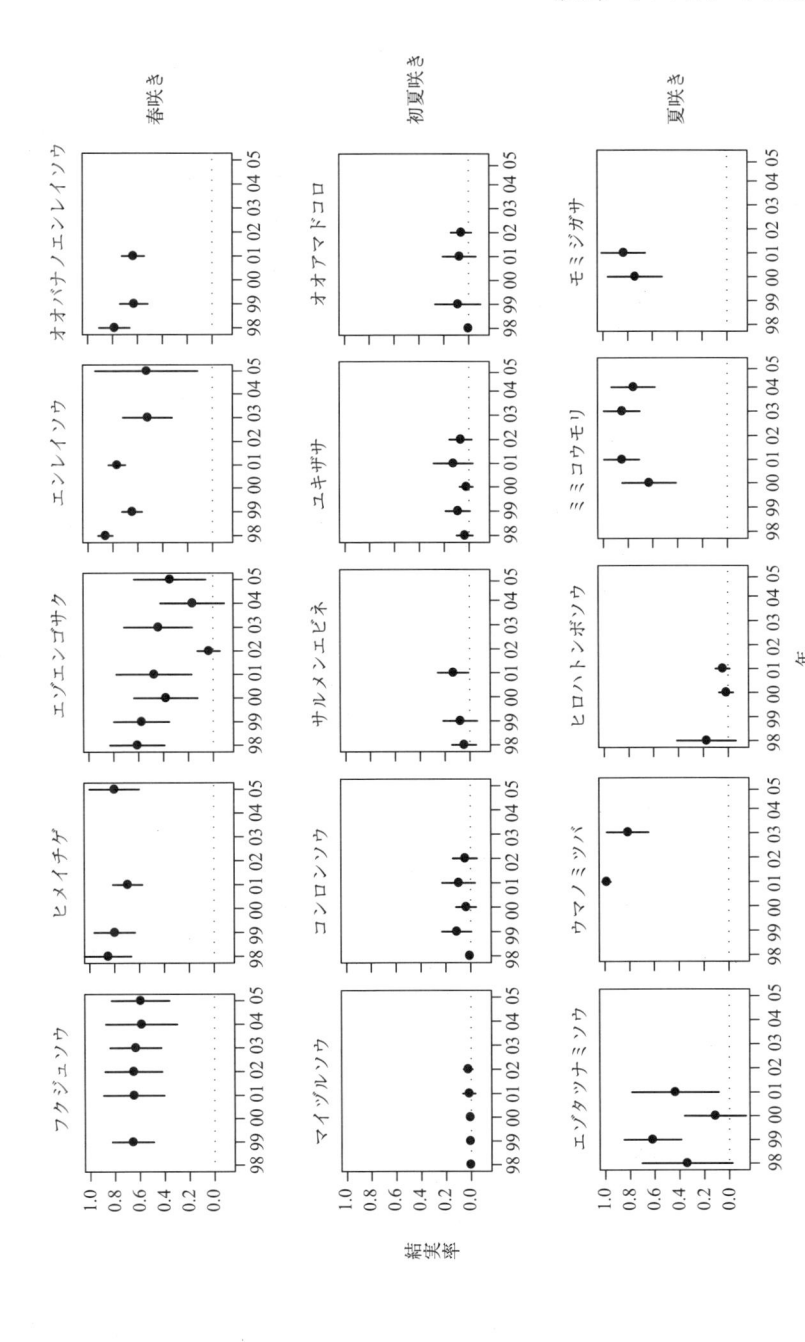

第 6 章　ランドスケープフェノロジー

図 4 冷温帯落葉広葉樹林の林床植物群集の代表的な草本植物 15 種の結実率の経年変化.
春咲き植物（上段），初夏咲き植物（中段），夏咲き植物（下段）それぞれ 5 種のデータを示した．種により 2 ～ 8 年のデータ（平均値と標準偏差）を示す．
Kudo et al. (2008) を改変.

まく行われないために受精ができず種子生産に失敗することである．虫媒花ではポリネーターの活動が低いか，ポリネーターがいても他の植物に奪われてしまうために（ポリネーター獲得競争）花粉がうまく運ばれないことが花粉制限の原因となる．一方で資源制限とは，花粉媒介がうまく行われ受精が成功したとしても，種子生産に要する資源（炭素，養分，水分など）が不足しているために結実が制限される状況を指す．これ以外にも，凍害などによる花の損傷や，被食による花や果実の損失が重要となる場合もある．階層構造が発達した森林群集において，もっとも重要な資源は光量，すなわち光合成によって獲得できる炭素である．

　林冠木の開葉前に大方の繁殖活動を終えてしまう春植物にとって，光は制限にならない．春植物の光合成能力は一般的に非常に高く，短期間で効率的な炭素獲得を行うことができるので，種子生産は資源制限を受けることは少ない．一方で，春植物の種子生産は花粉制限の影響を受ける場合がある．図4を見るとわかるように，春植物5種のうち4種は結実率の年変動が小さく，平均して安定した種子生産を行っている．それら4種はいずれもハエ類に花粉媒介を依存している植物で，自殖能力も高い．それに比べてエゾエンゴサクの結実率は年変動が激しく，ほとんど種子が生産されない年もある．エゾエンゴサクはマルハナバチ媒（マルハナバチが花粉を媒介する）の自家不和合性植物であり，ポリネーターの影響を受けやすい．これについては後で詳しく述べることにする．

　樹木の開葉がはじまり，林内が暗くなりはじめる頃に開花し，林冠閉鎖後の暗い環境で種子生産を行う初夏咲き植物は，結実率が非常に低い．他家受粉処理を行っても結実率はそれほど増加しないことから，花粉不足が種子生産を制限しているのではなく，繁殖シーズンを通した光環境の変化が重要であることがわかる．初夏咲き植物の花芽は林冠閉鎖前の明るい時期に発達する．この時期に植物は，豊富な光を利用して活発な光合成を行い，急速に成長する．しかし，開花の頃から林内は暗くなりはじめ，果実生産がはじまる頃には光合成による炭素獲得量は急激に減少する．すなわち，果実生産の時期には極度の資源不足が生じるのである．ではなぜ初夏咲き植物はこのような非効率的な繁殖特性を示すのだろうか．生産できる果実量に応じた花生産

を行うとか，明るい時期に稼いだ資源を蓄えて，種子生産に投資するなどの方法を取らないのはなぜだろうか．

　森林内の光環境は空間的に一様ではなく，林縁やギャップなど明るいスポットが存在する．そこでは，初夏咲き植物であっても結実率は高い傾向がある．多くの初夏咲き植物は多年草であり，多回繁殖を行う．ギャップ形成のような攪乱は，植物にとっては予測できない出来事である．そこで，毎年そこそこの花生産を行いつつ，多くの資源を翌年の生存や成長のために優先的に蓄積し，果実形成期の光資源に応じた種子生産を行うといった，保守的ともいえる資源分配を行っていると考えられる．初夏咲きの植物にとって，種子生産がさかんに行われるのは，林縁やギャップなどの明るい光環境に遭遇したときに限られるようだ．

　夏咲き植物は林冠閉鎖後に花芽形成がはじまるので，花生産から果実生産まで暗く安定した環境で繁殖活動が進行する．光合成による炭素獲得は制限されるが，低いながらも安定した炭素獲得に見合った繁殖活動を行うことによって，高い結実率を達成していると考えられる．シーズン始めの明るい時期には成長と貯蔵を行い，暗くなってから繁殖に費やすことのできる資源に見合っただけの花生産と種子生産を行っているのであろう．夏咲き植物にとって，暗い林内でいかにポリネーターを誘引し，花粉媒介を効率的に行うかが重要となる．マルハナバチ媒のエゾタツナミソウは，夏咲き植物の中では結実率が低く，かつ年変動が大きい．これは，ポリネーターの有効性が変動しやすいことを示している．

(2) 森林生態系の送粉系ネットワーク

　これまでは，林冠木の開葉フェノロジーが作り出す光資源の季節変動が，林床植物の開花フェノロジー構造と繁殖特性に及ぼす影響について見てきた．つまり，上層から下層への一方向的な作用についてであった．つぎに，森林生態系のマルハナバチを介した送粉系に着目しよう．ポリネーターは空間的に離れた植物群集や生態系の間を移動することができる．それによって植物個体群間に遺伝的な交流が生じ，メタ個体群構造が形成されたり，植物種間でポリネーター獲得をめぐる競争が生じたり，ときには種間交雑が起き

たりする．一方で，植物群集の開花フェノロジー構造は景観スケールでマルハナバチの資源利用形態を方向づけ，花粉・花蜜資源量の変動はマルハナバチの個体群動態に影響を及ぼす．

　マルハナバチは，冷温帯以北の寒冷生態系でもっとも重要なポリネーターの一つである．日本には 20 種ほど生息しており，その半数は北海道に分布する．まずは，その生活環について簡単に説明しよう．マルハナバチの女王バチは単独で地中で越冬する．春の雪解け後に活動を開始し，営巣場所の探索を始める．この時期はおもに花蜜のみを利用する．そして古いネズミの巣穴などに営巣し，第一ワーカー（働きバチ）を育てる．この時期から幼虫の餌となる花粉も集めるようになる．数週間でワーカーが羽化すると，花蜜や花粉集めはワーカーが行うようになり，女王バチは巣穴で産卵に専念する．季節の進行とともにコロニーは拡大し，そのサイズに応じたオスバチと新女王バチを生産し，やがてコロニーは消滅する．巣立ったオスバチと新女王バチは交尾後，新女王バチのみが生き残り越冬する．

　雪解け後ただちに開花する春植物は，越冬から目覚めた女王バチにとって重要な蜜源植物である．エゾエンゴサクなどのマルハナバチ媒植物にとっても，越冬女王バチは重要なパートナーである．早春は開花している植物種が少ないため，春植物はマルハナバチを独占することができる．しかし，この時期は気温が低く，夜間には氷点下になることもある．低温はマルハナバチの活動を低下させるので，植物にとっては花粉制限を受けやすい時期でもある．気温の上昇する春から初夏にかけて，落葉広葉樹林ではカエデ属植物，サクラ属植物，ツツジ科植物などの開花がはじまる．樹木は大量の花を咲かせるので，マルハナバチにとっては草本植物よりも利用しやすい資源である．また，この時期はコロニーの創設初期であり，少ないワーカーで花粉や花蜜を集めなくてはならないので，大量に生産される樹木の花はたいへん重要な資源である．早春には林床で採餌を行っていたマルハナバチは，林冠の開花がはじまると一斉に林床を去る（Inari 2003）．そのため，林床植物はたちまちポリネーター不足に陥るのである．林冠がすっかり閉ざされる 6 月中旬頃，林冠層の開花はいったん終了する．では林冠部の餌資源がなくなると，マルハナバチは再び林床へと戻ってくるのだろうか．マルハナバチは基本的には

明るい環境で採餌を行うので，林冠部の閉ざされた暗い林床ではあまり採餌を行わない．夏季の主な採餌場所は林床でなく，林縁や森林に隣接する草地や湿原となるのである．また，山地では標高を移動して高山帯まで採餌範囲を広げている事例も知られている (Tomono and Sota 1997).

マルハナバチが森林生態系を離れ，他の生態系へと移動するのは，それぞれの生態系にみられる植物群集の開花フェノロジー構造の違いによるものである．季節を通して明るい状態がつづく草地・湿原・海浜植物群集では，開花シーズンが長期間に及ぶ傾向がある．そして，夏に多くの種の開花がピークを迎える．夏から秋にかけては，キキョウ・リンドウ・アザミなど多くのマルハナバチ媒植物が花を咲かせるので，マルハナバチにとって資源を利用しやすい時期である．山地では標高の増加にともなって気温が低下していくので，有効積算温度の蓄積は緩やかに進む．そのため，同じ植物であっても標高が増すにともなって開花時期は遅くなる．

このような開花フェノロジー構造の時空間的変動に応答して，マルハナバチは生態系間を季節的に移動する．すなわち，同じ植物群集内の種間のみならず，異なる植物群集の種間にもポリネーターをめぐる競合関係が生じているのである．生態系間でポリネーターの季節移動があるということは，景観スケールで生物間相互作用のネットワークがあるということである．たとえば，越冬直後の蜜源植物が不足した場合，マルハナバチの創設コロニー数やコロニーサイズが減少し，ワーカー生産が少なくなり，夏に咲く植物への「ポリネーションサービス」が低下することになるかもしれない．森林生態系と湿原生態系などのように，異なるフェノロジー構造をもった植物群集を有する生態系が隣接することにより，マルハナバチ個体群が安定して維持されるのかもしれない．

植物が提供する資源量の変動により，ポリネーターの個体群変動が引き起こされる例はいくつか紹介されている．たとえば，東南アジアの熱帯多雨林では，数年に一度多くの樹木が大量に開花する一斉開花現象が認められ (湯本 1999)，そのような不定期に現れる大量の餌資源に反応してミツバチやハリナシバチが急激に増加する (Nagamitsu et al. 1999; Itioka et al. 2001)．ポリネーターの個体数変動は，生態系のポリネーションサービスに波及効果をもた

らすはずである．しかしながら，生態系が有している開花フェノロジー構造に着目した 3 者間以上の送粉系相互作用の波及効果については，これまでほとんど研究されてこなかった．数少ない研究例の一つとして，冷温帯落葉樹林で明らかとなったマルハナバチとマルハナバチ媒植物群集の機能的ネットワークについて紹介しよう．

　コロニー創設初期の餌資源量はワーカー生産に直接影響するので，林冠層の開花量の変動は，その年に生産されるワーカー数を大きく変動させるだろう．また，ワーカー生産が多いとそれだけ多くの餌資源が巣へ運び込まれるので，多くの新女王バチが生産されるだろう．翌春の越冬女王バチの個体数の増加は，蜜源植物である春植物へのポリネーションサービスを高め，種子生産は増加すると期待される．北海道大学苫小牧研究林で行われた 5 年間のモニタリングによると，林冠木の開花量は年により 50 倍もの年変動がある．そして，ウィンドウトラップによって捕獲されたエゾコマルハナバチとエゾオオマルハナバチのワーカー数は，その年の林冠層の花生産と強い正の相関がみられ (Inari et al. 2003)，翌年の越冬女王バチ密度との間にも正の相関が認められた．さらに，越冬女王バチの個体密度が低い年にはエゾエンゴサクの種子生産が花粉制限により低下するという，予測通りの現象が認められた．以上の観察例は，森林生態系が作り出す開花フェノロジー構造と花生産の年変動が，送粉系を介して機能的なネットワークを構築していることを如実に示している．

4 高山生態系における送粉系の季節動態と遺伝子流動

(1) 開花時期と種子生産

　第 2 節で述べたように，高山生態系における複雑な開花フェノロジー構造は，植物群集内の季節的な種間の開花推移と，それが雪解け傾度に沿った群集間で繰り返されることによる時空間変動の組み合わせによって形作られる．雪解け傾度の存在により地域全体の開花期間が延長され，同種の植物で

も場所を変えて開花が繰り返される．このような複雑な開花フェノロジー構造は，花蜜や花粉を餌資源として利用するポリネーターにとってたいへん有利である．ポリネーターはそれぞれの季節の中でもっとも利用しやすい植物を選んで訪花するので，高山植物は同じ群集内で開花時期が重複する種間だけでなく，異なる群集で同時期に咲く植物種ともポリネーター獲得をめぐる競合関係にある．季節とともに気候条件は変化し，それと対応してポリネーターの種組成や活動も変化する．同じ植物であっても，雪解け傾度に沿って開花時期が大きく異なるので，受粉や結実の成功度は開花時期によって大きく異なる．シーズン初期は気温が低いためにポリネーターの活動は低い．風衝地で開花がはじまる5月末にみられる訪花昆虫はハエ類のみである．マルハナバチの越冬女王は6月上旬から中旬にかけて現れるが，活発に採餌を行うワーカーの出現は通常7月中旬以降である．気温のもっとも高くなる7月下旬から8月中旬が季節を通じて一番ポリネーターの種類や活動が高い時期である（工藤 2000b）．

　このようなポリネーターの季節性を反映して，高山植物の結実は開花時期と強く関連している．風衝地群集には多くのツツジ科低木種が生育している．ツツジ科植物は一般に自家和合性を示すものが多いが，受粉成功を高めるためにはポリネーターの訪花が必要である．風衝地群集で10種の低木植物について開花時期と結実率の関係を調べた結果，6月上旬に咲く早咲き種（ウラシマツツジ・コメバツガザクラ・ミネズオウなど）は非常に結実率が低いが，7月中旬以降に咲く遅咲き種（ヒメイソツツジ・エゾツツジ・チシマツガザクラなど）では結実率が高い傾向が認められた（図5）．早咲き種に人工受粉処理を行うと結実率は飛躍的に増加することから，このような種間でみられる開花時期と結実成功の関係は，ポリネーターの活動が季節的に変化した結果であることがわかる．

　ではなぜ，早咲き種はポリネーターの少ない時期に開花するのだろうか．一つには，生活史の制約が考えられる．たとえば，落葉低木種のウラシマツツジは，開葉に先立って開花する．開花の遅れが開葉時期を遅らせることになれば，光合成期間が制限され，成長に影響が出るかもしれない．また，開花から結実までに要する期間が長い植物では，結実期間を確保する必要性か

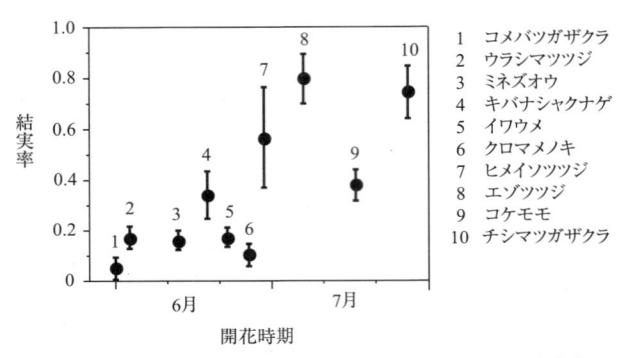

図5 高山風衝地群集の矮生低木10種の開花フェノロジーと結実率の関係.
平均値と標準偏差を示す.Kudo and Suzuki (2002) を改変.

ら早い時期に開花する可能性も考えられる.風衝地にみられる早咲き種は,9月になってようやく種子が成熟するものも多く,開花時期の遅れは結実までの時間不足を引き起こし,種子生産の低下につながりかねない.ツツジ科低木の重要なポリネーターはマルハナバチである.しかし,越冬した女王バチの訪花頻度はワーカーに比べて非常に低く,植物にとって十分なポリネーションサービスは期待できない.年によっては,早咲き種の開花期にはまだ越冬女王バチは活動を始めていない.高山低木植物は一般にきわめて長寿であり,寿命が数百年以上と推定されているものも多い.生涯のうち数百回と繰り返される繁殖活動の中で,運よくポリネーションサービスを享受できたときにのみ,これらの植物は種子生産を行えるのであろう.一方でこれら早咲き植物の存在は,早い時期に冬眠から目覚めたマルハナバチにとって非常に重要な蜜源である.早咲き植物の存在が,マルハナバチを高山帯に留めておく役割を果たしているのであれば,その存在はより遅い時期に咲く植物にとって重要となる.

　種内の開花・結実現象に対しても同様のことがいえる.雪解けの早い個体群ではポリネーターの活動が低いために結実率は低いが,雪解けの遅い個体群ではポリネーターの訪花頻度が高いので結実率が上昇する.このような傾向は,キバナシャクナゲ・エゾコザクラ・ハクサンボウフウ・ヨツバシオガマ・ミヤマリンドウなど多くの植物で観察されている (Kudo 1991, 1993; Kudo and Hirao 2006など）．一方で，雪解けが非常に遅いために開花時期が遅れたときには，結実前に降雪がはじまり，種子生産に失敗することもある．このように，生育期間が短く季節性の明瞭な高山生態系では，植物の種子生産は開花時期と密接な関係がある．

　種子生産量だけでなく，生産された種子の質も開花時期と密接に関係している．種子の質とは，発芽活性や遺伝的多様性のことである．近交弱勢のために自殖種子の発芽率や実生の生存率が他殖種子に比べて低い場合，自殖種子の生産は不利である．季節によってポリネーターの種組成や行動が変化するとき，開花時期によって他殖率に違いが生じることも考えられる．たとえば，季節的にポリネーターの活動が低下したり，同じ花序に長く留まる傾向があるとすれば，同花受粉や隣花受粉（同じ個体内の花間移動による自家受粉）により自殖が促進されるかもしれない．雪田環境に生育するアオノツガザクラの自殖率は，雪解け傾度に沿って開花期の遅れとともに低下する傾向が見出された．これは，ポリネーターの訪花頻度や行動が季節的に変化するためと思われる．

　ポリネーターの訪花行動の季節的変化は，媒介する花粉の遺伝組成に影響する場合もある．たとえば，風衝地に生育するキバナシャクナゲは6月中旬に開花するが，この時期はハエ類や越冬直後のマルハナバチ女王がたまたま訪花する程度である．一方で，雪田に生育するキバナシャクナゲはシーズン半ばの温暖な時期に開花するので，花粉を集めるマルハナバチのワーカーに頻繁に訪花される．ワーカーによる訪花頻度は，女王バチの実に数十倍にも達する．このようなカースト間の行動の違いを反映して，風衝地個体群では果実あたりで生産された種子の遺伝的多様性が低いが，雪田個体群では多数の花粉親からなる遺伝的に多様な種子を生産する傾向がみられた（Hirao et al. 2006）．

　群集内で同時開花する近縁種の存在によって，種間交雑が起きる場合もある．エゾノツガザクラとアオノツガザクラはいずれもマルハナバチに訪花される近縁植物である．雪解けの早い雪田上部では，エゾノツガザクラが優占し，アオノツガザクラの密度は低い．ところが，雪解けの遅い場所では，エゾノツガザクラはほとんど生育していない．また，両者の一代交雑種である

コエゾツガザクラは，北海道の高山帯に広く分布しており，その分布域はほぼアオノツガザクラと重複する．分子マーカーを用いた遺伝解析の結果，雪解けが早い場所に現れるコエゾツガザクラは花粉親がアオノツガザクラで種子親がエゾノツガザクラであることが確かめられた．一方で，雪田中央部の雪解けが遅い場所のコエゾツガザクラは，花粉親がエゾノツガザクラで種子親がアオノツガザクラであった．

　雪解け傾度に沿った花粉親と種子親の逆転現象は，マルハナバチによる花粉散布の方向性によって作られたものではないかと考えている（Kameyama et al. 2008）．エゾノツガザクラのいない雪田中央部では，周囲に生育しているエゾノツガザクラから花粉が運ばれてアオノツガザクラの柱頭へ付着し，雑種形成が起こったのであろう．雪解け傾度に沿って開花期は変化するので，通常の状態では雪解けの早い場所にいるエゾノツガザクラと，遅い場所に生育しているアオノツガザクラの個体群間で交雑が起こることはないが，過去の気候変動の中で，雪解けが急速に進み，その結果，広い範囲で開花が重複して起こるような状況が生じていた時期があったのかもしれない．そのとき，両種間で交雑が起きたのかもしれない．ツガザクラ類は時として 10m 以上の巨大クローンを形成することがあり，その年齢は 1000 年前後あると推定される．したがって，現在の高山生態系には過去の気候変動により生じたフェノロジー構造の影響がいまだ残っている可能性がある．

(2) 開花フェノロジーの変異と遺伝子流動

　山岳地域の複雑な地形を反映して，雪解け傾度は高山生態系のいたる所に形成される．空間的に散らばった局所的な雪解け傾度に沿って，同一植物種の開花は季節的に推移する．マルハナバチなどのポリネーターは，開花ピークにある植物パッチを移動しながら採餌を行い，その範囲は数 km に及ぶため，空間的に多少離れていても開花が同調している個体群間で花粉媒介を行うと考えられる（Westphal et al. 2006）．一方で，開花の重複が起こらない個体群間では，近隣個体群であっても花粉媒介による遺伝的交流（すなわち遺伝子流動）は制限されている．固着性の植物が空間を移動するのは，花粉散布（配偶体）と種子散布（胞子体）のときだけなので，種子散布距離が短い植物

では，ポリネーターの移動を反映した花粉散布が個体群の遺伝構造に影響している可能性がある．遺伝的な交流がさかんな個体群間ほど対立遺伝子の共有が強まり，遺伝的類似度は高くなる．もし花粉散布を介した遺伝子流動が個体群間の遺伝構造を形成する主要因であるならば，ポリネーターの移動能力に応じて，同時期に開花する個体群間で遺伝的類似度が高くなるだろう．一方，種子散布により遺伝構造が決定されている状況では，個体群間の距離が長くなるほど遺伝的類似度が弱まっていくだろう．

　高山植生は微環境を反映したモザイク状の構造をしているので，花粉散布を介した遺伝構造が形成されやすい．クローンによる増殖を行わない草本植物3種で集団間の遺伝的類似度を調べた研究を紹介しよう（Hirao and Kudo 2004）．空間的に数百mから数km離れた三つの雪解け傾度（サイト）のそれぞれで，雪解けが早い，中程度，遅い三つのプロットを設け，合計九つの個体群間で遺伝的類似度を比較した（図6）．各サイト内の雪解け傾度に沿ったプロットは100～200m離れている．もし開花の同調による花粉散布を介した遺伝子流動があるならば，地理的な距離が離れていても開花が同調する個体群間で，開花の重複が少ない個体群間よりも遺伝的類似度が高まると期待される．これを「フェノロジカルな距離の効果」とよぶ．

　一方で，花粉散布による遺伝子流動がそれほど顕著ではない場合，地理的距離の効果によって，サイト間よりもサイト内のプロット間で遺伝的類似度が高くなると考えられる．アロザイムマーカーを用いた遺伝解析の結果，ミヤマリンドウとエゾヒメクワガタは，フェノロジカルな距離に依存した遺伝的な構造が検出された．すなわち，開花が同調する個体群間で花粉媒介による遺伝子流動が，地理的距離による隔離の効果を上回っていたのである．一方で，ハクサンボウフウはフェノロジカルな距離に依存した遺伝的な構造は検出されず，遺伝的類似度は地理的距離を反映していた．このような種による違いは，ポリネーターの行動の違いであると思われる．エゾヒメクワガタとミヤマリンドウはおもにマルハナバチにより花粉が散布される．一方で，ハクサンボウフウの主要なポリネーターはハエやハナアブである．ハエ類はマルハナバチに比べて行動圏が狭く，花粉散布距離は短いと考えられる．すなわち，送粉系を介した遺伝子流動のスケールとそれがもたらす高山植物個

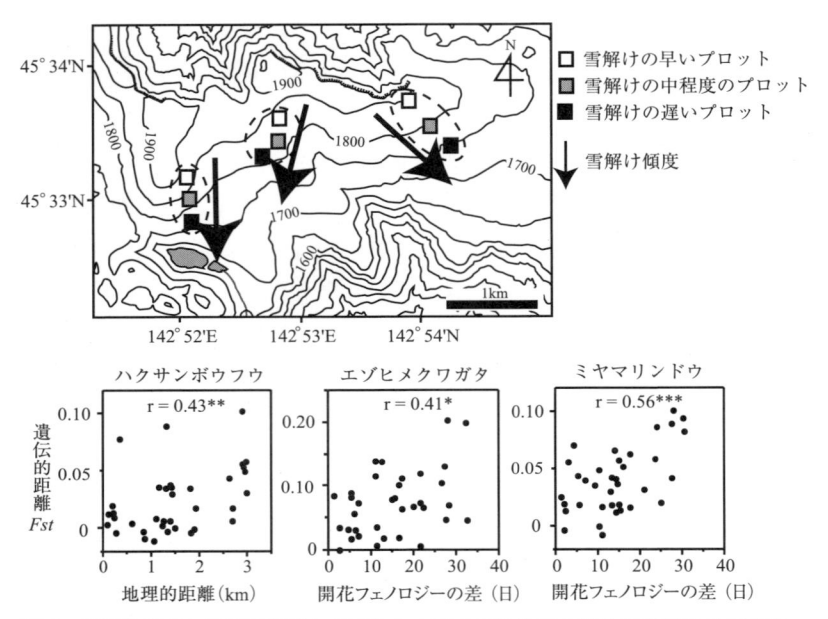

図6 雪解け傾度と地理的距離を考慮した3種の雪田性高山植物個体群の遺伝構造.
地理的に離れた三つの雪解け傾度にそれぞれ三つの調査プロットを設け，それぞれのプロットに生育する植物の遺伝変異をアロザイムマーカーにより調べた．花粉散布により遺伝子流動が引き起こされる場合は開花が同調する個体群間の遺伝的類似度が高まり，種子散布距離により引き起こされる場合は地理的距離とともに遺伝的類似度は減少する．ミヤマリンドウとエゾヒメクワガタは雪解け傾度に沿って開花の同調性を反映した遺伝的類似度がみられ，ハクサンボウフウは地理的距離を反映した遺伝的類似度が検出された．Hirao and Kudo (2004) を改変．

体群の遺伝的な構造は，開花の時空間的変異とポリネーターの種類によって異なるのである．

　遺伝子流動の方向性を決定するという機能以外に，雪解け傾度の存在は局所個体群に選択圧として作用している可能性がある．たとえば雪解けの遅い場所では，短期間で繁殖活動が行える速やかな開花が有利かもしれないし，短い生育期間の中で急速に成長し，集約的な光合成活動を行うような生理特性が進化するかもしれない．自然淘汰による形質進化は，選択圧が作用する形質に個体間変異があり，有利な性質をもった個体が多くの子孫を残し，その子孫にも有利な形質が遺伝することにより個体群内に広まっていく．したがって，局所的な環境に作用する選択圧に対する形質進化は，同じような選択圧にさらされている局所個体群間での遺伝子流動が卓越しているほど起こ

りやすい．雪解け傾度に沿った開花推移は，開花時期を同じくする個体群間の花粉流動を引き起こすので，選択圧への形質進化が起こりやすいと考えられる．ミヤマリンドウの生育開始から開花までの温度要求性を比較した結果，雪解けの遅い個体群では開花に要する有効積算温度が低く，雪解け後短期間で開花する性質をもっていることがわかった（Kudo and Suzuki 1998）．雪解けの遅い場所と早い場所で交互移植実験を行っても，その性質は維持されていたことから，それぞれの個体群でみられる開花フェノロジー特性は遺伝的に決定されたものと考えられる（未発表データ）．この結果は，環境傾度が作り出す開花フェノロジー構造が，局所的な選択圧に対する形質進化を促進する機能をもつ可能性を示している．雪解け傾度は高山生態系における自然選択の源の一つとなっている．

5 地球温暖化がフェノロジー構造に及ぼす影響

　地球温暖化は，平均気温の上昇や季節変動の増大により，陸域生態系の季節性を攪乱すると危惧されている．季節性が明瞭な北方生態系では，地球温暖化の影響はとくに春の訪れに顕著に作用すると予測されている（Menzel et al. 2006; Gordo and Sanz 2005）．しかし，生態系を構成するすべての生物が，温暖化によって一様にフェノロジーを早めるわけではない．先に述べたように，温度への感受性やフェノロジー反応の引き金となる環境要因は生物によって異なる．温暖化は有効積算温度に作用するが，日長には影響しないので，温暖化に対するフェノロジー反応は生物によって異なるかもしれない．その結果，生物群集のフェノロジー構造は，現在のものとは異なった構造へと変化していく可能性がある．たとえばこれまで開花時期がずれていた種間で開花時期の重複が起こるとか，林冠木の開葉前に開花していた林床植物が林冠閉鎖後に開花するといった現象が考えられる．ここでは，森林生態系と高山生態系を例に，地球温暖化の影響について考えてみる．

(1) 森林生態系の季節性攪乱

　温暖化によって春の訪れが早まったとき，雪解け時期と樹木の開葉時期の変化が同調するかどうかは，林床植物にとって重要である．温帯林では，林冠木の開葉時期は開葉開始前1～2か月間の平均気温に影響される（Gordo and Sanz 2005）．一方で，春咲き植物の開花時期は，雪解け時期により強く影響されている．雪解け時期は，冬季の積雪量と早春の気温の双方で決まるので，温暖化により冬季の降雪量がどう変化するのかも重要である．ところが，地球温暖化による降水量の影響予測は一貫したものではなく，地域によって，あるいは気候モデルによってさまざまである（IPCC 2001）．温暖化により雪解け時期が林冠閉鎖時期よりも加速されるとき，明るい期間が延長される．一方で，雪解け時期よりも林冠閉鎖時期が加速される場合には，明るい期間は短縮されるので，林床植物の光合成による炭素獲得は制限されるであろう．

　たとえばエンレイソウでは，雪解けが遅く開花時期が遅れた年には，個体間のわずかな開花時期の違いが種子生産に影響する．人為的に被陰のタイミングを調節してエンレイソウの光合成産物の転流を調べた実験では，明るい時期の光合成産物はおもに根茎に貯蔵され，果実への転流は林冠閉鎖が進行する時期に起きていることがわかった（Ida and Kudo 2008）．被陰のタイミングを早めると果実への資源供給が減少し，種子生産が低下した．さらに，翌年の開花頻度も低下した．明るい時期の短縮が長期間つづけば，種子生産の低下にともない実生の供給が制限されるために，エンレイソウ個体群の存続にも影響が及ぶだろう．

　温暖化による気候変動は，植物-動物相互作用にも影響を及ぼす．春の開花時期とポリネーターの出現時期が同調しないと送粉共生系は崩壊し，双方が損失を被る可能性もある．植物の開花がポリネーターの出現時期よりも早まると花粉制限が高まり，種子生産は低下する．一方，開花がはじまる前に出現したポリネーターは餌不足に陥り，生存率を下げるだろう．フェノロジーの変化が送粉共生系に及ぼす影響は，植物の繁殖特性やポリネーターの温度感受性に依存する．

　2002年の春は，過去10年間でもっとも気温が高く，飛び抜けて雪解けが

早かった．札幌周辺や苫小牧では，春植物の開花開始時期が例年に比べて10日から14日早まった．開花時期と結実率の関係は，植物により異なっていた．ハエ・ハナアブ媒花のフクジュソウやニリンソウの結実率は開花が早まっても例年と変わらなかったが，ハチ媒花のエゾエンゴサクやキバナノアマナは結実率を大きく低下させていた (Kudo et al. 2004, 図4)．この違いは，ポリネーターの活動開始に作用する環境要因と関連がある．ハエ類は植物の開花と同時に出現したが，マルハナバチはエゾエンゴサクの開花期にはまだ出現していなかった．この年は記録的に積雪の少ない年で，積雪の断熱効果が弱められ，土壌凍結が顕著であった．そして，通常雪解け直後に凍結土壌の融解が起こる場所でも，雪解け後10日間ほど土壌は凍結していた．マルハナバチの越冬場所は地中であり，土壌が凍結している間は活動をはじめられない．一方でエゾエンゴサクは雪解け直後に生育をはじめるので，この年にはエンゴサクの開花時期とマルハナバチの出現時期が完全にずれたと考えられる．その結果，エゾエンゴサクの種子生産が著しく低下したのであろう．

このように，地球温暖化がもたらす生物間相互作用への影響はきわめて複雑であり，個々の生物の生活史特性を考慮する必要がある．

(2) 高山生態系への影響

高山生態系は陸域生態系の中でもっとも温暖化に対して脆弱であると考えられている (IPCC 2001)．それは，寒冷環境に成立した生態系であること，生態系としての広がりが小さく山岳地域上部に点在していること，低標高から生物が侵入した場合に逃げ場所がないことなどの理由による．厳しい気候条件のため，高山植生は微環境や積雪分布を反映してモザイク状に群集を形成しているが，温暖化にともなう気温上昇や積雪分布の変化は，高山生態系の微細な環境構造を攪乱してしまうおそれがある．たとえば，温度上昇により雪解け時期が早まると，融雪水の供給期間が短かくなり，土壌の乾燥化が進むと考えられる．さらに生育期間の延長により，成長を促進する植物もいるだろう．その結果，種の分布域の変化や植物同士の競争が加速され，群集組成や生物多様性が変化するのではないかと危惧されている．雪解けが加速されて環境傾度の勾配が緩やかになると，植物群集は単調になると予測され

る．

　地球温暖化が高山生態系に及ぼす重大な影響の一つは，景観スケールでの開花フェノロジー構造の変化である．フェノロジー構造の攪乱は現在の遺伝構造を攪乱し，適応形質の崩壊を引き起こしてしまう恐れもある．たとえば，急速に雪解けが進むと広範囲で開花が同調し，これまで遺伝的な交流が制限されていた個体群間で花粉媒介が行われるようになるかもしれない．それにより局所的な環境に適応していた形質の遺伝子が組換えによって変化していく状況も考えられる．さらに，ポリネーターの資源利用形態が変わることにより，種間交雑が起こる可能性もある．温暖化による雪解けの早まりは，日本の高山帯ではすでにはじまっている（Kudo and Hirao 2006）．

　生育シーズン初期の平均気温の上昇は，有効積算温度の蓄積速度を速めるので開花時期が早まると予測される．しかし，シーズン初期には降雪や霜による低温障害を受ける危険性が高まる．風衝地に生育している植物は一般に高い耐寒性を有しているが，繁殖器官の耐寒性はそれほど高くない．そのため，早すぎる開花は霜害の危険性を高める．時折訪れる暖かな年には，風衝地植物の開花が早まり，霜害によりほとんどの花が枯れてしまう現象も観察されている．積雪の保護を受けて越冬する雪田植物は，一般に耐寒性は低い．急速な雪解けにより早い時期に成長がはじまってしまうと，時折訪れる寒波の際に凍害を受けて枯れてしまう危険性がある．生育シーズン初期の凍害は，温暖化が高山生態系に及ぼすもっとも深刻かつ急激な影響であると考えられている（Inouye 2000）．

6 フェノロジー構造がもたらすさまざまな生物間相互作用

　本章では，冷温帯林生態系と高山生態系の開花フェノロジー構造を中心に解説してきた．しかし，植物のフェノロジー特性は，開花現象を含めたすべての生活史ステージに存在する．たとえば，発芽，開葉，落葉，結実，種子散布時期などは，それぞれの植物の適応度に影響するだけでなく，群集あるいは生態系レベルで生物間相互作用にさまざまな形で影響する．一連の生

活史ステージで生じるフェノロジー現象を統合してみていくことは，植物のフェノロジー構造と生態系機能を包括的に理解するうえで重要と思われるので，そのいくつかをごく簡単に紹介する．

(1) 結実時期と種子散布

種子散布者の活動が季節的に変化する場合，結実のタイミングは種子散布効率を高める方向に調節されるだろう．種子散布者がある植物の果実のみを選択的に食べるスペシャリストの場合，特定の植物種の結実フェノロジーが変化するだけだが，さまざまな植物の果実を食べるジェネラリストの場合，多くの植物種で結実フェノロジーが同調する，群集レベルのフェノロジーパターンが形成される可能性がある．たとえば，北半球の温帯地域では，液果（水分を多く含む果肉をもつ果実）を作る植物の多くは秋から冬にかけて結実するが，結実時期は高緯度地域の方が早く，低緯度ほど遅れる傾向がある（小南 1993）．これは，果実食性の渡り鳥の移動時期と対応しており，越冬地の東南アジア山地林では渡り鳥の越冬時期に合わせた結実がみられる（木村 2000）．このような渡り鳥の移動に対応した緯度に沿った結実フェノロジーは，渡り鳥と植物の双方にとって有利なものであり，地球規模の季節勾配が作り出した生物間相互作用の結果であると考えられる．一方で，果実食鳥類相に季節的に明瞭なパターンがみられない地域では，鳥散布植物の結実は通年みられるという（Thompson and Willson 1979）．種子散布効率が，群集全体の結実フェノロジー構造に影響を及ぼしていることを示す一例である．

(2) 実生の出現時期

実生の空間分布は種子散布の空間変異を反映しているのに対し，実生の出現時期は発芽の時間変異を反映している．運よく発芽適地（セーフサイト）に散布された種子は埋土種子集団を形成し，休眠解除が誘導され発芽に適した環境に遭遇したときに実生を出現させる．実生の出現パターンは種間あるいは個体群間で異なるが，それぞれの植物群集が成立している環境条件の影響を受け，同じような挙動を示す場合が多い．休眠性をもたない植物の種子は，発芽に適した温度・水分環境に遭遇するとただちに発芽をはじめる．休眠性

をもつ植物の種子は，休眠が解除されるまでは良好な発芽環境下でも発芽しない．種子休眠の誘導と解除は，温度や光環境によって引き起こされる事例が多く報告されている（Baskin and Baskin 2001）．

たとえば，一定期間低温にさらされる（春化処理）ことにより休眠が解除される性質は，春の発芽を引き起こす．生育シーズンが短く環境の厳しい高山生態系では，秋に発芽すると実生の生存率は非常に低くなり，シーズン初期に一斉に発芽できるような性質が有利となる．しかし，生育シーズン初期は気温が低いので，低温下でも発芽できる性質が要求される．そのため，多くの高山植物は春化処理により，発芽の温度要求性が低下する傾向が知られている（Shimono and Kudo 2005）．

森林生態系では林冠木の密度やギャップの存在によって，光量の不均一な空間分布が形成されている．葉群層を透過した太陽光は，600〜700nm付近の波長にある赤色域（R）が吸収されるが，700〜800nm付近の遠赤色域（FR）はほとんど吸収されずに林内に達する．そのため，直射光に比べ林内の光はR/FR比が低下する．森林植物の種子は，このような光質の違いを感知してR/FR比が高いときに発芽が促進されるような生理的メカニズムをもっている．これにより，光が豊富なギャップや林縁，あるいは春の開葉前の明るい時期に一斉に発芽することができる．

(3) 開葉時期と被食のタイミング

物理的な強度，窒素濃度，防御物質の濃度などの葉の特性は，開葉時から成熟期にかけて大きく変化する．開葉直後は水分が多くて柔らかく，窒素に富み，防御物質の含有量も低いので，植食性昆虫にとって栄養価の高い利用しやすい時期である．そして葉が成熟するに連れ，硬くて栄養価の低い，利用しにくい資源へと変質していく（Kudo 1996; 和田・村上 1997）．とくにふ化したての小さな植食性昆虫にとって，開葉直後の葉を利用できるかどうかは，生存率を高めるうえで重要である．そのため季節性の明瞭な冷温帯落葉広葉樹林では，春の開葉直後に一斉に植食性昆虫が出現し，被食が集中する．しかし，開葉前にふ化してしまうなど開葉時期と同調できないと，植食者は餌不足により餓死してしまう．また，シーズン初期の低温な時期には，温度

制約により出現時期が遅れることもある．一方，植物は被食を減らすように開葉フェノロジーを調節している可能性もある（フェノロジカルエスケープ）．また，季節的に葉の質が低下したとき，植食者は林冠部から林床へと移動し，林床植物や実生・若齢木の柔らかい葉を摂食するようになる．

このように，開葉時期や葉質の季節変化は，植食者の季節動態を引き起こし，群集レベルでの被食防衛系の生物間相互作用のネットワークを形成する（和田・村上 1997）．さらに，大型で長い距離を移動できる草食性動物は，生態系間を季節的に移動する場合も多い．これは，餌となる植物の開葉時期や植生の違いを反映したものである．たとえば，エゾシカは春には低地の植物を利用するが，夏には亜高山帯や高山帯へと移動するものがいる．標高の高い場所では開葉時期が遅いために，栄養価の高い植物が夏まで存在するためである．このように，地理的スケールで生じる開葉時期や開葉パターンの季節変動は，景観スケールで動物の移動パターンに影響を及ぼす．

7 まとめと今後の展望

植物群集は生態系の基本骨格であり，非常に多様な植生タイプの集合体がそれぞれの生態系を形作っている．植生タイプの空間的な異質性は景観スケール（すなわちランドスケープ）で理解できる．また，それぞれの植物群集のフェノロジー構造は，植物を利用する動物に対して資源有効性の時間変動をもたらす．移動能力の高い動物は，景観スケールで植物資源を利用する．その結果，一つの生態系内に留まらず生態系間にも生物間相互作用のネットワークが構築されているのである．本章では，ランドスケープフェノロジーの概念を取り入れることにより，時空間スケールにおける生物間相互作用の形態の全体像がより把握しやすくなることを示し，新たに見えてくる生態系機能について，送粉系ネットワークを中心に解説した．最後にランドスケープフェノロジー研究の今後の課題について考えてみたい．

フェノロジー構造の生態系機能を明らかにしていくためには，植物だけではなく動物群集のフェノロジー決定要因の解明が必要である．植物群集の

フェノロジー構造は安定したものではなく，経年的に変動する．植物のフェノロジー変動に対して，それを利用する動物がどのように利用形態を変化させるのかという問題は，地球環境変化が生態系に及ぼす影響を予測するうえでもきわめて重要である．エゾエンゴサクとマルハナバチの研究でも明らかにされたように，環境変動に対するフェノロジー応答が生物種間で異なるならば，現在みられる生物間相互作用は気候変動により変化するはずである．そのメカニズムを解明するためには，個々の生物のフェノロジーを決定する要因の特定が不可欠である．

次に，動物群集の景観スケールでの移動形態の定量化が必要である．動物の移動能力は種により大きく異なる．渡り鳥のように地球スケールで移動を行うもの，マルハナバチのように隣接する生態系間で移動をするもの，そして一つの生態系を生育場所としている動物では，形成する生物間ネットワークのスケールがまったく異なる．フェノロジー構造により波及する生物間相互作用の空間スケールについて考える必要があろう．

さらに，ランドスケープフェノロジーの生態系機能，すなわち植物群集複合体が形成するフェノロジー構造の重要性を評価する研究手法の開発が望まれる．異なるタイプの群集（たとえば森林と草原，風衝地と雪田など）が存在することにより，どのような生態系機能が維持され，個々の生物個体群の存続にどのように寄与しているのかという問題である．また，植物群集のフェノロジー構造が生態系の生産性，安定性，生物多様性の維持機構とどう関係しているのかについてはまったく未知であり，今後大きなテーマとなるだろう．生物間ネットワーク構築機構の全容が示されれば，個体群生態学と群集生態学の接点が明確となり，フェノロジー構造と生態系機能との関連をより具体的に示すことができるだろう．さらに，生態系保全を考えるうえで非常に重要な指針となるはずである．

第7章

気候変動にともなう沿岸生態系の変化
生物群集から考える

仲岡雅裕

Key Word

沿岸生態系　地球温暖化　相互作用
生態系機能　統合的アプローチ

　温暖化などの地球規模の気候変動にともない，海洋では，さまざまな環境要因の変化が進行すると予測されている．たとえば，水温上昇，海水面上昇，海水のpHの低下などである．
　将来の生物群集の変化の予測には，現在の生物の分布と気候との関連性を求めた上で，将来の気候変動のシナリオをあてはめて推定する方法が利用されてきた．しかし，この方法は，生物の生活史の変異，進化，移動分散の制約などを考えていない．また，いくつかの環境要因の間に複合効果がある場合や，環境変動が生物間相互作用を通じて他の種に間接効果を及ぼす場合には，予測とは異なることもある．気候変動にともなう生物群集の変化は，沿岸域の物質循環やその他の生態系機能の変化を引き起こす．この効果は局所的な生態系にとどまらず，より広域な生態系に及ぶ可能性もある．
　このような状況で，地球規模の環境変化に対する生物群集の応答や生態系への影響を評価・予測するためには，生態学および関連する諸分野が連携して，最先端の理論と技術を用いて取り組む必要がある．群集生態学はその中でどのような役割を果たせるだろうか．

1 はじめに

　地球規模の気候変動にともなう自然生態系の危機が叫ばれて久しい．最新の観測に基づく解析では，温暖化の進行がより確実なものとして認識されるとともに，将来の気温や海水面など環境変動の予測の精度も高まってきた（IPCC 2007）．

　今後の気候変動の予測と対策を進める上で，地球表面の7割を占める海洋生態系の変動機構の解明は，欠くことのできない重要な課題である．地球規模の気候変動にともない，海洋生態系ではさまざまな環境要因の変化が引き起こされる（図1）．しかし，その評価は遅れている．気候変動の影響が海洋生態系でも問題となりはじめた1990年代初期には，多くの研究は温度の上昇のみに着目していた（Fields et al. 1993）．しかし，その後，海水面の上昇や海水のpHの低下などの影響も考慮されるようになり，それらを対象とした研究も増えつつある（Harley et al. 2006）．

　地球規模の気候変動が生態系に与える影響を正しく評価するには，それ以外の環境要因によってもたらされる影響も考慮しなければならない．人間の経済活動は，地球規模の気候変動の外にも，野生生物の乱獲，水質の化学的な汚染，生息場所の物理的な改変，外来種の侵入などさまざまな影響を海洋生態系に与えている（Steneck and Carlton 2001）．これらの変化はそれぞれ独立に海洋生物群集や生態系に作用するのではなく，複合的に作用するため，その予測は困難である．とくに，「局所的な環境劣化が進んだ生物群集ほどグローバルな環境変動にも脆弱なのか？」という問いには，自然環境保全や再生にかかわるすべての人々が関心を寄せるであろう．その問題の解決のためには，特定の環境要因の変化のみに研究対象を限定しない，総合的な取り組みが必要である．

　海域，陸域にかかわらず，従来の研究の多くには，地球規模の気候変動が各生物種の分布や生物量に与える影響を明らかにするという一方向的な視点しかなかった．しかし，生物群集の変化は生態系の機能にさまざまな影響を与えることが明らかになってきた（Kinzig et al. 2001; Loreau et al. 2002）．その効

第7章 気候変動にともなう沿岸生態系の変化

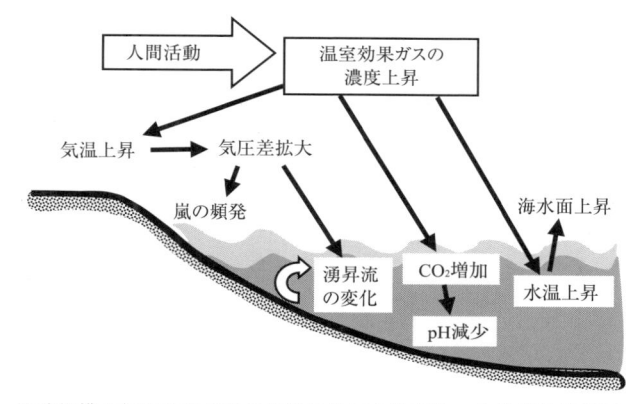

図1 地球規模の気候変動が沿岸海洋に及ぼす物理的，化学的環境要因の変化．
Harley et al. (2006) を改変．

果はそれぞれの生物群集が暮らす局所的な生態系にとどまらず，より広域の地域レベル，さらには地球環境全体にも及ぶかもしれない．すなわち，気候変動にともなう生物群集の変化が，生態系の改変を通じて，環境条件をさらに変化させるというフィードバックが生じる可能性がある．

本章では，地球規模の気候変動が海洋生物群集に与える影響について，これまでの知見を整理するとともに，未解決の問題の指摘を通じて今後の研究の方向性について考える．まず，気候変動が海洋生態系に与える影響の現状と予測に基づき，各要因が個別に生物群集に与える影響について述べる．次に，複数の要因の複合効果および生物間相互作用を介した間接効果の重要性について議論する．さらに，気候変動にともなう生物群集の変化が，生態系の変化を通じて地球環境に与える効果について検討する．最後に，地球規模の気候変動が生物群集や生態系に与える影響の評価・予測を進めるための統合的な研究アプローチを提案し，その中で群集生態学が果たす役割について考える．

本章では，海洋の中でもとくに，沿岸のベントス群集を中心に取り上げる．一口に海洋といってもその範囲は広い．海洋生物群集と海洋生態系は，陸域からの距離（沿岸および外洋），水深（浅海および深海），あるいは生物の生活型（プランクトン・ネクトン・ベントス）を基準に，さまざまな形で分類されており，その生態学的な特性や環境から受ける影響も大きく異なってい

る(Lalli and Parsons 2005).海洋において沿岸域が占める割合は8%以下とわずかであるが,ここには,藻場,サンゴ礁,マングローブなど,生産性と生物多様性の高い生物群集が形作られており(Duarte and Ciscano 1999),人間活動とのかかわりも大きい(Steneck and Carlton 2001).また,構成種の生態学的な特性に関する知見も集積しているとともに,野外操作実験による種間相互作用の検証など,群集生態学の先端的な研究が進んできた対象でもある.プランクトン群集や魚類群集など他の主要な海洋生物に対する地球規模の気候変動の影響については,Hawkins et al. (2003),Hays et al. (2005),Perry et al. (2005) などの総説を参照されたい.

2 地球規模の気候変動が沿岸海洋生物に与える影響

気候変動にともない,海洋,とくに沿岸域では,実に多岐にわたる環境要因の変化が起こると予想されている(図1).本節では現時点(2007年)で得られている知見をもとに,現在進行中の気候変動と今後の予測について説明するとともに,主要な要因が海洋生物に直接的に与える影響について検討する.

(1) 温度の上昇

世界の気温は20世紀の100年間に0.4〜0.8℃上昇した(IPCC 2007).また平均値だけでなく,異常高温を示す日数も近年急増している(気象庁2005).海水温についても,1891年以降の100年間で0.5℃上昇しており,とくに1980年代以降,高温状態がつづいている(気象庁2005).気温は今後も上昇を続け,21世紀末には,もっとも環境対策を重視した経済社会へ移行した場合のシナリオ(環境重視シナリオ)でも1.8℃(予測幅1.1〜2.9℃),現状の化石燃料を主体としたエネルギー体制のまま市場経済のグローバル化が進行するシナリオ(経済成長重視シナリオ)では4.0℃(同2.4〜6.4℃),現在より高くなると予測されている(IPCC 2007).

温度の上昇により,海洋生物では,①各種の分布域が高緯度地域へ移動す

表1 岩礁潮間帯における主要種の生物地理学的分布域の長期的変化.

種	分布域	北への移動距離 (km)	初期調査時期	再調査時期
Mytilus edulis（二枚貝類）	スヴァールバル（ノルウェー）	500	1979	1994, 2004
Gibbula umbilicalis（巻貝類）	大ブリテン島	55	1985	2001-2004
Osilinus lineatus（巻貝類）	ウェールズ, イングランド	40	1964, 1980s	2001-2004
Chthamalus montagui（フジツボ類）	スコットランド北部	75	1980s	2001-2004
Chthamalus stellatus（フジツボ類）	スコットランド北部	40	1980s	2001-2004
Kelletia kelletii（巻貝類）	カリフォルニア	400	1970s	1980s

Helmuth et al. (2006) より一部を抽出して改変.

ること，および②各海域において，南方に分布中心域をもつ種（南方種）が増え，北方種が減少することが予想される．第一の点については，岩礁潮間帯の生物群集の主要種の分布域が高緯度地域へ移動していることが報告されている（表1）．第二の点についても，岩礁潮間帯を中心に生物群集における構造の長期的な変化が各地で報告されている．たとえば，カリフォルニアの岩礁海岸では，1930〜1990年代の間に平均海水温が0.79℃増加しているが，それにともない，南方種の増加，北方種の減少が記録されている（Sagarin et al. 1999）．同様の傾向は，イギリスや和歌山県の岩礁潮間帯でも報告されている（Ohgaki et al. 1997; Hawkins et al. 2003; Mieszkowska et al. 2006）．

(2) 海水面の上昇

世界の海水面は20世紀の100年間に約17cm上昇した（IPCC 2007）．今後21世紀末までに，環境重視のシナリオでも0.18〜0.38m，経済成長重視のシナリオでは0.26〜0.59m上昇することが予想されている（IPCC 2007）．

海水面の上昇は，沿岸域の浅い部分に大きな影響を与える．とくに潮間帯では，現在の潮上帯が潮間帯へ，潮間帯が潮下帯へ移行する．一般に，潮間

帯の生物群集では，分布の上限が干潮時の空気への露出（干出）にともなう乾燥や高温・低温ストレスの増加などの物理的な要因で，下限が競争や捕食などの生物学的な要因で規定されている（ラファエリ・ホーキンス 1999）．海水面の上昇により，乾燥ストレスや高温ストレスからの緩和，捕食者や競争種の増加にともなう種間関係の変化などが引き起こされる．また，潮下帯の植物については，水深が増すことにより光量が減少して，純生産量が低下することも予想される．

もし各種の特性に変化がなければ，潮間帯および潮下帯上部の海洋生物は，海水面上昇にともなってそのまま上部に移動する．海水面が数十cm上昇すると，多くの生物にとっては，移動分散によって対応できるが，成長速度が遅いサンゴなどでは，水面の上昇速度に追いつけないこともありうる（Knowlton 2001）．

気候変動にともない，海水面の平均水位の上昇だけでなく，潮位差が広がるという予測もある（Short and Neckless 1999）．とくに汽水域においては，海水面の変化だけでなく，陸域の降雨量の変化にともない，河川からの淡水供給量も変わることが予想される．その結果，汽水域の分布や面積が大きく変化するかもしれない．汽水域のみに分布する種はそもそも生息域が限られている上，人為的な開発の影響を受けて絶滅危惧種となっているものも多い（木村 2005）．地球規模の気候変動により，これらの種が絶滅する危険性がさらに増加することが懸念される．

(3) 攪乱様式の変化

地球規模の気候変動はこの他にもさまざまな気象や海象の変化を引き起こす．まず，気圧の局所的な差が拡大することにより，台風やハリケーンなどの勢力が増加することが予想されている（気象庁 2005；IPCC 2007）．低気圧の巨大化は，波浪など物理的攪乱の大きさや頻度の変化，すなわち攪乱様式（disturbance regime）の変化を引き起こすと考えられる．中規模攪乱説（中程度の攪乱により高い生物多様性が維持されるとする仮説，Connell 1978）で示されたように，攪乱様式の変化は生物群集の構造や動態に大きな影響を与える．

気候変動により，地球上の降雨量の変動の増加が予想されている．これに

より，河川を通じた淡水および土砂の供給パターンが大きく変化して，沿岸域の生物群集が影響を受けるだろう．たとえば，赤土の流入はサンゴの生育を著しく阻害する（大見謝 2004）．海草類についても，河川からの泥の供給の多い場所ほど，現存量や生物多様性が低い（Nakaoka et al. 2004）．急激な降雨の頻度の増加は，河川からの堆積物の流入量を増加させることにより，サンゴや海草にさらなる負の効果を与えるかもしれない．

一方，気候変動は水温の水平・垂直分布の変化を通じて，海流や湧昇流の変化を引き起こす．表層の海水温が高まることにより水柱に強い躍層が形成され，海水の対流を阻害することにより，表層の貧栄養化や下層の貧酸素化が生ずることが懸念されている．とくに，湧昇流の変化により，海水表層への栄養塩供給，およびそれにともなう一次生産量に大きな変化が予想される（Harley et al. 2006）．さらに海流動態の変化は，海洋生物の分散プロセスの変化を通じて，各種の分布および生物量に影響する可能性もある（第 3 節参照）．

(4) 二酸化炭素濃度の上昇にともなう海水成分の変化

大気中の二酸化炭素濃度は 2005 年時点で 379ppm であり，産業革命以前（1750 年頃）の 280ppm より確実に上昇している（IPCC 2007）．今後もさらなる増加が予想され，2100 年には 600 〜 1550ppm に達すると考えられている（IPCC 2007）．大気中に排出された二酸化炭素の約半分は海洋に吸収されている（Sabine et al. 2004）．大気中の二酸化炭素濃度の増加にともない海水中に溶存する二酸化炭素濃度も増加し，海水の pH の低下が進行する．現在の海洋表層水の pH は 8.05 であるが，すでに産業革命以降 0.11 減少しており，今後，21 世紀末までにさらに 0.14 〜 0.35 減少すると予想されている（Caldeira and Wickett 2003; IPCC 2007）．

サンゴや貝類などの海洋動物，石灰藻やサボテングサなどの海藻類，および有孔虫などの原生生物は，石灰質の殻を分泌する．海水中の pH の低下と同時に，海水中の炭酸イオン（CO_3^{2-}）の減少により海水中の炭酸カルシウムの飽和度が低下し，これらの生物の殻が溶解しやすくなる．加えて，二酸化炭素濃度を操作した室内実験により，石灰質の殻をもつさまざまな海洋生物の石灰化速度が大幅に減少し，結果的に成長率や繁殖量，さらには生存率が

低下することが確かめられている (Kleypas et al. 2006).

　陸上生態系においては，二酸化炭素の濃度の増加は C3 植物の光合成速度を増加させることにより，正の効果を与える可能性がある (Ainsworth and Long 2005). 海洋植物では，種子植物である海草類が C3 植物であり，二酸化炭素濃度の増加は生産量を増加させることが予想されている (Short and Neckless 1999). 一方，植物プランクトンを含む多くの藻類では，炭酸イオンおよび重炭酸イオン（HCO_3^-）を効率的に利用できるため，二酸化炭素濃度の増加は光合成速度には影響しないと考えられている (Short and Neckless 1999; Harley et al. 2006).

3　生物群集の変化を複雑にする複合効果，間接効果，進化的反応

　第 2 節では地球規模の気候変動が海洋生物群集に与える影響のうち，個々の環境要因の変化の直接効果について解説した．しかし実際には，複数の環境要因が同時に作用することにより，要因間の複合効果が生ずる（統計学的には「交互作用」もしくは「相互作用」とよぶが，本章では，「生物間相互作用」と区別するため「複合効果」とよぶことにする）．これにより，生物群集が受ける影響は，個々の要因の相加的な積み重ねから予測されるものとは異なるであろう．さらに，生物の種間相互作用を通じた間接効果，より局所的な環境改変と気候変動の複合効果，海洋生物の幼生や胞子などの分散期への影響，気候変動に対する生物の進化的反応などが関与する．本節では気候変動にともなう生物群集の変化の予測を困難にするさまざまなプロセスについて検討する．

(1) 生物気候エンベロープアプローチとその限界

　気候変動にともなう海洋生物群集の変化の予測では，温度の変化に着目するものがもっとも多い (Harley et al. 2006). よく利用される方法は，過去から現在までの温度と生物の分布域の変化の関係を求め，この関係式に将来の温度変化の予測値を代入して，分布域の変化を予測するというものである．長

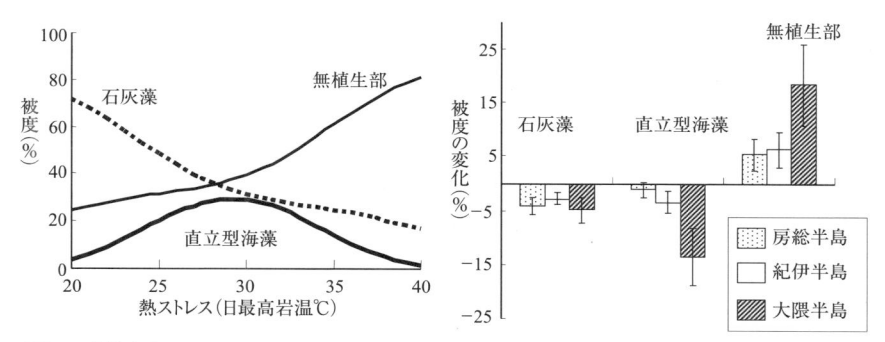

図2 生物気候エンベロープアプローチによる岩礁潮間帯生物群集の変動予測.
(a) 房総半島，紀伊半島，大隅半島の調査点で測定した日最高岩温を熱ストレスの指標として，石灰藻，直立型海藻，無植生部の被度との関係を求めたもの．(b) IPCC (2007) による経済活動重視シナリオの下で予想される 2100 年における石灰藻，直立型海藻，および無植生部の予測被度．バーは IPCC (2007) の上限値および下限値を利用した場合の予測変動範囲を示す (白石拓也ほか，未発表より).

期データがない場合は，ある時点での生物と温度の空間分布を広域に調べて両者の関係式を求めることもある．これらの方法は，生物気候エンベロープアプローチ (bioclimate envelope approach) とよばれている．

　岩礁潮間帯における適用例を一つ紹介しよう．著者らは，北海道東部から鹿児島県南部までの太平洋沿岸の 150 の調査点で，小型データロガーを用いて潮間帯の岩温の連続測定をおこなった．日最高岩温を熱ストレスの指標として，岩礁潮間帯の固着生物の群集構造との関係を求めたところ，日最高岩温が高いところほど被覆型の海藻であるウミサビなどの石灰藻類の被度が低く，植生のない部分の割合が高かった (図2)．また，ヒジキ，アオサ，イボツノマタなどの直立型の海藻の被度は日最高岩温が 30℃ 前後のところで最大となった．この関係式に，IPCC (2007) による温度変化の予測を当てはめたところ，今後 90 年間で植生のない部分が 1〜20% 増加する一方，石灰藻および直立型の海藻の被度がそれぞれ 2〜5%，および 0〜12% 減少することが予測された．

　生物気候エンベロープアプローチは，あくまでも生物の分布が温度のみで決まると仮定しており，気候変動にともなう生物分布の変化の予測に向けた最初のステップにすぎない．実際には，前述のように，複数の環境要因の複合効果や，生物間相互作用，生物の移動分散および進化的反応などが関与す

ることにより，このような単純な予測は成り立たない．

(2) 複数の環境要因間の複合効果

複数の環境要因の変化が同時に進行すると，要因間の複合効果により，生物に対する影響の予測評価はよりむずかしくなる．たとえば，二酸化炭素濃度と水温を同時に操作して，サンゴの石灰化速度を比較した研究では，サンゴの生息適温である25℃では二酸化炭素濃度の上昇の効果がみられなかったのに対し，高温ストレスを受ける28℃では，二酸化炭素濃度の上昇にともない石灰化の速度の大幅な低下が観察されている (Reynaud et al. 2003)．しかし，海洋生物において，このように複数の要因を同時に操作した実験はまだ少ない (Harley et al. 2006)．

潮間帯の生物群集は，地球規模の気候変動にともない，温度と海水面の上昇による影響を同時に受ける．海水面の上昇にともない大気中へ干出する時間が減少する一方，気温上昇にともない潮間帯上部の熱ストレスはより大きくなる．その結果，潮間帯生物が分布できる幅は狭くなると予想される (Harley et al. 2006)．この他にも，潮位幅の増加や低気圧の巨大化にともなう攪乱強度の変化も予測されており，これらの要因の変化が同時進行する条件下での群集構造の変化の予測はより複雑になるであろう．

(3) 気候変動にともなう種間関係の変化

気候変動にともなう環境要因の変化は，種間競争，捕食，共生などの種間相互作用を通して，各要因が海洋生物に与える直接効果からは予測できない意外な結果をもたらすこともある．

まず，海水の温暖化は，種間相互作用そのものの強さや方向性を変える．Sanford (1999) は北アメリカ西海岸の岩礁潮間帯で優占するカリフォルニアイガイに対するヒトデの捕食圧を操作実験により数か月にわたって継続的に調べた．すると，調査期間中に沿岸の湧昇流の変化によって水温が2〜3℃低下したのにともない，捕食圧も水温が低下する前の5分の1以下に下がった．ヒトデはイガイの捕食を通じた間接効果により，固着性生物群集の種多様性に大きな影響を与えるキーストン捕食者である (Paine 1966)．わずかな

温度変化により引き起こされる捕食圧の変化は，温度上昇にともなう種の地理的分布の変化よりも大きな影響を生物群集にもたらすかもしれない．

温暖化にともなう種間相互作用の変化がもっとも注目されているのは，サンゴと褐虫藻類の共生であろう．サンゴに内部共生する褐虫藻類は，年最高水温がわずかに増加しただけでもサンゴから排出される（Knowlton 2001）．これが白化現象とよばれるものである．そのメカニズムについてはまだ不明の点が多いが，高温状態が継続すると，結果的に死滅したサンゴの骨格上に藻類が繁茂し，群集構造が大きく変わることが報告されている（Hughes et al. 2003）．

(4) 気候変動と局所的な環境劣化の複合効果

地球規模の気候変動はより小さいスケールで進行する環境劣化の進行にも影響する．たとえば，乱獲を受けた海洋生物が，温暖化によりさらに減少する場合を考えてみよう．乱獲と温暖化の間に複合効果がある場合は，各効果が相加的に作用する場合（図3a）よりも，さらに減少率が高まる可能性がある（図3b）．その複合効果は観察初期において検出できる場合（図3bの実線1）だけではなく，時間がたってから突然顕著になる場合（図3bの実線2）もある．とくに後者の場合，資源管理や保全対策はきわめて困難になるだろう（Harley and Rogers-Bennett 2004）．

水産業のグローバル化とともに，海洋生物の漁獲量と漁獲対象種は拡大した．その結果，水産資源として有益な種のみならず生態系レベルで大きな変化が生じている（Jackson et al. 2001）．カリフォルニアの岩礁帯で漁獲対象となっている貝類では，乱獲により現存量が少なくなった種の方が，漁獲圧の低い種よりも温暖化の影響を受けやすく，分布域の縮小や現存量の減少がさらに進行している（Harley and Robers-Bennett 2004）．

沿岸域の都市化や陸域の開発にともなう栄養塩の流出は，富栄養化，赤潮の頻発，海底の貧酸素化などの環境の化学的な劣化を引き起こしている．富栄養化にともなう透明度の低下は，潮下帯に生息する海草や海藻類の光合成速度を低下させるが，これに海水面の上昇が加わることにより，沿岸で大型植物の分布する水深帯がさらに狭くなることが予想される（Short and Neckles

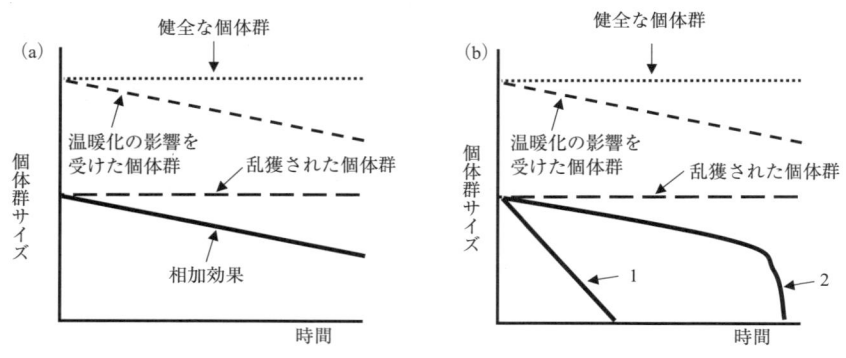

図 3 地球規模の気候変動（温暖化）と局所的な環境改変（乱獲）の同時的影響．
(a) 要因の間に相互作用がなく効果が相加的に作用するケース．(b) 要因間の相互作用により複合効果（相乗効果）が生ずるケース．複合効果は，観察初期より明確に検出できる場合（実線 1）と，ある程度時間がたってから突然顕著になる場合（実線 2）がある．Harley and Rogers-Bennett (2004) を改変．

1999)．また，水温上昇と二酸化炭素濃度の増加は，海洋動物の貧酸素耐性を低下させることが指摘されており（Pörtner and Langenbuch 2005），貧酸素化と温暖化が同時進行することにより，沿岸海洋ベントス群集の構成が大幅に変化する可能性がある．

　沿岸域では，埋め立てや護岸などの物理的な環境改変も深刻な問題である．これらの事業は，干潟や磯などの浅い部分を中心に行われるため，海水面の上昇や台風の巨大化による攪乱の増加などにともない，潮間帯の生物の生息環境が著しく減少する．たとえば北アメリカでは，今後進行する海水面の上昇により，生態学的に重要な潮間帯の湿地が 20 〜 70％減少すると試算されている（Galbraith et al. 2002）．その結果，潮間帯のみに分布する海洋生物の絶滅や，潮間帯を利用するシギやチドリなどの渡り鳥への影響が心配されている．

　人間の経済活動にともなって侵入する外来種の増加は，海洋生態系でも深刻な問題を引き起こす（Steneck and Carlton 2001; 岩崎 2004）．北アメリカ北東部沿岸の付着生物群集では，水温が高い年ほど外来種の加入量が多いため，温暖化の進行は外来種の侵入と分布域の拡大を促進している（Stachowicz et al. 2002）．海洋性の外来種は，都市域の港湾など水温が周囲よりも高い環境に生息するものが多いため，同様の現象は世界各地で生じうる．

(5) 海洋生物の分散プロセスを介した影響

　海洋は開放系であり，多くの海洋ベントスは胞子や配偶子，あるいはプランクトン幼生期に海流に乗って移動分散する．近年，この移動分散期の動態が海洋ベントス個体群の変動に大きな影響を与えることが明らかになってきた（仲岡 2003）．地球規模の気候変動にともなう環境要因の変化が海洋ベントス個体群に与える影響は，生活史の段階ごとに大きく異なる（図 4）．したがって，成体だけでなく分散期における影響を検証する必要がある．分散期への影響を示す一例として，ウニの受精率や浮遊幼生の発生速度が，二酸化炭素分圧の増加にともない低下することが示されている（Kurihara and Shirayama 2004）．

　生物気候エンベロープモデルが適用できる場合であっても，沿岸流の方向および沖合の海流によっては，ベントス幼生が生息適地に到達できずに分布が阻まれることもある（Gaylord and Gaines 2000）．地球規模の気候変動は，海流の流動パターンにも影響することが予想されており，生息適地が北上しても海流が新たな障壁となってそこに到達できなかったり，逆に，従来の障壁が消失することにより，分布域が急速に拡大したりするかもしれない（Harley et al. 2006）．

　潮間帯では，熱ストレスがかならずしも緯度に沿って変異するとは限らない．Helmuth et al.（2002）はアメリカ西海岸の岩礁潮間帯に広く分布する二枚貝であるカリフォルニアイガイの殻に小型の温度ロガーを埋め込み，二枚貝が経験する熱ストレスを北緯 34 度から 49 度にわたる複数の地域で比較した．その結果，気温と水温が高い低緯度地域の方が，高緯度地域より熱ストレスが低いという予想外の結果を得た．これは，地域によって潮汐周期が異なり，低緯度地域ほど昼間の干出時間が短かったためである．このような熱ストレスの緯度勾配の逆転現象も，分散プロセスの障壁として分布域の変化の妨げになることが予想される．

(6) 生物の進化的反応の影響

　地球規模の気候変動にともなう生物群集の変化の予測においては，各種の

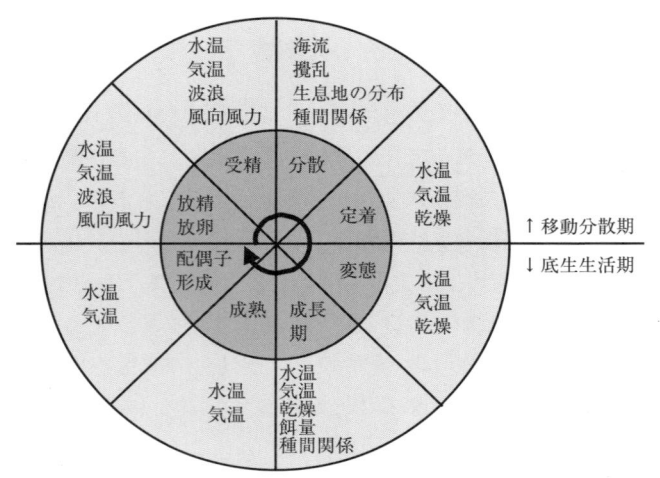

図4 海洋ベントスの生活史各段階に影響を与える主要な環境要因.
ここでは浮遊幼生期をもつ無脊椎動物（フジツボ類や二枚貝類など）を想定している．Helmuth et al. (2006) を改変．

環境要因に対する反応は時間的，空間的に不変であると仮定することが多い．とくに閉鎖系における操作実験では，対象生物を100年後に予想される温度や二酸化炭素濃度に急激にさらして，反応の変化を観察することが多い．しかし，短期的な反応が長期的な反応とかならずしも一致するとは限らない．環境要因の漸進的かつ長期的な変動に対しては，個体群中の遺伝子頻度の変化を通じてより適応した形質をもつ個体が増えることもある（Hughes et al. 2003）．より短期的な時間スケールでも，同じ個体が経験した環境要因の履歴に応じて，異なった反応を示すこともあり，これは馴化（acclimation）とよばれている（Helmuth et al. 2006）．

　たとえば，ある生物の生息域が高温ストレスへの耐性で決まっている場合を考えてみよう（図5）．仮に高温耐性を示す閾値が種によって不変なら，将来の温度変動に対する各種の分布の変化の予測は簡単に行える（図5a）．しかし，その閾値が地域個体群間，あるいは個体群内の局所的環境の違いに応じて異なっている場合は，各条件ごとに閾値の違いを調べないと正確な予測はできない（図5b）．さらに，生物個体群の中で高温耐性が進化する場合は，閾値が時間とともに変化することになる（図5c）．実際に，サンゴの高温耐

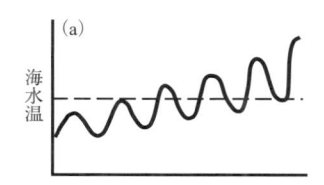

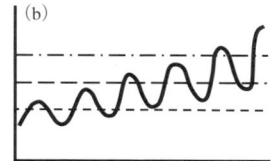

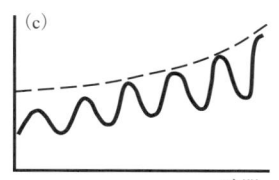

図5 環境の長期的変動に対する生物の進化的な反応の効果.
グラフ中の実線は気候変動にともなう水温の長期変化を,点線,破線,一点鎖線は海洋生物の高温耐性の閾値を示す.(a):高温耐性が種によって決まっている場合.(b):高温耐性の閾値に個体群間,個体群内で変異がある場合.(c):高温耐性が進化する場合.Hughes et al. (2003) を改変.

性は同じ種であっても地域個体群ごとに大きく異なっており,これは,過去の水温変動に対する異なる進化的反応によって生じた結果であると考えられている(Hughes et al. 2003).

　実際に環境変動にともなう適応的な進化を示すには,交配実験あるいは選択実験が必要であるが(Stearns 1992),世代期間の長い海洋生物ではそのような研究はほとんどない.しかし,世代期間の短い淡水性の単細胞藻類であるクラミドモナスを二酸化炭素の高濃度条件で1000世代選択した実験では,呼吸速度が速くなる一方,通常の二酸化炭素濃度に戻した場合の成長率が低くなることが示された(Collins and Bell 2004).この理由として,二酸化炭素の高濃度条件下では選択圧が弱まり,遺伝的浮動により二酸化炭素の取り込みの効率の悪い個体が増加した可能性が指摘されている.

　個体の馴化能力の変異も,環境変動に対する生物の反応の予測を複雑にする.馴化能力が環境条件によって異なる例として,Stillman (2003) は,太平洋東岸の近縁種のカニ4種を対象に,冬季の平均水温およびそれより10℃高い温度で一定期間飼育した個体の温度耐性を比較した.すると,高温耐性については,そもそも高温域に住む種に馴化能力がない一方,逆に低温耐性については低温域に住む種の方が馴化能力は低かった.すなわち,高温域および低温域に住む種は,それぞれ馴化能力を犠牲にして温度ストレスに対する耐性を獲得したと考えられる.ただし,この例が一般的であるかどうかを判定するためにはより幅広い生物群でのデータの蓄積が必要であろう.

4 生物群集の変化が生態系に与える影響

　第3節まで，地球規模の気候変動が海洋生物群集に与えるさまざまな影響について述べてきた．それでは，気候変動にともなう生物群集の変化は，海洋生態系にどのような影響を与えるのであろうか．その影響は局所的な生態系内にとどまるのか，それとも隣接する生態系や地域全体，さらには地球環境全体にまで及ぶのであろうか．本節では，まず，優占種やキーストン種の変化が沿岸生態系に与える影響を検討する．次に，生物多様性の変化が，生態系機能に与える効果について検討する．最後に，環境変動にともなう群集の変化が地球環境に与える影響を取り上げ，本巻の主題である環境，生物群集，生態系間のフィードバックについて考える．

(1) 優占種およびキーストン種の変化の影響

　沿岸の生物群集の特徴として，主要な優占種が海底を占有することにより特徴的な景観を形成し，生物多様性や生態系機能に大きな影響を与えることがあげられる．たとえば，ホンダワラやコンブなどの褐藻類，およびアマモなどの海草類は，藻場とよばれる景観を形成する．景観を作るのは植物だけではない．熱帯ではサンゴが，温帯や亜寒帯ではイガイやカキなどの二枚貝が，それぞれサンゴ礁やイガイ礁，カキ礁などを形成する．これらの景観を作り出す優占種をここでは「景観形成種」とよぶことにする．

　すでに示したように，気候変動にともなう環境要因の変化は，これら景観形成種の構成や生物量を大きく変える．これにともない，各生態系の物質循環のプロセスも変化することが予想される．たとえば，前述のように，水温と二酸化炭素濃度が増加すると，熱帯沿岸海域における景観形成種はサンゴ類から海藻類に移行する可能性が高い．また，温帯においてもイガイやカキから海藻類への変化が起こるかもしれない．これにより，消費者や分解者の種構成，およびそれらの生物量や生産速度が大きく変化するだろう．また，二酸化炭素濃度の増加により，景観形成種が海藻類から海草類に変化することが予想される (Harley et al. 2006)．海草類は海藻類よりも難消化性物質

を多く含むため，海草藻場における高次消費者へのエネルギー供給では，生食連鎖よりも腐食連鎖がより重要であると考えられている（Williams and Heck 2001）．したがって，景観形成種の交代は食物網構造や物質循環プロセスを大きく変えるだろう．

景観形成種は，生態系エンジニア（Jones et al. 1997）として，生態系の物理的構造にも大きな影響を与える．海底に複雑な三次元構造を作るマングローブ，サンゴ，海草，海藻類は，波浪や海流の流れを弱めることにより，静穏で安定した環境を提供する（Hardy and Young 1996）．地球規模の気候変動にともなうこれらの景観形成種の減少は，嵐による海底の攪乱の増加など沿岸生態系の不安定化をもたらすことが懸念される．

気候変動にともなうキーストン種の変化も生態系に大きな影響を与える．すでに紹介したように，温度に依存したヒトデの捕食圧の変化は，岩礁潮間帯全体の群集構造および生態系プロセスに影響する（Sanford 1999, 2002）．また，南極海では温暖化にともない主要消費者がオキアミからサルパ（脊索動物に属するゼラチン質の動物プランクトン）に交代したため，オキアミを主食としていたペンギン類などの高次消費者（キーストン種）が減少し，食物網全体に大きな変化が生じている（Loeb et al. 1997）．移動能力の高い大型動物が群集のキーストン種である場合には，気候変動にともなう群集構成種の変化はさらに広域スケールで生態系に影響するだろう．

(2) 生物多様性の低下による生態系機能への影響

地球規模の気候変動にともなう環境の変化は，優占種やキーストン種ではない生物の分布や量にも大きな影響を与える．その結果，群集全体の生物多様性が大きく変化するだろう．生物多様性の変化は，生態系の生産性，物質循環機能，外来種や攪乱に対する抵抗性，攪乱からの回復速度，およびそれらの安定性などさまざまな生態系機能の変化を導くと思われる．

近年，生物多様性と生態系機能の正の相関の一般性，およびその形成機構に関する理解が進んだ（Kinzig et al. 2001; Loreau et al. 2002）．しかし，これまでの知見のほとんどは，草原や微生物など少数の生態系での研究結果に基づくものである（Hooper et al. 2005）．海洋における数少ない研究例では，種数は

かならずしも生態系機能を高めるとは限らず，むしろ個々の種の特性が重要であることが指摘されている．たとえば，海草藻場の現存量や生産量は，海草の種数よりも機能の高い特定の種がいるかどうかに依存している（Duarte 2000）．また，海草および海藻が動物群集の現存量に与える効果については，植物の種数そのものではなく，表面積や形態などの異なる種が共存しているかどうかが重要であることが示されている（Parker et al. 2001）．

また，消費者の多様性は，生産者の多様性よりも複雑な効果を生態系機能にもたらす．たとえば，海草藻場の一次消費者の種多様性は，自身の現存量とは正の相関を示すものの，一次生産者の現存量には負の効果を与えること，さらに，その効果が二次消費者の有無により変化することが報告されている（Duffy et al. 2003; 2005）．したがって，気候変動にともなう海洋生物の種多様性の変化が生態系機能に与える効果を評価する際には，種多様性だけではなく，どのような生態学的特性をもつ種が変化したかに着目する必要がある．

生態系機能に影響するのは種多様性だけではない．生物多様性は，遺伝的多様性，種多様性，景観の多様性を含む包括的な概念である（鷲谷・矢原 1996）．分子生物学的な手法を利用した研究，およびリモートセンシングや地理情報システム（GIS）を利用した研究の進展により，生物群集の構成種の遺伝的多様性や景観の多様性も生態系機能の変異に大いに関わっていることが明らかになりつつある．

遺伝的多様性と生態系機能の関係については，アマモを対象にした注目すべき研究が近年行われた．アマモの遺伝的多様性を操作した野外実験により，遺伝的多様性が高いアマモ場ほど成長速度と再生産量が高いこと（Williams 2001），被食に対する抵抗性が高いこと（Hughes and Stachowicz 2004），夏の高温による消失後の回復速度が高いこと（Reusch et al. 2005）が明らかになった．とくに，Reusch et al.（2005）の研究は，ヨーロッパが異常高温に見舞われた2003年に行われたもので，今後より深刻になると予想される高温ストレスの増加に対して，海洋生物の遺伝的多様性が生態系機能の維持に深く関連していることを示している．

景観の多様性は，異なるタイプの生息地の空間配置の複雑性を示すものである（Gray 1997）．熱帯の沿岸海域では，マングローブ，海草藻場およびサ

ンゴ礁などが，温帯域では，岩礁潮間帯，藻場および干潟などの主要な景観が，連続的あるいは断続的に出現する．最近の研究では，それらの空間配置が生物多様性および生態系機能に重要な影響を与えることが示されている．たとえば，魚類の生物量については，マングローブに隣接したサンゴ礁の方が隣接していないサンゴ礁よりも高いことが示されている（Mumby et al. 2004）．地球規模の気候変動にともなう生物多様性の喪失は，サンゴ礁が礫底になったり，藻場が泥底になったりする例に代表されるように，景観の多様性を低下させることが多いため，生態系機能のさらなる低下をもたらすだろう．さらに，第3節で見たように，護岸工事や港湾建設にともなう沿岸景観の単調化は，気候変動との複合効果により生態系機能のさらなる劣化を引き起こす可能性が高い．

(3) 海洋生物群集の変化が地球環境に与える影響

沿岸生態系は熱帯雨林と匹敵する高い生産性を有しているため，海洋生態系の主要生物の炭素固定能力およびその保持能力の変化は，沿岸域にとどまらず地球全体の炭素循環過程に影響を与える（Duarte and Chiscano 1999）．

温室効果ガスの増加を抑制すると考えられている森林の貢献を明らかにするため，森林生態系の炭素収支の測定がさまざまな方法で行われている（小池 2004）．沿岸海洋生態系においても同様の試みが行われている（森林総合研究所・水産総合研究センター 2003）．しかし，その多くは主要種の純一次生産量に生息面積を乗じて炭素固定量を推定するにとどまっており，実際に各生態系に炭素がどれほどの期間にわたって貯留されるかについては，不明な点が多い．とくに海藻類や海草類は現存量に対する生産量の比（P/B）がきわめて高いため，炭素収支を考えるうえでは，枯死した植物体の量およびその流出先を把握しなければならないが，その研究は進んでいない．ただし海草については地下部が枯死した後も長期間にわたり残存するため，炭素のシンクとして重要な役割を果たす場合もあることがわかってきた（Mateo et al. 2006）．

一方，サンゴや二枚貝類などは，石灰化で形成された炭酸カルシウムを長期に保持するため，炭素の貯留能力が比較的高いと思われる．しかし，石灰化の反応は二酸化炭素を放出するプロセス（$Ca^{2+} + 2HCO_3^- \rightarrow CaCO_3 + CO_2 +$

H_2O)でもある．このため，サンゴ礁は二酸化炭素の吸収源であるか放出源であるかの議論が続けられてきた．近年の研究では，海草藻場や陸域を含む周辺生態系からの炭素供給の有無，および他の元素とのバランスにより，二酸化炭素の収支が大きく変異することが指摘されている（Suzuki and Kawahata 2003）．

　海洋の二酸化炭素の吸収能力には，生物により固定された炭素化合物がどれほど深海底に沈降するかも関連している．このような生物活動を介した有機物の鉛直輸送は，生物ポンプとよばれる（永田 2006）．外洋における食物網や生物多様性の変化は，生物ポンプを介した炭素循環過程にも大きな影響を与えている（Wassmann 1998; Legendre and Rivkin 2002，第5章も参照）．沿岸生態系でも同様に，生物を介した炭素輸送・蓄積過程が重要な役割を果たしている可能性がある．この点の解明には，分解者を含めた沿岸生態系の物質循環過程のより詳細な研究が必要であろう．

5　地球規模の気候変動の影響評価に向けた統合的アプローチの提唱

　ここまで見てきた通り，地球規模の気候変動にともなう沿岸生物群集の変化を通じた生態系への影響については，多数の要因が複合的に作用する上に，生物の生理的反応，進化的反応，移動分散様式の違いも深く関連する．その影響評価および今後の予測のためには，生態学および関連する諸分野が連携した取り組みが必要である．ここでは，各分野の最先端の理論と方法を取り入れた統合的アプローチを提唱する（図6）．この中では，群集生態学が中心的な役割を担っている．

(1) 野外モニタリング

　地球規模の気候変動が生物群集に与える影響を評価するためには，何よりもまず，野外モニタリングによる長期データの集積が必要である．気候変動にともなう生物群集の変化やその要因解析をおこなった過去の研究のほとんどが，数十年スケールで取得された生物群集データを用いている点を見れば，

第7章 気候変動にともなう沿岸生態系の変化

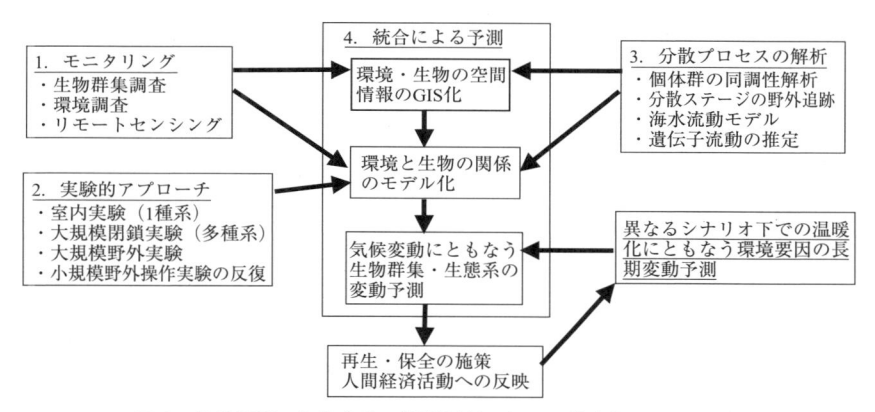

```
1. モニタリング                4. 統合による予測         3. 分散プロセスの解析
・生物群集調査                  環境・生物の空間          ・個体群の同調性解析
・環境調査          ────→    情報のGIS化    ←────   ・分散ステージの野外追跡
・リモートセンシング                                     ・海水流動モデル
                                 ↓                      ・遺伝子流動の推定
                              環境と生物の関係
2. 実験的アプローチ             のモデル化
・室内実験（1種系）               ↓
・大規模閉鎖実験（多種系） ──→  気候変動にともなう        異なるシナリオ下での温暖
・大規模野外実験                生物群集・生態系の  ←── 化にともなう環境要因の長
・小規模野外操作実験の反復        変動予測                期変動予測
                                 ↓
                              再生・保全の施策
                              人間経済活動への反映
```

図6 地球規模の気候変動の影響評価のための統合的アプローチ．

その重要性は明らかであろう（Helmuth et al. 2006）．

　異なる空間スケールで作用する環境要因の相対的な重要性を明らかにするためには，まず複数の調査地域を選定し，次に各地域内に複数の調査海岸を選定し，さらに，各海岸内に複数の調査地点を選定するような，階層的な調査デザインが有効である（Hughes et al. 1999; Noda 2004）．これにより，着目する環境要因および生物群集の構造や動態の空間スケール依存性を明らかにすることができる（Noda 2004; Nakaoka et al. 2006）．地球規模の気候変動の影響を評価するためには，緯度勾配や大規模な海流動態の効果を検出できる程度の広域な範囲をカバーするべきであるが，このためには国際的な取り組みも必要となろう．

　野外における生物群集のモニタリングは，広域かつ多数の調査域で観測できる調査体制を整えたとしても，点としてのデータしか得られない．これに対して，リモートセンシングを用いた解析は，面的な動態解析を可能にする．リモートセンシング技術の進歩により，浅い場所に分布する藻場やサンゴ礁の詳細な分布を航空写真や衛星画像から判別することも可能になった（Andréfouët et al. 2003; Dekker et al. 2006）．これらの技術を利用することにより，モニタリングで得られた生物群集のデータを空間的に内挿・外挿することが可能になる．

(2) 実験的アプローチ

　生物群集と環境要因の長期モニタリングは，両者の相関を明らかにできるかもしれないが，因果関係の検証には実験的アプローチが必要である．とくに，野外での操作が困難な水温や二酸化炭素濃度などの効果を知るためには，室内実験が有効であろう．ただし，室内実験により，個々の環境要因の変化に対する個々の種の反応がわかれば，ただちに気候変動に対する生物の変化の正確な予測ができるわけではない．第4節で述べたような複合効果の影響を検討するためには，二つ以上の要因を同時に操作してその交互作用について検定できるような統計デザインを用いることが必要である．また，第3節で述べたように，環境要因の変化に対する生物の反応の個体群内・個体群間変異がわかれば，種ごとに決まった反応様式をもつと仮定した場合よりも正確な変動予測が可能になる．

　環境の変化が種間相互作用を通じて与える間接効果の検証には，多種系での実験が不可欠であるが，対象とする生物群集によっては室内のような小空間スケールでは操作が困難なこともある．その場合は，大規模な閉鎖系実験（メソコズム実験）を行う必要があろう．しかし，閉鎖系を用いた実験結果は，野外生態系への適用の妥当性が常に問題となる．

　一方，野外操作実験は，着目する環境要因のみを操作することにより，それにともなって変化する他の混合要因の効果を排除できるもっとも有効な方法であるため，群集生態学の発展に多大な貢献をしてきた．しかし，水温や二酸化炭素濃度などを野外で操作するのはむずかしい．陸上生態系では，FACE（Free Air CO_2 Enrichment）とよばれる二酸化炭素濃度を操作する大規模な野外実験が世界各地で行われており（Ainsworth and Long 2005），その海洋版として FOCE（Free Ocean CO_2 Enrichment）が計画されている（Kirkwood et al. 2005）．しかし，巨額の経費がかかるため実施できるところは限られよう．

　これに対して，小規模な操作実験を環境条件が異なる複数の場所で反復することで，小空間スケールで作用する要因が大空間スケールで変化する環境条件にどのように影響を受けているかを検討する方法もある．たとえば，捕食者を排除する実験を水温の異なる複数の地域で繰り返すことにより，種間

相互作用が水温の変異にどのように影響を受けるかを明らかにすれば，今後の温暖化の進行にともなう群集の変動についてより具体的な予測をすることが可能になるだろう．

(3) 分散プロセスの研究

　海洋生物は海流による移動分散を通じてメタ個体群を形成する．このため，局所個体群間のつながりを理解しなければ，環境変動にともなう個体群および群集の変化を予測することはむずかしいだろう．海洋におけるメタ個体群動態の研究では，近年さまざまな技術的あるいは理論的発展がみられる (Kritzer and Sale 2006)．以下のような異なる方法の統合的な利用が有効であろう．

　第一に，複数の局所個体群での繁殖量および加入量の変動パターンを調査し，その同調性を解析することにより，分散の方向性，およびソース・シンク個体群の分布の推定を行う (Connolly et al. 2001; Noda 2003)．第二に，プランクトン幼生の採集などにより分散ステージの追跡を行い，分散の方向とその量を評価する (Roughgarden et al. 1988)．第三に，海水流動モデルにより，幼生や種子の分散方向や距離を推定する（灘岡ほか 2006）．第四に，分子マーカーを利用して局所個体群間の遺伝子交流の様式および頻度を推定する (Reusch 2002)．

　以上の方法で得られる情報はいずれも空間情報として GIS により統合して解析することが可能である．このような試みはまだはじまったばかりであるが，今後，生息域が重なる複数の個体群で比較解析することにより，海洋生物のメタ個体群動態の特異性や一般性が解明されることが期待される．

(4) 統合による予測と評価

　以上のモニタリング，実験，分散プロセスの解析を統合することにより，今後の環境変動に関するさまざまなシナリオの下での沿岸生物群集の変動の予測が可能になる．まず，モニタリングで明らかになった現在および過去の生物各種の分布と生物量，および環境要因を表す各変数の時空間分布を GIS に入力してデータベースとして整理する．次に，GIS から抽出した生物と環

境要因の諸変数間の相関解析および操作実験の結果を利用して，環境要因と生物の変動の関係をモデルにより表す．さらに，今後の地球環境の変動のシナリオを基に，説明変数を変化させた場合の目的変数の反応を調べることにより生物群集の予測を行う．生物および環境条件の空間変異に関する位置情報，および生物の移動分散経路を実際に取り入れたモデルを利用することにより，地球規模の気候変動に対する生物群集の空間的な変化の予測も可能になろう．

さらに，生物群集の現存量の変動予測を炭素や窒素などの量に換算すれば，物質循環などの生態系モデルに取り入れることが可能となる．海洋の炭素循環などに関する現在のグローバルモデルでは，生物学的プロセスを個体群や群集レベルまで考慮したものは少ない (Kleypas et al. 2006)．生物群集の変動を取り入れた生態系モデルと従来の元素単位のモデルの比較により，生物群集の変動が生態系の機能および動態に与える効果を評価できるだろう．

地球規模の気候変動の予測は多くの不確実性をともなう．とくに，温室効果ガス濃度の今後の上昇は，人間の経済活動や政策により大きく変わりうる．不確実性に対処するためには，モデルによる予測を野外モニタリングの最新のデータを用いて頻繁に検証した上で，予測の誤差の大きさに応じてモデルを改良し，必要な調査項目の見直しや追加を行うという順応的な研究体制を整えることが有効であろう．

6 おわりに

以上のように，地球規模の気候変動が生物群集に与える効果，および生物群集の変化が生態系に与える効果を解明するためには，群集生態学の基礎的な考え方を広く理解したうえで，最新の理論と技術を積極的に取り入れたアプローチを展開することが必要である．これにより，群集生態学が地球環境問題の解決という社会の要請に貢献するだけでなく，群集生態学の新たな理論や一般法則の発見などにもつながることが期待される．

地球規模の気候変動に対する生物群集や生態系の影響を評価する上では，

さまざまな時空間スケールで繰り広げられる人間活動の効果を考慮することが不可欠である．したがって，生態学と社会経済学の連携がよりいっそう求められるようになるだろう．この分野では従来，乱獲，富栄養化，埋め立てなどの人間活動が，沿岸生物群集や生態系に与える一方的な負の効果についての評価がおもに行われてきた．今後は，これに加えて，水産資源の持続的利用，景観形成種による攪乱の緩衝機能を利用した防災対策，サンゴ礁などの自然生態系の審美的価値を活かした環境教育や観光産業など，沿岸域の生物多様性や生態系機能による生態系サービスを向上させるための学際的な研究の推進も望まれる．

第4節で述べたとおり，地球規模の気候変動にともなう生物群集の変化が生態系に与える効果は，局所的な生態系の範囲を超えて，地域全体の生態系，さらには地球環境に影響する可能性がある．局所的な海洋生態系の保全がどの空間スケールまで効果を及ぼすかという問題は，困難だが挑戦する価値の高い研究課題である．たとえば，海洋保護区の設定は，保護区内だけでなく，周辺海域を含めた生物多様性と生態系機能の保全に重要な役割を果たすことが明らかになってきたが (Lubchenco et al. 2003)，より広域，長期的には，炭素の吸収源として温暖化の進行の緩和にも役立つかもしれない．さまざまな時空間スケールで起こる環境，生物群集，および生態系の相互作用の解明を目指す研究は，これからの生態学の発展に貢献するだけではなく，生物多様性や地球環境の保全などの応用的課題に取り組む上でも重要であり，より多くの研究者による先端的かつ統合的なアプローチが望まれる．

本章で提案した統合的アプローチは，研究体制の組織化などを含む大規模なものなので，本課題に関心をもつ学生諸君の中には，いったい自分はどこからとりかかったらよいかと迷う人もいるかもしれない．しかし本章で述べてきたように，地球規模の気候変動に対する生物群集と生態系の影響評価には，群集生態学，生態系生態学だけでなく，個体群生態学，生理生態学，分子生態学，進化生態学など生態学のあらゆる研究分野の成果が必要とされている．したがって，個人ベースで行う研究課題も，このような大きな問題とかならず接点があるはずである．これから研究をはじめる（あるいははじめて間もない）学生諸君は，自分にとってもっとも興味ある分野の研究を深め

ると同時に，周辺分野およびそれに携わる研究者との交流を積極的に行うことにより，自身の研究成果が将来この課題の推進にどのように貢献できるかを考え続けていただければと願っている．

終　章

生物群集と生態系をむすぶ

仲岡雅裕・近藤倫生・大串隆之

1 はじめに

　本巻では，斬新なアプローチで群集生態学と生態系生態学の統合を目指す研究に取り組んでいる著者らにより，その現状と今後の展望についての議論がなされてきた．ここでは，各章で繰り広げられた議論の中から，それぞれが対象とする生物群集や生態系の違いを超えて浮かび上がってくる共通の問題を取り上げ，「生物群集と生態系をつなぐ」研究の可能性について考えてみたい．

2 生態系機能とは何か？

　本書の読者は，各章が対象としている生物群集や生態系だけでなく，設定した研究課題やそれに対するアプローチが多種多様であることに驚かれたであろう．とくに，生態系のとらえ方については，各章の間で大きな違いがある．まず，この点について定義と考え方を整理しておこう．
　岩波生物学辞典によれば，生態系は，「ある地域にすむすべての生物とそ

の地域内の非生物的環境をひとまとめにし，主として物質循環やエネルギー流に注目して，機能系としてとらえた系」と定義される（八杉ら 1996）．このような長く，かつわかりにくい定義では，どの側面に着目したかによって，議論の対象が研究者間で大きく変わるのはいうまでもない．本巻のすべての章では，生態系の変化が群集に与える影響に着目すると同時に，群集の変化が生態系の構造や動態に与える影響も扱っている．どのような群集や生態系の特徴を取り上げるかは著者によってさまざまだが，その違いはとくに，群集の変化が生態系に与える影響を扱う課題において顕著である．

群集の変化が「生態系」に与える影響の研究は，近年はじまったものではない．「種多様性と安定性の関係」は，生態学の古典的な主要な課題の一つであった（詳しい解説は，嶋田ら 2005，および本シリーズ第 1 巻，第 3 巻のコムラを参照のこと）．近年，生物多様性の価値を科学的に立証しようとする「生物多様性と生態系機能の関係」に関する研究が脚光を浴び，1990 年代以降，多くの成果が蓄積されている（Kinzig et al. 2001; Loreau et al. 2002; Balvanera et al. 2006，第 5 章，第 7 章も参照）．

生態系機能を表すためにこれらの研究で用いられる尺度は実にさまざまである．その代表は現存量や生産量などであるが，CO_2 フラックスなど主要元素の循環過程に着目したものもある（McGrady-Steed et al. 1997）．さらに，これらの尺度の時間的な変化の特性を「安定性」と定義して，生態系機能の指標にすることもある（Yachi and Loreau 1999）．安定性にも，平均値に対する時間的変化の相対的大きさ（変動性），攪乱に対する抵抗性（レジスタンス），攪乱後の回復速度（レジリエンス）など，さまざまな指標があり，このような定義の違いが種多様性と安定性の関係をめぐる論争の一因にもなっていた（McCann 2000; 本シリーズ第 3 巻のコラム）．

本巻でも，取り扱う生態系機能は各章によって異なっている．第 1 章，第 2 章，第 4 章，第 5 章は，群集の変化による物質循環やエネルギーの流れの変化に焦点を当てている．これは，「主として物質循環やエネルギー流に注目して，機能系としてとらえた系」という前出の定義に忠実な生態系機能である．

これに対して，第 3 章は，物質循環（化学的プロセス）だけではなく，生物

終　章　生物群集と生態系をむすぶ

が物理的に環境を変える効果も生態系機能の一つとして取り上げている．ここでは，シカなどの大型植食動物による物理的改変が，陸上生態系の物質循環を含むさまざまな機能に大きな影響を与えることが指摘されている．第7章でも，沿岸生態系の物理的構造に影響を与えるサンゴやアマモなどの種を「景観形成種」と定義し，その変化が生態系に与える影響について言及している．生物による生態系の物理的な改変作用は，とくに海洋ベントスなど特定のタイプの生物群集では以前より着目されてきたが（竹門ら 1995；西平 1996），1990年代以降，「生態系エンジニアリング」という概念で，その生態系における役割が広く認識されるようになった（Jones et al. 1997）．生態系エンジニアリングの効果は，陸上植物や沿岸の固着動植物などのように優占種自身が生態系の主要な物理的構造を提供する場合に顕著になるが，陸上植物上の節足動物群集でも普遍的であることが，近年指摘されている（Marquis and Lill 2007）．

　さらに第6章では，「単なる物質循環系としての生態系の理解だけでは，生物群集の多様性や，複雑な生物間相互作用を生み出しているメカニズムの理解には不十分である」という立場にもとづき，物質循環作用に含まれない機能にも広く着目している．たとえば，送粉者と植物の関係の変異なども生態系機能を表す指標となるとして議論が展開されている．このように多様な尺度を含む生態系機能の定義は，近年の生態系保全の機運の高まりとともに広まりつつあるように思われる．たとえば，沿岸生態系では，有用水産生物を含む多種多様な動植物が生育することが，高度な生態系機能をもつ海域の指標とされ，そのような生物多様性が高い藻場などを保全し，再生するための取り組みが進んでいる（堀ら 2007）．これは，多様な生物群集ほど生産性や安定性も高いという前提にもとづくものであり，ここでの生態系機能の定義には生態系サービス（人間が生態系から受ける恩恵．食料や遺伝子などの生物資源，物質循環などの作用，および文化的価値観などに分類される；Constanza et al. 1997）の概念も含まれている．

　さらに解釈を拡大していくと，やがて，生物間相互作用の複雑さや生物多様性の豊富さなど，生態系の変動に関連すると思われるあらゆる指標を含めて生態系機能を定義することも可能になる．このような広い定義は，「生

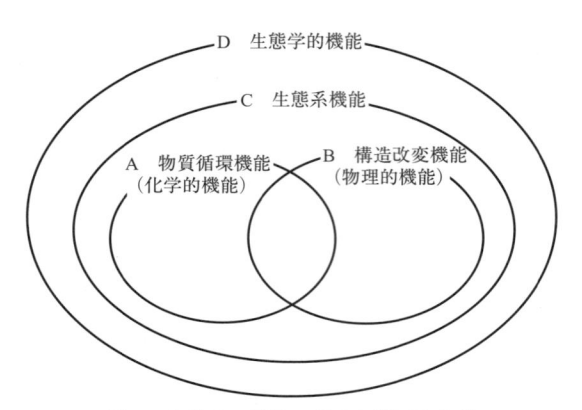

```
       D   生態学的機能
         C   生態系機能
    A   物質循環機能    B   構造改変機能
       （化学的機能）      （物理的機能）
```

図 1　生態系の機能に関する階層的定義

物多様性の高さや生物間相互作用の複雑さが生態系機能の高さと相関している」という前提が成り立つ場合には，保全地域の選定などの応用的研究で有効な場合もあろう（仲岡ら 2007）．しかし，生物群集および生物多様性が生態系機能に与える影響を検討するという基礎的な研究を進める際には，因果関係が不明瞭になることにより，循環論に陥ってしまう危険性をはらんでいる．

　研究者によって生態系機能の定義が大きく異なるなかで，生物群集と生態系機能の関係はどのように整理するのがよいのだろうか．解決策の一つは，生態系機能の定義自身を階層的な概念としてまとめることである（図1）．本巻の各章が扱った生態系の定義を例としてまとめると，もっとも狭義なものとしての物質循環（化学的機能）による定義（図1A），それに加えて生物による生態系の構造の物理的な改変効果（図1B）を加えたより包括的な定義（図1C），さらに，生物間相互作用や生物多様性，生態系サービスを含むもっとも広い定義（図1D）となる．ただし，生物群集の変化が生態系の構造や動態に与える影響を探ろうとする研究（第5章）の立場からすると，先に述べた生物多様性の概念をも含みうる最上位の定義を生態系機能とよぶのは，混乱を与えかねない．その誤解を避けるために，ここでは，実際に生態系の動態を直接的に示す生産量，物質循環，物理的改変効果などに代表される機能を「生態系機能（ecosystem function）」，それを駆動する群集生態学的プロセス（生物間相互作用）や生物群集の構造（生物多様性）を含む定義を「生態学的機能

(ecological function)」と区分する考え方を提案する (図 1).「生物群集の変化が生態系機能に与える影響」に関する研究では，前者を目的変数にするべきである．

多様な意味をもちうる「生態系」および「生態系機能」を，いくつかの異なる定義に類型化して，各研究が扱う課題の違いを明確にすることは，研究間の比較を通じた総合的な議論を進めるうえで有効であろう．

3 物質循環研究の発展は群集生態学の可能性をひろげる

第 1 章および第 2 章で詳しく紹介されているように，元素レベルでの生物間相互作用の研究，および安定同位体を利用した物質の由来および食物網の研究は，群集生態学と生態系生態学に革新的な転機をもたらした．たとえば，生態化学量論に基づく生物間相互作用の研究は，制約となる元素の種類およびその構成比により捕食-被食関係が大きく変わることを明らかにした．これは，従来のような捕食-被食関係の直接的な観察や，摂食量，エネルギー要求量の測定だけでは決してわからなかった事実である．また，安定同位体解析は，異なる場所間の物質の流れの定量的な評価や，異なる生態系間での食物網構造の定量的な比較研究を可能にした (第 2 章，第 4 章，コラム参照)．これらの研究の進展には元素分析などの生物地球化学的な手法の技術的進展やそのコストダウンによる普及が深く関連している．その成果は方法論のみならず，生態学の理論的な枠組みの構築にも大きく貢献している (Sterner and Elser 2002; Fry 2006)．

物質循環研究の技術的・理論的発展は，生態学を今後どのような方向に導くのであろうか．まず，生態化学量論の分野では，炭素・窒素・リンなどの主要元素だけでなく，生体を構成するさまざまな微量元素の定量的解析が可能となった (第 1 章参照)．これにより，たとえば，海洋における植物プランクトンの一次生産には鉄が制限要因になっている海域があることが明らかになった (Martin et al. 1994)．物質循環を制限するのはもっとも不足している元素である (第 1 章，第 2 章参照)．このため，より多数の元素について，群

集の構成種間,および生物と環境との間の流れを調べることにより,群集動態および物質循環の各プロセスの制約条件がより明確になることが期待される.しかし,制約となる元素は各プロセスによって異なるだろうし,同じプロセスであっても時間的・空間的に変わるだろう.そのような状況では,さまざまな条件に依存するため,単純な数理モデルによる群集や生態系の動態の予測はむずかしいかもしれない.これは,構成種が2種,3種と増えるにつれて個々の相互作用に基づく群集全体の動態予測が困難になることと似ている.

一方,安定同位体解析を用いた生態学の今後の発展の可能性については,コラムに詳しく述べられているように,従来の炭素および窒素以外の元素,さらに特定の化合物を用いた新たな方法の開発と普及が期待される.とくに安定同位体解析は,過去の物質循環や捕食−被食関係の推定にも利用できるので,群集や生態系の時間的変化の解明に貢献することが期待される(第2章,コラム参照).

これら物質レベルでの解析の進展は,たとえば,海洋のプランクトン生態系における微生物ループの発見など,とくに微生物生態学の分野で著しい成果をもたらした(永田 2006).目に見えない微生物の研究では,種の定義や同定が困難であることなどによる問題により分類学的研究がむずかしい.したがって,生物多様性の研究より物質循環や生態系機能の研究が先んじてきた.しかし,近年は,野外で微生物の遺伝子発現パターンを直接解析することにより,その多様性を評価しようとするメタゲノミクスの研究が進展しつつある(Tringe et al. 2005).これにより,これまで特定の生物グループに限られてきた生物多様性と生態系機能の関連性についての研究が,さまざまな微生物群集を対象にして進展する可能性がある(第5章参照).さらに微生物群集を対象にすれば,その短い世代時間を活かして進化的プロセスの効果を取り入れた研究もできることから,群集生態学と生態系生態学の統合的な研究分野でもモデル系として有望であろう.この成果を動植物を対象にした研究と比較することにより,生物グループの違いを超えた一般法則の発見につながる可能性もあり,今後の展開から目が離せない.

4 時空間スケールをひろげる

　従来の群集生態学では，比較的小さな空間スケールで，観察や測定あるいは操作実験などを行うことにより，種間相互作用が群集の構造や動態に与える影響を調べてきた（Lawton 1999）．研究期間も数か月から長くても数年程度のものが多く，（微生物や一部の昆虫類などを除いて）対象生物の世代時間と同じか，はるかに短い時間スケールで生じる現象を扱ってきた．これに対して，1990年以降，研究の時空間スケールの拡大により，群集生態学および生態系生態学の理解も大きな変化を見せている（Noda 2004; Polis et al. 2004）．

　とくに，空間スケールの拡大は，生態系間の相互作用の研究（Polis et al. 2004），景観生態学（ターナーら 2004），メタ個体群研究（Hanski and Gaggiotti 2004），メタ群集研究（Holyoak et al. 2005）などの複数の領域の発展にみられるように著しい．群集生態学と空間のかかわりについてのより総合的な議論は，本シリーズの第5巻で行われるが，本巻でも，生態系間の相互作用に関する最先端の研究について，第2章，第3章，第4章で紹介されている．

　このような生態学研究における空間スケールの拡大も，解析技術の進歩と密接に関連している．すでに述べたように，同位体分析技術の進歩によって，対象とする生態系の外から流入する物質が群集動態に与える影響を定量的に評価することが可能になった（第2章，コラム参照）．また，リモートセンシングおよび地理情報システム（GIS）の技術の進歩にともない，群集や生態系の空間構造を取り入れた解析が急増している．高解像度の画像撮影装置をもった衛星の利用や，衛星画像の波長の差から植生指標を求める方法の発展などにより，景観の空間配置だけでなく，主要生物の現存量の空間的な異質性の詳細な推定も可能になった．このような手法で得られた高精度かつ大容量のデータを処理する計算機およびソフトウェアの開発，さらに空間統計学（地球統計学）や，生息地の空間構造を考慮した個体群モデルなどの数理的・理論的解析方法もめざましい発展を見せている（Liebhold and Gurevitch 2002; Fortin and Dale 2005）．しかし，広い空間スケールでは，操作実験などにもとづき因果関係を解明する研究アプローチを適用することは困難である．この

ため，観察されたパターンのメカニズムを明らかにする研究との連携が不可欠であることを指摘しておきたい．

これらの技術的進歩にともなって，生息場所の空間的な特性が群集および生態系の動態に与える影響を評価できるようになった．たとえば，第4章では，集水域内の河川の面積や土地利用様式の変化が，物質循環過程の変化を通じて群集の構造に変化を与える可能性が示されている．また，第6章では，高山生態系において環境条件の異なる景観（風衝地と雪田環境）の空間配置が，送粉者を介して植物群集内に複雑な相互作用を生み出していることが紹介されている．このような調査地の空間情報を取り入れた動態解析は，とくに保全生態学の現場で，それぞれの地域の現状を考慮した対策を検討するうえで有力な方法となろう．その反面，場所ごとの地理的条件に大きく左右されるため，これらの結果に基づいて生態学の一般法則を考える場合には，注意が必要である．第2章で紹介された Genkai-Kato and Carpenter（2005）は，湖の地形の特性を面積や水深などで表すことにより，レジームシフトの発生条件を検討している．このようなアプローチは，個別研究における予測精度の向上と，生態学の一般的な法則の追究を橋渡しするものとして有効であろう．

群集生態学および生態系生態学が扱う研究も，十数年から数十年スケールの変動をターゲットにしたものが増えている．数十年というのは，人間の経済活動の拡大が原因となった自然生態系の劣化や地球規模の気候変動が進行してきた時間スケールでもある．応用的な研究課題に取り組む上では，このような長期的な時間スケールをくみこむ必要がある．これまで各地で集積された環境や生物の長期観測のデータベース化が進み，利用しやすくなったことや，第2章およびコラムに述べられているように，安定同位体解析などの発展により過去の環境および生物群集の履歴の復元が可能になったことも，長期研究の進展に大きく貢献している．地球規模の環境変動が群集および生態系に与える影響の解明に，このような長期観測データの利用がいかに有効であるかについては，第2章，第6章，第7章で詳しく述べられている．

時間スケールをさらに拡大すれば，生物の進化プロセスが群集や生態系に与える影響も考慮しなければならない．第5章，第6章，第7章では，環境

変動および生物間相互作用に応じた群集構成種の適応進化の過程が，群集と生態系の動態に影響を及ぼす可能性が指摘されている．また，構成種の生物地理学的な由来や系統が，群集の構成や動態に影響を与えることが明らかになりつつある (Cattin et al. 2004)．群集と生物進化の関係は，生態学全体の中でもその進展がおおいに期待されている研究課題の一つであり，本シリーズの第2巻で詳しく取り上げる．

5 環境・群集・生態系をつなぐ

　本巻のいずれの章も，環境の変化が群集に与える影響，もしくは群集構造の変化が生態系に与える影響のような一方向的な関係だけではなく，環境，群集，生態系の間の相互関係を扱っている．本巻の議論によって，これら3者の間には，さまざまな時空間スケールではたらくフィードバックがあることが明らかになってきた．人間活動の影響はこれら三者の関係の改変を通して複雑に作用する（図2；Chapin et al. 2000）．

　生物多様性と生態系機能の関係についての初期の研究は，人間活動による生物多様性の減少が，生態系機能を通じた生態系サービスの低下にどのように結びつくかを明らかにすることを目的としてきた．しかし，たとえば単一の環境条件下で植物の種数のみを操作して1〜数年間での現存量・生産量の変化をみるような研究に代表されるように，その多くは生物多様性の変化の短期的な影響をあつかってきた（第5章参照）．それに対して，近年は異なる環境条件下での生物多様性と生態系機能の関連性の変化に着目する研究が増えつつある (Grace et al. 2007; Gross and Cardinale 2007)．第5章の取り組みはその先駆的なものの一つであり，生態学の一般法則の発見につながる興味深い仮説が提示されている．生物群集（第5章，図2のX軸）は，生態系（Y軸）の変化を通して，さまざまな時空間スケールで環境そのもの（Z軸）の変化をも引き起こす．このようなフィードバックを考慮した，より包括的なアプローチによる課題の発見と検証が望まれる．

　環境・群集・生態系のフィードバック機構を明らかにするためには，ま

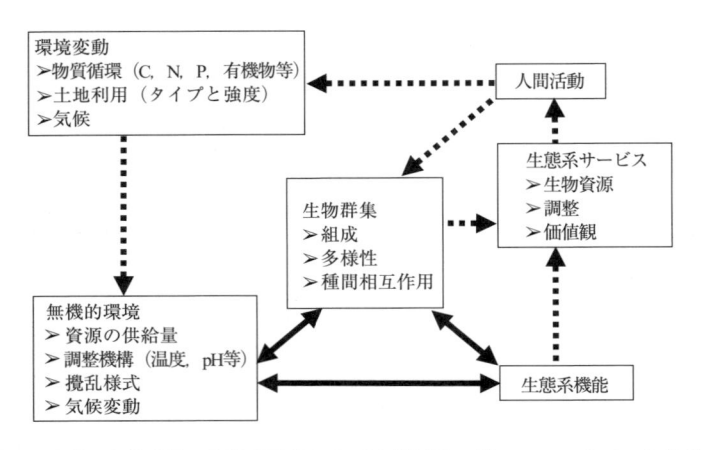

図2 環境，生物群集，生態系機能および人間活動の間のフィードバック機構．Chapin et al.（2000）を改変．実線は本巻の中心課題として取り上げた環境，生物群集，生態系の相互作用を，点線はその3者が生態系サービスを通じて人間活動に与える影響，および人間活動が3者に与える影響を示す．人間活動は環境改変を通じた間接的な影響だけでなく，乱獲や侵入種の問題を通じて直接的にも生物群集に影響を与える．

ず，それぞれの変化が，どの時空間スケールで相手側の変化を引き起こすかを理解しなければならない．これまでの群集生態学は，環境および生態系の変化がさまざまな時空間スケールで群集に影響を与えることを明らかにしてきた．一方，その逆の効果，すなわち生物群集が環境および生態系に与える影響の作用する時空間スケールについては，体系的には考えられてこなかった．本巻の各章には，群集を構成する種の相互作用が生態系の構造や動態の変化を引き起こすことにより，環境に広域かつ長期的な影響を与える可能性が示されている．もちろん，あらゆる生物間相互作用の変化がただちに地球環境の大きな変化を引き起こすわけではない．第5章では，生物群集の影響を受ける物理的環境を「内生的環境」（たとえば，土壌の栄養塩濃度や餌生物の密度など），影響を受けない環境を「外生的環境」（たとえば，気温や降水量など）に区分して考える方法が提案されている．ただし，生物群集がどの空間スケールで環境に影響を与えるかという問題への解答は，時間スケールによっても変わる．したがって，研究を行う上では，対象とする現象や相互作用の時空間スケールを明確に設定しておく必要があろう．たとえば，生物群集の変化が広域な環境要因に与える長期的な影響を研究する場合には，ターゲットと

する生物がその期間に移動する範囲，およびその間に起こりうる適応進化や確率的な遺伝子頻度の変化などについても考慮する必要があろう．

生物群集の変化が生態系の改変を通して環境を変化させ，それが再び生物群集に影響するというフィードバックの具体的な例として，第2章，第3章，第5章ではレジームシフトが取り上げられている．レジームシフトの発生には，生態系の地理的特性や生態系間の相互作用の速度と反応スケールの違いなどが関与することが指摘されている．これらはいずれも本巻で述べた近年の群集生態学の視野の拡大から得られた新たな知見である．レジームシフトの発生機構の解明は，生態系の保全や再生に取り組む現場では非常に有益な情報であり，生態系生態学や環境科学を広く取り込んだ群集生態学がその解決に向けて貢献できることをアピールできる絶好の機会でもある．

6 新たな課題に向けて

群集と生態系を結ぶ研究について，本巻で十分に取り上げられなかった興味深い研究課題をいくつか提示したい．

(1) 生態化学量論を用いた地球規模の気候変動の影響解析

すでに説明したように，生物を構成する元素の構成比に着目する生態化学量論は，群集の構成種や種間関係の変化，およびそれを通じた物質循環過程の変動を考えるうえで重要である（第1章，第2章も参照）．さらに近年，地球規模の気候変動が元素の構成比の変化を通じて生物群集の動態に影響を与える可能性が指摘されている（Urabe et al. 2003）．

人間の経済活動の拡大による大気中の二酸化炭素濃度の上昇は，光合成による炭素の取り込み速度を増加させることにより，藻類の炭素：窒素比や，炭素：リン比を増加させる可能性がある．ミジンコ類などの植食動物にとって，このことは餌としての藻類の質が低下することを意味する（第1章，第2章を参照）．実際に室内実験で二酸化炭素分圧を上げると，藻類の炭素：リン比が減少し，それにともないミジンコの成長速度が遅くなることが示され

ている (Urabe et al. 2003).

このように，地球規模の気候変動が生物群集へ与える影響を評価する際にも，生態化学量論をはじめとする物質レベルの現象に着目した考え方は有効であろう．今後は陸域生態系を含めて，その重要性と一般性に関する検証を行う必要がある．

(2) 遺伝的多様性と生態系機能の関係

第5章では，進化的なプロセスを通じた群集の生物多様性の変化が，生態系機能に与える影響について解説した．このしくみは，短期的には群集構成種の遺伝的多様性の変化を，長期的には群集の種多様性の変化を念頭においている．後者の効果（種多様性が生態系機能に与える効果）については詳しく論じたが，前者（遺伝的多様性・生態系機能関係）についても，研究例が集まりつつある．実際に第7章ではアマモやサンゴなどの海洋生物を対象に，遺伝的多様性が，攪乱やストレスに対する抵抗性や回復可能性に深く関連していることを示した．

陸上の生物群集においても，植物の遺伝的多様性が落葉の質の変異を通じて，陸上生態系における分解過程と栄養塩の循環に影響を与えている可能性が近年指摘されている (Madritch and Hunter 2002; Whitham et al. 2003)．たとえば，ハコヤナギの落葉に含まれる縮合タンニンの量は遺伝子型によって決まり，これだけで落葉の分解速度の変異の89％，土壌中での窒素の無機化の変異の55〜65％を説明することが示されている (Schweitzer et al. 2004)．陸上生態系では，植物の一次生産量の80％以上が落葉として分解されるため，その遺伝的多様性が生態系機能に果たす役割はきわめて大きいといえる．

分子生物学的手法の発展にともない，今後も遺伝的多型を検出するさまざまな分子マーカーの開発や，ゲノミクスによる発現遺伝子の機能解析が進展することが期待される．これらの成果を個別の生物種の特性解明にとどめることなく，生物群集や生態系全体への影響評価につなげていく研究課題の立案と実行が求められる．

(3) 動物による生態系の改変効果

「生物群集において生態系にもっとも影響を与える構成種は生産者，それも大型植物であり，昆虫などに代表される多様な動物群集は付随的な役割しか果たしていない」という伝統的な見方はもはや通用しない．動物，とくに植食者が生物群集全体および生態系に多大な影響を与えることは，とくに水界生態系では以前より指摘されてきたが (Strong 1992; Polis 1999; 本巻の第2章，第5章，第7章も参照)，陸上生態系においても，おもに大型植食動物を対象に，植食者が生態系に与える効果が非常に多岐にわたり，複雑に作用することが明らかにされた (第3章参照)．

大型草食動物や大発生した昆虫類だけでなく，森林の地上部に普通に生息する昆虫などの小型植食者が，植物との相互作用を通じて間接的に土壌中の微生物群集のバイオマスや種組成を変えることにより，生態系の分解過程や一次生産という重要な生態系機能を左右している可能性も指摘されている．たとえば，地上部の昆虫による食害が植物の根からの浸出液の量や質の変化を通じて，有機物の分解を担う土壌微生物や根圏で植物と共生する菌根菌や根粒菌の群集構造を変化させ，その結果，植物の一次生産量や窒素・炭素・リンの循環を変えてしまうことが明らかになってきた (Bardgett and Wardle 2003; Chapman et al. 2003, 2006b; Gange 2007)．このような生態系機能に対する植食者の多様な役割には，植食者の摂食活動とそれに対する植物の防衛反応が共進化によってもたらされてきたことが大きくかかわっている (Ohgushi et al. 2007)．

さらに最近，植食者に対する捕食者の摂食様式の変異が，栄養カスケードを通じて草地生態系の機能に影響を与えることも指摘されている (Schmitz 2008)．動物群集が生態系に与える多様な効果およびそのプロセスに関する研究の進展により，生物群集と生態系の関連性に関する理解がより深まることが期待される．

7 社会的な課題への挑戦

　地球規模で進行する環境問題の解決のために自然科学に向けられた期待は，群集生態学と生態系生態学の統合を促す契機となっている．本巻の多くの章でも，群集と生態系研究の統合的アプローチが応用的課題に取り組む上で有効であることが力説されている．このような社会状況の中で，これまで基礎的な学問分野と考えられてきた群集生態学は，今後どのような貢献ができるのだろうか．

　人間活動にともなう環境破壊が自然生態系の劣化や生物多様性の減少の原因であることはよく理解されている．だが，生物群集の構造および動態の変化が，生態系機能の変化をもたらし，それが地球環境にまで影響するというフィードバックの可能性については十分に認識されていないのではないだろうか．本巻が伝えたい重要なメッセージは，「群集の変動様式とそのしくみを理解しない限り，生態系や環境の変動を予測することはできない」というものであり，これは，多くの人にこれまでの環境問題に関する見方の転換を促すだろう．このためにも，生物群集の変化が異なる時空間スケールの中でどのように環境に影響を及ぼすかを正確に理解することがますます必要になってくる．

　本巻は，生物群集の相互作用の諸特性が，生態系および環境に与える影響の作用には共通の特徴があることを明らかにした．たとえば，①群集動態に影響を与えるプロセスは，それぞれ独立で作用することはまれであり，複数のプロセスが複合効果を生むこと，②生物種間相互作用を介した間接効果の影響はしばしば環境と生物の直接的な作用よりも全体の動態に大きな影響を与えること，③生態系および環境の変化に対しては，群集の優占種だけでなく，たとえば，第3章のシカや第6章のマルハナバチなどのようなキーストン種も重要な役割を担っていることなどが挙げられよう．これらは，生物群集を考慮せずに，物質レベルのみに着目して環境動態の予測を行っている研究者にはなかった視点である．

　以上のように，生態系生態学と結びついた新しい群集生態学は，地域規模

から地球規模にいたるさまざまな環境問題の解決に向けて，非常に重要な役割を担うようになろう．たとえば，第2章，第3章，第5章では，富栄養化や大型植食動物の増加が，非線形的な生態系の反応（レジームシフト）を引き起こすことを紹介したが，この反応に，群集の構成種の相互作用および環境条件への作用の変化がどのように関連しているかを解明することは，劣化が心配される自然生態系の保全事業や，すでに劣化した生態系の再生事業において，その費用対効果も考慮に入れた効果的な計画案の作成に貢献するだろう．また，地球規模で進行する気候変動の生態系への影響評価および適応策の策定においては，第5章，第6章，第7章で見たように，生物群集の構成および種間相互作用の変化が生態系の動態に与える効果を理解することで，予測の信頼性を高め，より効果的な対策を打ち出すことができるようになるだろう．

　近年，地球規模の気候変動の予測評価においては，IPCCに代表されるような国境を越えた科学者による研究組織の活動が，国際政治や経済の動向にも大きな影響を与えるようになってきた．同じように，これまで生物間相互作用および物質循環過程を主な研究課題としてきた生態学の専門家も，今後，社会の要請に応えるためのより広い枠組みの研究活動を求められるだろう．従来の研究のスタイルや方法にとらわれることなく，広い視野と問題意識をもった意欲あふれる若手研究者が新たな課題に果敢に挑んでくれることを願っている．

引用文献

安部琢哉・東　正彦（1992）シロアリの発明した偉大なる「共生系」．『地球共生系とは何か』（安部琢哉・東　正彦編）pp. 58–83　平凡社，東京．

Abrams, P.A., Holt, R.D., and Roth, J.D. (1999) Apparent competition or apparent mutualism? Shared predation when populations cycle. Ecology, 79: 201–212.

Adams, T.S. and Sterner, R.W. (2000) The effect of dietary nitrogen content on trophic level ^{15}N enrichment. Limnology and Oceanography, 45: 601–607.

Aerts, R. (1999) Interspecific competition in natural plant communities: mechanisms, trade-offs and plant-soil feedbacks. Journal of Experimental Botany, 50: 29–37.

Agawin, N.S.R., Duarte C.M., and Agustí, S. (2000) Nutrient and temperature control of the contribution of picoplankton to phytoplankton biomass and production. Limnology and Oceanography, 45: 591–600.

Ainsworth, E.A. and Long, S.P. (2005) What have we learned from 15 years of free-air CO_2 enrichment (FACE)? A meta-analytic review of the responses of photosynthesis, canopy properties and plant production to rising CO_2. The New Phytologist, 165: 351–372.

Algesten, G., Sobek, S., Bergström, A., Ågren, A., Tranvik, L.J., and Jansson, M. (2003) Role of lakes for organic carbon cycling in the boreal zone. Global Change Biology, 10: 141–147.

アンダーセン，T.（2006）『水圏生態系の物質循環』（山本民次訳）恒星社厚生閣，東京．［原著 1997 年］

Andréfouët, S., Kramer, P., Torres-Pulliza, D., Joyce, K.E., Hochberg, E.J., Garza-Pérez, R., Mumby, P.J., Riegl, B., Yamano, H., White, W.H., Zubiak, M., Brock, J.C., Phinn, S.R., Naseer, A., Hatcher, B.G. and Muller-Karge, F.E. (2003) Multi-site evaluation of IKONOS data for classification of tropical coral reef environments. Remote Sensing of Environment, 88: 128–143.

Augustine, D.J. and McNaughton, S.J. (1998) Ungulate effects on the functional species composition of plant communities: herbivore selectivity and plant tolerance. Journal of Wildlife Management, 62: 1165–1183.

Azam, F., Fenchel, T., Field, J.G., Gray, J.S., Meyer-Reil, L.A., and Thingstad, F. (1983) The ecological role of water-column microbes in the sea. Marine Ecology Progress Series, 10: 257–263.

Bade, D.L., Carpenter, S.R., Cole, J.J., Hanson, P.C., and Hesslein, R.H. (2004) Controls of δ^{13}C-DIC in lakes: geochemistry, lake metabolism, and morphometry. Limnology and Oceanography, 49: 1160–1172.

Balvanera, P., Pfisterer, A.B., Buchmann, N., He, J-S., Nakashizuka, T., Raffaelli, D., and Schmid, B. (2006) Quantifying the evidence for biodiversity effects on ecosystem functioning and services. Ecology Letters, 9: 1146–1156.

Bardgett, R.D. (1998) Linking above-ground and below-ground interactions: how plant responses to foliar herbivory influence soil organisms. Soil Biology and Biochemistry, 30: 1867−1878.

Bardgett, R.D. and Wardle, D.A. (2003) Herbivore-mediated linkages between aboveground and belowground communities. Ecology, 84: 2258−2268.

Bardgett, R.D., Keiller, S., Cook, R. and Gilburn, A.S. (1998) Dynamic interactions between soil animals and microorganisms in upland grassland soils amended with sheep dung: a microcosm experiment. Soil Biology and Biochemistry, 30: 531−539.

Baskin, C.C. and Baskin, J.M. (2001) Seeds: Ecology, Biogeography, and Evolution of Dormancy and Germination. Academic Press, San Diego.

Bastviken, D., Ejlertsson, J., Sundh, I., and Tranvik, L. (2003) Methane as a source of carbon and energy for lake pelagic food webs. Ecology, 84: 969−981.

Bearhop, S., Thompson, D.R., Waldron, S., Russell, I.C., Alexander, G. and Furness, R.W. (1999) Stable isotopes indicate the extent of freshwater feeding by cormorants *Phalacrocorax carbo* shot at inland fisheries in England. Journal of Applied Ecology, 36: 75−84.

Begon, M., Harper, J.L., and Townsend, C.R. (1986) Ecology. Blackwell Science, Oxford, UK.

Beisner, B.E., Haydon, D.T., and Cuddington, K. (2003) Alternative stable states in ecology. Frontiers in Ecology and the Environment, 1: 376−382.

Bengtsson, J., Engelhardt, K., Giller, P., Hobbie, D., Lawrence, D., Levine, J., Vilà, M., and Woleter, V. (2002) Slippin' and slidin' beween the scales: the scaling components of biodiversity-ecosystem functioning relations. pp. 209−220. In Loreau, M., Naeem, Shahid, and Inchausti (eds.), Biodiversity and Ecosystem Functioning: Synthesis and perspectives. Oxford University Press, Oxford, UK.

Bezemer, T.M. and van Dam, N.M. (2005) Linking aboveground and belowground interactions via induced plant defenses. Trends in Ecology and Evolution, 20: 617−624.

Blais, J.M., Kimpe, L.E., McMahon, D., Keatley, B.E., Mallory, M.L., Douglas, M.S., Smol, J.P. (2005) Arctic seabirds transport marine-derived contaminants. Science, 309: 445.

Bonkowski, M., Geoghegan, I.E., Birch, A.N.E. and Griffiths, B.S. (2001) Effects of soil decomposer invertebrates on an above-ground phytophagous insect mediated through changes in the host plant. Oikos, 95: 441−450.

Borowicz, V.A. (1997) A fungal root symbiont modifies plant resistance to an insect herbivore. Oecologia, 112: 534−542.

Both, C., Bouwhuis, S., Lessells, C.M. and Visser, M.E. (2006) Climate change and population declines in a long-distance migratory bird. Nature, 44: 81−83.

Boyd, P.W., Jickells, T., Law, C.S., Blain, S., Boyle, E.A., Buesseler, K.O., Coale, K.H., Cullen, J, J., de Baar, H.J.W., Follows, M., Harvery, M., Cancelot, C., Levasseur, M., Owens, N.P.J., Pollard, R., Rivkin, R.B., Sarmiento, J., Schoemann, V., Smetacek, V., Takeda, S., Tsuda, A., Turner, S., and Watson, A.J. (2007) Mesoscale iron enrichment experiments 1993−2005: synthesis and future directions. Science, 315: 612−617.

Brönmark, C. and Hansson, L.A. (2007) 『湖と池の生物学：生物の適応から群集理論・保全

まで』(占部城太郎 監訳) 共立出版. 東京. [原著 2005 年]

Burgmer, T., Hillebrand, H. and Pfenninger, M. (2007) Effects of climate-driven temperature changes on the diversity of freshwater macroinvertebrates. Oecologia, 151: 93–103.

Caldeira, K., and Wickett, M.E. (2003) Oceanography: anthropogenic carbon and ocean pH. Nature, 425: 365.

Canham, C.D., Pace, M.L., Papaik, M.J., Primack, A.G.B., Roy, K.M., Maranger, R.J., Curran, R.P., and Spada, D.M. (2004) A spatially explicit watershed-scale analysis of dissolved organic carbon in Adirondack lakes. Ecological Applications, 14: 839–854.

Carpenter, S.R. (1980) Enrichment of Lake Wingra, Wisconsin, by submerged macrophytes decay. Ecology, 61: 1145–1155.

Carpenter, S.R., Ludwig, D. and Brock, W.A. (1999) Management of eutrophication for lakes subject to potentially irreversible change. Ecological Applications, 9: 751–771.

Carson, W.P. and Root, R.B. (2000) Herbivory and plant species coexistence: community regulation by an outbreaking phytophagous insect. Ecological Monographs, 70: 73–99.

Cattin, M.F., Bersier, L.F., Banašek-Richter, C., Baltensperger, R. and Gabriel, J. P. (2004) Phylogenetic constraints and adaptation explain food-web structure. Nature, 427: 835–839.

Cebrian, J. (1999) Patterns in the fate of production in plant communities. American Naturalist, 154: 449–468.

Chamberlain, P.M., McNamara, N.P., Chaplow, J., Stott, A.W., Black, H.I.J. (2006) Translocation of surface litter carbon into soil by Collembola. Soil Biology & Biochemistry, 38: 2655–2664.

Chapin III, F.S., Zavaleta, E.S., Eviner, V.T., Naylor, R.L., Vitousek, P.M., Reynolds, H.L., Hooper, D.U., Lavorel, S., Sala, O.E., Hobbie, S.E., Mack, M.C. and Diaz, S. (2000) Consequences of changing biodiversity. Nature, 405: 234–242.

Chapin III, F.S., Matson, P.A., and Mooney, H.A. (2002) Principles of Terrestrial Ecosystem Ecology. Springer, New York.

Chapman, S.K., Hart, S.C., Cobb, N.S., Whitham, T.G. and Koch, G.W. (2003) Insect herbivory increases litter quality and decomposition: an extension of the acceleration hypothesis. Ecology, 84: 2867–2876.

Chapman, S.K., Langley, J.A., Hart, Srephen, C., and Koch, G.W. (2006a) Plants actively control nitrogen cycling: uncorking the microbial bottleneck. New Phytologist, 169: 27–34.

Chapman, S.K., Schweitzer, J.A. and Whitham, T.G. (2006b) Herbivory differentially alters plant litter dynamics of evergreen and deciduous trees. Oikos, 114: 566–574.

Chesson, P. (2000) Mechanisms of maintenance of species diversity. Annual Reviews of Ecology and Systematics, 31: 343–366.

Chiba, S., Tadokoro, K., Sugisaki, H. and Saino, T. (2006) Effects of decadal climate change on zooplankton over the last 50 years in the western subarctic North Pacific. Global Change Biology, 12: 907–920.

Clark, J.S., Dietze, M., Chakraborty, S., Agrwal, P.K., Ibanez, I., LeDeau, S., and Wolosin, M. (2007)

Resolving the biodiversity paradox. Ecology Letters, 10: 647–659.

Cole, J.J., Carco, N.F., Kling, G.W. and Kratz, T.K. (1994) Carbon dioxide supersaturation in the surface waters of lakes. Science, 265: 1568–1570.

Cole, J.J., Carpenter, S.R., Pace, M.L., Van de Bogert, M.C., Kitchell, J.L., and Hodgson, J.R. (2006) Differential support of lake food webs by three types of terrestrial organic carbon. Ecology Letters, 9: 558–568.

Collins S. and Bell, G. (2004) Phenotypic consequences of 1,000 generations of selection at elevated CO_2 in a green alga. Nature, 431: 566–569.

Connell, J.H. (1978) Diversity in tropical rain forests and coral reefs. Science, 199: 1302–1310.

Connolly, S.R., Menge, B.A. and Roughgarden, J. (2001) A latitudinal gradient in recruitment of intertidal invertebrates in the Northeast Pacific Ocean. Ecology, 82: 1799–1813.

Coplen, T.B., Böhlke, J.K., De Bievre, P., Ding, T., Holden, N.E., Hopple, J.A., Krouse, H.R., Lamberty, A., Peisher, H.S., Revesz, K., Rieder, S.E., Rosman, K.J.R., Roth, E., Taylor, PP.D.P., Vocke, R.D., and Xiao, Y.K. (2002) Isotope-abundance variations of selected elements. Pure & Applied Chemistry, 74: 1987–2017.

Costanza, R., d'Arge, R., de Groot, R., Farber, S., Grasso, M., Hannon, B., Limburg, K., Naeem, S., O'Neill, R.V., Paruelo, J., Raskin, R.G., Sutton, P. and van den Belt, M. (1997) The value of the world's ecosystem services and natural capital. Nature, 387: 253–260.

Costanza, R., Fisher, B., Mulder, K., Liu, S., and Christopher, T. (2007) Biodiversity and ecosystem services: a multi-scale empirical study of the relationship between species richness and net primary production. Ecological Economics, 61: 478–491.

Cottrell, M.T. and Kirchman, D.L. (2000) Natural assemblages of marine proteobacteria and members of the *Cytophaga-Flavobacter* cluster consuming low- and high-molecular-weight dissolved organic matter. Applied and Environmental Microbiology, 66: 1692–1697.

Covich, A.P., Palmer, M.A. and Crowl, T.A. (1999) The role of benthic invertebrate species in freshwater ecosystems. BioScience, 49: 119–127.

Croll, D.A., Maron, J.L., Estes, J.A., Danner, E.M. and Byrd, G.V. (2005) Introduced predators transform subarctic islands from grassland to tundra. Science, 307: 1959–1961.

Cross, W.F., Benstead, J.P., Rosemond1, A.D., and Wallace, J.B. (2003) Consumer-resource stoichiometry in detritus-based streams. Ecology Letters, 6: 721–732.

Davidson, D.W. (2005) Ecological stoichiometry of ants in a New World rain forest. Oecologia, 142: 221–231.

DeAngelis, D.L. (1992) Dynamics of nutrient cycling and food webs. Chapman & Hall, New York, USA.

deCalesta, D.S. (1997) Deer and ecosystem management. pp. 267–279. In: The Science of Overabundance. Mcshea, W.J., Underwood, H.B. and Rappole, J.H. (eds.), Smithsonian Books, Washington and London.

De Deyn, G.B. and Van der Putten, W.H. (2005) Linking aboveground and belowground diversity.

Trends in Ecology and Evolution, 20: 617–624.

Deines P. (1980) The isotopic composition of reduced organic carbon. pp. 329–406. In Fritz, P. and Fontes, J. C. (eds.), Handbook of Environmental Isotope Geochemistry. Vol.1 The Terrestrial Environment, A. Elsevier, Amsterdam.

Dekker, A., Brando, V., Anstee, J., Fyfe, S., Malthus, T. and Karpouzli, E. (2006) Remote sensing of seagrass ecosystems: use of spaceborne and airborne sensors. pp. 347–359. In Larkum, A.W.D; Orth, R.J. and Duarte, C. (eds.), Seagrasses: Biology, Ecology and Conservation, Springer, Dordrecht, Netherlands.

del Giorgio, P.A. and Williams, P.J.L.B. (2005) Respiration in aquatic ecosystems. Oxford University Press, Oxford.

del Giorgio, P.A., Cole, J.J. and Cimberlis, A. (1997) Respiration rates in bacteria exceed phytoplankton production in unproductive aquatic systems. Nature, 385: 148–151.

del Giorgio, P.A., Cole, J.J., Carco, N.F. and Peters, R.H. (1999) Linking planktonic biomass and metabolism to net gas fluxes in northern temperate lakes. Ecology, 80: 1422–1431.

DeNiro, M.J. and Epstein, S. (1978) Influence of diet on distribution of carbon isotopes in animals. Geochimica et Cosmochimica Acta, 42: 495–506.

Denno, R.F. and Fagan, W.F. (2003) Might nitrogen limitation promote omnivory among carnivorous arthropods. Ecology, 84: 2522–2531.

Doak, D.F., Bigger, D., Harding, E.K., Marvier, M.A., and O' Malley, R.E., Thomson D. (1998) The statistical inevitability of stability-diversity relationships in community ecology. American Naturalist, 151: 264–276.

Doi, H. (2007) Winter flowering phenology of Japanese apricot *Prunus mume* reflects climate change across Japan. Climate Research, 34: 99–104.

Doi, H. and Takahashi, M. (2008) Latitudinal patterns in phenological responses of leaf coloring and fall to climate change in Japan. Global Ecology and Biogeography, 17: 556–561.

Doi, H., Kikuchi, E., Hino, S., Itoh, T., Takagi, S. and Shikano, S. (2003) Seasonal dynamics of carbon stable isotope ratios of particulate organic matter and benthic diatoms in strongly acidic Lake Katanuma. Aquatic Microbial Ecology, 33: 87–94.

Doi, H., Matsumasa, M., Toya, T., Satoh, N., Mizota, C., Maki, Y. and Kikuchi, E. (2005) Spatial shifts in food sources for macrozoobenthos in an estuarine ecosystem: carbon and nitrogen stable isotope analyses. Estuarine, Coastal and Shelf Science, 64: 316–322.

Doi, H., Kikuchi, E., Takagi, S. and Shikano, S. (2006) Selective assimilation of the deposit feeders: Experimental evidence using stable isotope ratios. Basic and Applied Ecology, 7: 159–166.

Doi, H., Chang, K.H, Obayashi, Y., Yoshihara, M., Shime, M., Yamamoto, T., Nishibe, Y. and Nakano, S. (2008a) Attached microalgae contribution for the planktonic food webs in the bays with fish and pearl oyster farms. Marine Ecology Progress Series, 354: 123–132.

Doi, H., Chang, K.H, Ando, T., Imai, H., Nakano, S., Kajimoto, A., and Katano, I. (2008b) Drifting plankton from reservoir subsidize downstream food webs and alter community structure.

Oecologia, 156: 363−371.

Duarte, C.M. (2000) Marine biodiversity and ecosystem services: an elusive link. Journal of Experimental Marine Biology and Ecology, 250: 117−131.

Duarte, C.M. and Agustí, S. (1998) The CO_2 balance of unproductive aquatic ecosystems. Science, 281: 234−236.

Duarte, C.M. and Chiscano, C.L. (1999) Seagrass biomass and production: a reassessment. Aquatic Botany, 65: 159−174.

Duffy, J.E., Canuel, E.A. and Richardson, J.P. (2003) Grazer diversity and ecosystem functioning in seagrass beds. Ecology Letters, 6: 1−9.

Duffy, J.E., Richardson, J.P. and France, K.E. (2005) Ecosystem consequences of diversity depend on food chain length in estuarine vegetation. Ecology Letters, 8: 301−309.

Duffy, J.E., Cardinale, B.J., France, K.E., McIntyre, P.B., Thébault, E. and Loreau, M. (2007) The functional role of biodiversity in ecosystems: incorporating trophic complexity. Ecology Letters, 10: 522−538.

Edmondson, W.T. (1994) Sixty years of Lake Washington: a curriculum vitae. Lake and Reservoir Management, 10: 75−84.

Elser, J.J., Dobberfuhl, D., Mackay, N.A. and Schampel, J.H. (1996) Organism size, life history, and N: P stoichiometry. BioScience, 46: 674−684.

Elser, J.J., Fagan, W.F., Denno, R.F., Dobberfuhl, D.R., Folarin, A., Huberty, A., Interlandi, S., Kilham, S.S., McCauley, E., Schulz, K.L., Siemann, E.H. and Sterner, R.W. (2000) Nutritional constraints in terrestrial and freshwater food webs. Nature, 408: 578−580.

Fagan, W.F., Siemann, E., Mitter, C., Denno, R.F., Huberty, A.F., Woods, H.A. and Elser, J.J. (2002) Nitrogen in insects: implications for trophic complexity and species diversification. American Naturalist, 160: 784−802.

Feeley, K.J. and Terborgh, J.W. (2005) The effects of herbivore density on soil nutrients and tree growth in tropical forest fragments. Ecology, 86: 116−124.

Fields, P.A., Graham, J.B., Rosenblatt, R.H. and Somero, G.N. (1993) Effects of expected global climate change on marine faunas. Trends in Ecology and Evolution, 8: 361−367.

Findlay, S., Carreiro, M., Krischik, V. and Jones C.G. (1996) Effects of damage to living plants on leaf litter quality. Ecological Applications, 6: 269−275.

Finlay, J.C. (2001) Stable carbon isotope ratios of river biota: implications for energy flow in lotic food webs. Ecology, 84: 1052−1064.

Finney, B.P., Gregory-Eaves, I., Sweetman, J., Douglas, M.S.V. and Smol, J.P. (2000) Impacts of climatic change and fishing on Pacific salmon abundance over the past 300 years. Science, 290: 795−799.

Foley, J.A., Coe, M.T., Scheffer, M. and Wang, G. (2003) Regime shifts in the Sahara and Sahel: interactions between ecological and climatic systems in northern Africa. Ecosystems, 6: 524−539.

Fortin, M.J. and Dale, M.R.T. (2005) Spatial Analysis: a Guide for Ecologtists. Cambridge University Press, Cambridge, UK.

Frost, P.C., Benstead, J.P., Cross, W.F., Hillebrand, H., Larson, J.H., Xenopoulos, M.A. and Yoshida, T. (2006) Threshold elemental ratios of carbon and phosphorus in aquatic consumers. Ecology Letters, 9: 774−779.

Fry, B. (2006) Stable Isotope Ecology. Springer, New York, USA.

Fukami, T., and Morin, P.J. (2003) Productivity-biodiversity relationships depend on the history of community assembly. Nature, 424: 423−426.

Fukami, T, Wardle, D.A., Bellingham, P.J., Mulder, C.P.H., Towns, D.R., Yeates, G.W., Bonner, K.I., Durrett, M.S., Grant-Hoffman, M.N. and Williamson, W.M. (2006) Above- and below-ground impacts of introduced predators in seabird-dominated island ecosystems. Ecology Letters, 9: 1299−1307.

Galbraith, H., Jones, R., Park, R., Clough, J., Herod-Julius, S., Harrington, B. and Page, G. (2002) Global climate change and sea level rise: potential losses of intertidal habitat for shorebirds. Waterbirds, 25: 173−183.

Gamfeldt, L., Hillebrand, H. and Jonsson, P.R. (2005) Species richness changes across two trophic levels simultaneously affect prey and consumer biomass. Ecology Letters, 8: 696−703.

Gange, A.C. (2007) Insect-mycorrhizal interactions: patterns, processes, and consequences. pp. 124−144. In Ohgushi, T., Craig, T.P. and Price, P.W. (eds.), Ecological Communities: Plant Mediation in Indirect Interaction Webs, Cambridge University Press, Cambridge, UK.

Gange, A.C. and Nice, H.E. (1997) Performance of the thistle gall fly, *Urophora cardui*, in relation to host plant nitrogen and mycorrhizal colonization. New Phytologist, 137: 335−343.

Gange, A.C. and West, H.M. (1994) Interactions between arbuscular-mycorrhizal fungi and foliar-feeding insects in *Plantago lanceolata* L. New Phytologist, 128: 79−87.

Gange, A.C., Bower, E. and Brown, V.K. (1999) Positive effects of an arbuscular mycorrhizal fungus on aphid life history traits. Oecologia, 120: 123−131.

Gaylord, B. and Gaines, S.D. (2000) Temperature or transport? Range limits in marine species mediated solely by flow. American Naturalist, 155: 769−789.

Genkai-Kato, M. (2007a) Regime shifts: catastrophic responses of ecosystems to human impacts. Ecological Research, 22: 214−219.

Genkai-Kato, M. (2007b) Macrophyte refuges, prey behaviour and trophic interactions: consequences for lake water clarity. Ecology Letters, 10: 105−114.

Genkai-Kato, M. and Carpenter, S. (2005) Eutrophication due to phosphorus recycling in relation to lake morphometry, temperature, and macrophytes. Ecology, 86: 210−219.

Gillooly, J.F., Brown, J.H., West, G.B., Savage, V.M. and Charnov, E.L. (2001) Effects of size and temperature on metabolic rate. Science, 293: 2248−2251.

Gordo, O. and Sanz, J.J. (2005) Phenology and climate change: a long-term study in a Mediterranean locality. Oecologia, 146: 484−495.

Goverde, M., van der Heijden, M.G.A., Wiemken, A., Sanders, I.R. and Erhardt, A. (2000) Arbuscular mycorrhizal fungi influence life history traits of a lepidopteran herbivore. Oecologia, 125: 362–369.

Grace, J.B., Anderson, T.M., Smith, M.D., Seabloom, E., Andelman, S.J., Meche, G., Weiher, E., Allain, L.K., Jutila, H., Sankaran, M., Knops, J., Ritchie, M. and Willing, M.R. (2007) Does species diversity limit productivity in natural grassland communities? Ecology Letters, 10: 680–689.

Graetz, R.D. (1991) Desertification: a tale of two feedbacks. In Mooney H.A., Medina, E. and Schindler, D.W. (eds.), Ecosystem Experiments. John Wiley and Sons, New York.

Gravel, D., Canham, C.D., Beaudet, M. and Messier, C. (2006) Reconciling niche and neutrality. Ecology Letters, 9: 399–409.

Gray, J.S. (1997) Marine biodiversity: patterns, threats and conservation needs. Biodiversity and Conservation, 6: 153–175.

Grey, J. and Deines, P. (2005) Differential assimilation of methanotrophic and chemoautotrophic bacteria by lake chironomid larvae. Aquatic Microbial Ecology, 40: 61–66.

Grey, J. and Jones, R.I. (2001) Seasonal changes in the importance of the source of organic matter to the diet of zooplankton in Loch Ness, as indicated by stable isotope analysis. Limnology and Oceanography, 46: 2001, 505–513.

Grey, J., Kelly, A. and Jones, R.I. (2004) High intraspecific variability in carbon and nitrogen stable isotope ratios of lake chironomid larvae. Limnology and Oceanography, 49: 239–244.

Gross, K. and Cardinale, B.J. (2007) Does species richness drive community production or vice versa? Reconciling historical and contemporary paradigms in competitive communities. American Naturalist, 170: 207–220.

Hairston, N., Smith, F. and Slobodkin, L. (1960) Community structure, population control and competition. American Naturalist, 94: 421–425.

Halaj, J. and Wise, D.H. (2001) Terrestrial trophic cascade: how much do they trickle? American Naturalist, 157: 262–281.

Halaj, J. and Wise, D.H. (2002) Impact of a detrital subsidy on trophic cascades in a terrestrial grazing food webs. Ecology, 83: 3141–3151.

Hall, S.R., Leibold, M.A., Lytle, D.A. and Smith, V.H. (2004) Stoichiometry and planktonic grazer composition over gradients of light, nutrients, and predation risk. Ecology, 85: 2291.

Hamilton, E.W. and Frank, D.A. (2001) Can plants stimulate soil microbes and their own nutrient supply? Evidence from a grazing tolerant grass. Ecology, 82: 2397–2402.

Hanski, I. and Gaggiotti, O.E. (2004) Ecology, Genetics and Evolution of Metapopulations. Academic Press, San Diego, USA.

Hardy, T.A. and Young, I.R. (1996) Field study of wave attenuation on an offshore coral reef. Journal of Geophysical Research, 101(C6): 14311–14326.

Harisson, K.A. and Bardgett, R.D. (2004) Browsing by red deer negatively impacts on soil nitrogen availability in regenerating native forest. Soil biology and Biochemistry, 36: 115−126.

Harley, C.D.G. and Rogers-Bennett, L. (2004) The potential synergistic effects of climate change and fishing pressure on exploited invertebrates on rocky intertidal shores. California Cooperative Oceanic Fisheries Investigations Report, 45: 98−110.

Harley, C.D.G., Hughes, A.R., Hultgren, K.M., Miner, B.G., Sorte, C.J.B., Thornber, C.S., Rodriguez, L.F., Tomanek, L. and Williams, S.L. (2006) The impacts of climate change in coastal marine systems. Ecology Letters, 9: 228−241.

Hattenschiwiler, S., Tiunov, A.V. and Scheu, S. (2005) Biodiversity and litter decomposition in terrestrial ecosystems. Annual Review of Ecology, Evolution and Systematics, 36: 191−218.

Hawkins, S.J., Southward, A.J. and Genner, M. J. (2003) Detection of environmental change in a marine ecosystem? evidence from the western English Channel. The Science of the Total Environment, 310: 245−256.

Hays, G.C., Richardson, A.J. and Robinson, C. (2005) Climate change and marine plankton. Trends in Ecology and Evolution, 20: 337−344.

Helfield, J.M. and Naiman, R.J. (2001) Effects of salmon-derived nitrogen on riparian forest growth and implications for stream productivity. Ecology, 82: 2403−2409.

Helmuth, B., Mieszkowska, N., Moore, P. and Hawkins, S.J. (2006) Living on the edge of two changing worlds: forecasting the responses of rocky intertidal ecosystems to climate change. Annual Review of Ecology, Evolution, and Systematics, 37: 373−404.

Helmuth, B.S., Harley, C.D.G., Halpin, P., O'Donnell, M., Hofmann, G.E. and Blanchette, C. (2002) Climate change and latitudinal patterns of intertidal thermal stress. Science, 298: 1015−1017.

Henschel, J.R., Mahsberg, D. and Stumpf, H. (2001) Allochthonous aquatic insect increase predation and decrease herbivory in river shore food webs. Oikos, 93: 429−438.

東　正彦・安部琢哉（1992）「大きな共生系」はいかに維持・発展されるか．『地球共生系とは何か』（安部琢哉・東　正彦編）pp. 124-151　平凡社，東京．

Hines, J., Megonigal, J.P. and Denno, R.F. (2006) Nutrient subsidies to belowground microbes impact aboveground food web interactions. Ecology, 87: 1542−1555.

Hirao, A.S. and Kudo, G. (2004) Landscape genetics of alpine-snowbed plants: comparisons along geographic and snowmelt gradients. Heredity, 93: 290−298.

Hirao, A.S., Kameyama, M., Ohara, M., Isagi, Y. and Kudo, G. (2006) Seasonal changes in pollinator activity influence pollen dispersal and seed production of the alpine shrub *Rhododendron aureum* (Ericaceae). Molecular Ecology, 15: 1165−1173.

Hiura, T. (2005) Estimation of aboveground biomass and net biomass increment in a cool temperate forest on a landscape scale. Ecological Research, 20: 271−277.

Holland, E.A. and Detling, J.K. (1990) Plant response to herbivory and below ground nutrient cycling. Ecology, 71: 1040−1049.

Holland, J.N. (1995) Effects of above-ground herbivory on soil microbial biomass in conventional and non-tillage agroecosystems. Applied Soil Ecology, 2: 275−279.

Holyoak, M., Leibold, A. and Holt, R.D. (2005) Metacommunities: Spatial Dynamics and Ecological Communities. The University of Chicago Press, Chicago, USA.

Hooper, D.U., Chapin III, F.S., Ewel, J.J., Hector, A., Inchausti, P., Lavorel, S., Lawton, J.H., Lodge, D.M., Loreau, M., Naeem, S., Schmid, B., Setälä, H., Symstad, A.J., Vandermeer J. and Wardle, D.A. (2005) Effects on biodiversity on ecosystem functioning: a consensus of current knowledge. Ecological Monographs, 75: 3-35.

堀 正和・上村了美・仲岡雅裕（2007）内海性浅海域の保全・持続的利用に向けた生態系機能研究の重要性．日本ベントス学会誌，62: 68-72.

Hubbell, S.P. (1997) A unified theory of biogeography and relative species abundance and its application to tropical rain forests and coral reefs. Coral Reefs, 16: S9-21.

Hubbell, S.P. (2001) The Unified Neutral Theory of Biodiversity and Biogeography Princeton University Press, New Jersey, USA.

Huberty, A.F. and Denno, R.F. (2006) Consequences of nitrogen and phosphorus limitation for the performance of two planthoppers with divergent life-history strategies. Oecologia, 149: 444-455.

Hughes, A.R. and Stachowicz J.J. (2004) Genetic diversity enhances the resistance of a seagrass ecosystem to disturbance. Proceedings of the National Academy of Sciences of the United States of America, 101: 8998-9002.

Hughes, T.P., Baird, A.H., Dinsdale, E.A., Moltschaniwskyj, N.A., Pratchett, M.S., Tanner, J.E. and Willis, B.L. (1999) Patterns of recruitment and abundance of corals along the Great Barrier Reef. Nature, 397: 59-63.

Hughes, T.P., Baird, A.H., Bellwood, D.R., Card, M., Connolly, S.R., Folke, C., Grosberg, R.C., Hoegh-Guldberg, O., Jackson, J.B.C., Kleypas, J., Lough, J.M., Marshall, P., Nyström, N., Palumbi, S.R., Pandolfi, J.M., Rosen, B. and Roughgarden, J. (2003). Climate change, human impacts, and the resilience of coral reefs. Science, 301: 929-933.

Huston, M. (1979) A general hypothesis of species diversity. American Naturalist, 113: 81-101.

Hutchinson, G.E. (1961) The paradox of the plankton. American Naturalist, 95: 137-145.

Huxel, G.R. and McCann, K. (1998) Food web stability: the influence of trophic flows across habitats. American Naturalist, 152: 460-469.

Hyodo, F., Tayasu, I. and Wada, E. (2006) Estimation of the longevity of C in terrestrial detrital food webs using radiocarbon (^{14}C): how old are diets in termites? Functional Ecology, 20: 385-393.

Hyodo, F., Tayasu, I., Konaté, S., Tondoh, J.E., Lavelle, P. and Wada. E. (2008) Gradual enrichment of ^{15}N with humification of diets in a belowground food web: relation between ^{15}N and diet age determined using ^{14}C. Functional Ecology, 22: 516-522.

Ida, T.Y. and Kudo, G. (2008) Timing of canopy closure influences carbon translocation and seed production of an understory herb, *Trillium apetalon* (Trilliaceae). Annals of Botany, in press.

Imhoff, M.L., Bounoua, L., Ricketts, T., Loucks, C., Harriss, R. and Lawrence, W.T. (2004) Global patterns in human consumption of net primary production. Nature, 429: 870-873.

Inari, N. (2003) Seasonal changes in vertical distribution of bumblebees and their floral resources within a cool-temperate deciduous forest in northern Japan. pp. 27-41. In『冷温帯林の送粉系ネットワーク機能の解明.平成11年度―平成14年度科学研究費補助金(基盤(B)(2))研究成果報告集（研究課題番号11440223)』.

Inari, N., Kosuge, S., Maeno, H., Shimojima, A., Miyazaki, Y., Toda, M.J. and Kudo, G. (2003) Annual dynamics of bumblebee (*Bombus* spp., Apidae) pollination network in a cool-temperate forest: Indirect effect of canopy tree flowering on reproduction of an understory spring ephemeral plant. pp. 42-62. In『冷温帯林の送粉系ネットワーク機能の解明.平成11年度―平成14年度科学研究費補助金（基盤(B)(2)）研究成果報告集（研究課題番号11440223)』.

Inouye, D.W. (2000) The ecological and evolutionary significance of frost in the context of climate change. Ecology Letter, 3: 457-473.

IPCC (2001) Climatic change 2001: impacts, adaptation and vulnerability. Cambridge University Press, Cambridge.

IPCC (2007) Climate Change 2007: The Physical Science Basis. Contribution of Working Group I to the Fourth Assessment Report of the Intergovernmental Panel on Climate Change, Cambridge University Press, Cambridge, UK.

石川　統（1994）『昆虫を操るバクテリア』平凡社，東京.

Ishikawa, T., Narita, T. and Urabe, J. (2004) Long-term changes in the abundance of *Jesogammarus annandalei* (Tattersall) in Lake Biwa. Limnology and Oceanography, 49: 1840-1847.

Itioka, T., Inoue, T., Kaliang, H., Kato, M. Nagamitsu, T., Momose, K., Sakai, S., Yumoto, T., Mohamad, S.U., Hamid, A.A., and Yamane, S. (2001) Six-year population fluctuation of the giant honey bee *Apis dorsata* (Hymenoptera: Apidae) in a tropical lowland dipterocarp forest in Sarawak. Annals of the Entomological Society of America, 94: 545-549.

岩崎敬二（2004）日本の海産移入生物：沿岸生態系への新たなる脅威.日本ベントス学会誌，59: 19-21.

Iwata, T. (2007) Linking stream habitats and spider distribution: spatial variations in trophic transfer across a forest-stream boundary. Ecological Research, 22: 619-628.

Iwata, T., Nakano, S. and Murakami, M. (2003) Stream meanders increase insectivorous bird abundance in riparian deciduous forests. Ecography, 26: 325-337.

Iwata, T., Takahashi, T., Kazama F., Hiraga, Y., Fukuda, N., Honda, M., Kimura, Y., Kota, K., Kubota, D., Nakagawa, S., Nakamura, T., Shimura, M., Yanagida, S., Xeu, L., Fukasawa, E., Hiratsuka, Y., Ikebe, T., Ikeno, N., Kohno, A., Kubota, K., Kuwata, K., Misonou, T., Osada, Y., Sato, Y., Shimizu, R. and Shindo, K. (2007) Metabolic balance of streams draining urban and agricultural watersheds in central Japan. Limnology, 8: 243-250.

Jackson, J.B.C., Kirby, M.X., Berger, W.H., Bjorndal, K.A., Botsford, L.W., Bourque, B.J., Bradbury, R. H., Cooke, R., Erlandson, J., Estes, J.A., Hughes, T.P., Kidwell, S., Lange, C.B.,

Lenihan, H.S., Pandolfi, J.M., Peterson, C.H., Steneck, R.S., Tegner, M.J. and Warner R.R. (2001) Historical overfishing and the recent collapse of coastal ecosystems. Science, 293: 629–638.

Jefferies, R.L., Rockwell, R.F. and Abraham, K.F. (2004) Agricultural food subsidies, migratory connectivity and large-scale disturbance in arctic coastal systems: a case study. Integrative and Comparative Biology, 44: 130–139.

Jefferies, R.L., Jano, A.P. and Abraham, K.F. (2006) A biotic agent promotes large-scale catastrophic change in the coastal marshes of Hudson Bay. Journal of Ecology, 94: 234–242.

Jeppesen, E., Søndergaard, M., Søndergaard, M. and Christoffersen K. (1998) The Structuring Role of Submerged Macrophytes in Lakes. Springer, New York, USA.

Jones, C.G., Lawton, J.H. and Shachak, M. (1994) Organisms as ecosystem engineers. Oikos, 69: 373–386.

Jones, C.G., Lawton, J.H. and Shachak, M. (1997). Positive and negative effects of organisms as physical ecosystem engineers. Ecology, 78: 1946–1957.

Jones, R.I., Carfer, C.E., Kelly, A., Ward, S., Kelly, D.J. and Grey, J. (2008) Widespread eontribution of methan-cycle bacteria to the diets of lake profundal chironomid larvae. Ecology, 89: 857–864.

Kagata, H. and Katayama, N. (2006) Does nitrogen limitation promote intraguild predation in an aphidophagous ladybird? Entomologia Experimentalis et Applicata, 119: 239–246.

Kagata, H. and Ohgushi, T. (2006) Nitrogen homeostasis in a willow leaf beetle, *Plagiodera versicolora*, is independent of host plant quality. Entomologia Experimentalis et Applicata, 118: 105–110.

Kameyama, Y., Kasagi, T. and Kudo, G. (2008) A hybrid zone dominated by fertile F1s of two alpine shrub species, *Phyllodoce caerulea* and *Phyllodoce aleutica*, along a snowmelt gradient. Journal of Evolutionary Biology, 21: 588–597.

Kankaala, P., Taipale, S., Grey, J., Sonninen, E., Arvola, E. and Jones, R.I. (2006) Experimental $\delta^{13}C$ evidence for a contribution of methane to pelagic food webs in lakes. Limnology and Oceanography, 51: 2821–2827.

Karimi, R. and Folt, C.L. (2006) Beyond macronutrients: elemental variability and multielement stoichiometry in freshwater invertebrates. Ecology Letters, 9: 1273–1283.

Kato, C., Iwata, T. and Wada, E. (2004) Prey use by web-building spiders: stable isotope analyses of trophic flow at a forest-stream ecotone. Ecological Research, 19: 633–643.

Kato, C., Iwata, T., Nakano, S. and Kishi, D. (2003) Dynamics of aquatic insect flux affects distribution of riparian web-building spiders. Oikos, 103: 113–120.

加藤元海（2005）生態系における突発的で不連続な系状態の変化：湖沼を例に．日本生態学会誌，55: 199–206.

Kawaguchi, Y. and Nakano, S. (2001) Contribution of terrestrial invertebrates to the annual resource budget for salmonids in forest and grassland reaches of a headwater stream. Freshwater

Biology, 46: 303-316.

Kelly, E.N., Schindler, D.W., St Louis, V.L., Donald, D.B., and Vladicka, K.E. (2006) Forest fire increases mercury accumulation by fishes via food web restructuring and increased mercury inputs. Proceedings of the National Academy of Sciences of the United States of America, 103: 19380-19385.

Kielland, K. and Bryant, J.P. (1998) Moose herbivory in taiga: effects on biogeochemistry and vegetation dynamics in primary succession. Oikos, 82: 377-383.

木村一也（2000）森の果実と鳥の季節．『森の自然史：複雑系の生態学』（菊沢喜八郎・甲山隆司編）pp. 43-57　北海道大学図書刊行会，札幌．

木村妙子（2005）国内のレッドデータブックに掲載された海産・汽水産無脊椎動物：その特徴と問題点．日本ベントス学会誌，60: 2-10.

Kinzig, A.P., Tilman, D. and Pacala, S. (2001) The Functional Consequences of Biodiversity: Empirical Progress and Theoretical Extensions, Princeton University Press, Princeton, USA.

Kirkwood, W., Graves, D., Conway, M., Pargett, D., Scholfield, J., Walz, P., Dunk, R., Peltzer, E., Barry, J. and Brewer, P. (2005) Engineering development of the Free Ocean CO/sub 2/ Enrichment (FOCE) Experiment. MTS/IEEE Oceans, 2: 1774-1779.

Kishi, D., Murakami, M., Nakano, S. and Maekawa, K. (2005) Water temperature determines strength of top-down control in a stream food web. Freshwater Biology, 50: 1315-1322.

気象庁（2005）『異常気象レポート 2005, 近年における世界の異常気象と気候変動：その実態と見通し』（VII），気象庁，東京．

Kleypas, J.A., Feely, R.A., Fabry, V.J., Langdon, C., Sabine, C.L. and Robbins, L.L. (2006) Impacts of Ocean Acidification on Coral Reefs and Other Marine Calcifiers: A Guide for Future Research, report of a workshop held 18-20 April 2005, St. Petersburg, FL, sponsored by NSF, NOAA, and the U.S. Geological Survey, USA.

Knowlton, N. (2001) The future of coral reefs. Proceedings of the National Academy of Sciences of the United State of America, 98: 5419-5425.

Kohzu, A., Kato, C., Iwata, T., Kishi, D., Murakami, M., Nakano, S., and Wada, E. (2004) Stream food web fueled by methane-derived carbon. Aquatic Microbial Ecology, 36: 189-194.

小池孝良（2004）地球温暖化と植物の生態．『植物生態学』（甲山隆司編），pp. 361-391　朝倉書店，東京．

国立天文台（2006）『理科年表：平成 19 年』丸善，東京．

小南陽亮（1993）鳥類の果実食と種子散布．二面性を持った密接な共生関係．『シリーズ地球共生系 5　動物と植物の利用し合う関係』（川那部浩哉監修）pp. 207-221　平凡社，東京．

Kondoh, M. (2001) Unifying the relationships of species richness to productivity and disturbance. Proceedings of the Royal Society of London, Series B, 268: 269-271.

Kritzer, J.P. and Sale, P.F. (2006) Marine Metapopulations. Academic Press, Amsterdam, Netherland.

Krümmel, E.M., Macdonald, R.W., Kimpe, L.E., Gregory-Eaves, I., Demers, M.J., Smol. J.P., Finney, B. and Blais, J.M. (2003) Delivery of pollutants by spawning salmon. Nature, 425: 255–256.

Kudo, G. (1991) Effects of snow-free period on the phenology of alpine plants inhabiting snow patches. Arctic and Alpine Research, 23: 436–443.

Kudo, G. (1993) Relationship between flowering time and fruit set of the entomophilous alpine shrub, *Rhododendron aureum* (Ericaceae), inhabiting snow patches. American Journal of Botany, 80: 1300–1304.

Kudo, G. (1996) Herbivory pattern and induced responses to simulated herbivory in *Quercus mongolica* var. *grosseserrata*. Ecological Research, 11: 283–289.

工藤　岳（2000a）高山植物の開花フェノロジーと結実成功．『高山植物の自然史：お花畑の生態学』（工藤岳編著）pp. 117–130　北海道大学図書刊行会，札幌．

工藤　岳（2000b）『大雪山のお花畑が語ること：高山植物と雪渓の生態学』京都大学学術出版会，京都．

Kudo, G. (2006) Flowering phonologies of animal-pollinated plants: reproductive strategies and agents of selection. pp.139–158. In Harder, L.D. and Barrett, S.C.H. (eds.), Ecology and Evolution of Flowers, Oxford University Press, New York, USA.

Kudo, G. and Hirao, A.S. (2006) Habitat-specific responses in the flowering phenology and seed set of alpine plants to climate variation: implications for global-change impacts. Population Ecology, 48: 49–58.

Kudo, G. and Suzuki, S. (1998) Flowering phenology of alpine plant communities along a gradient of snowmelt timing. Polar Bioscience, 12: 100–113.

Kudo, G. and Suzuki, S. (2002) Relationships between flowering phenology and fruit-set of dwarf shrubs in alpine fellfield in Northern Japan: a comparison with a subarctic heathland in northern Sweden. Arctic, Antarctic and Alpine Research, 34: 185–190.

Kudo, G., Nishikawa, Y., Kasagi, T. and Kosuge, S. (2004) Does seed production of spring ephemerals decrease when spring comes early? Ecological Research, 19: 255–259.

Kudo, G., Ida, T.Y. and Tani, T. (2008) Linkages between phenology, pollination photosynthesis, and reproduction in deciduous forest understory plants. Ecology, in press.

Kurihara, H. and Shirayama, Y. (2004) Effects of increased atmospheric CO_2 on sea urchin early development. Marine Ecology Progress Series, 274: 161–169.

Lalli, C.M. and Persons, T.R. (2005)『生物海洋学入門』（關文威監訳 長沼　毅訳），第 2 版，講談社，東京．

Lawton, J.H. (1999) Are there general laws in ecology? Oikos, 84: 177–192.

Legendre, L. and Rivkin, R.B. (2002) Pelagic food webs: responses to environmental processes and effects on the environment. Ecological Research, 17: 143–149.

Leibold, M.A., and Miller, T.E. (2004) From metapopulations to metacommunities. In Hanski, I. and Gaggiotti, O.E. (eds) Ecology, Genetics and Evolution of Metapopulations. pp. 133–150.

Elsevier Academic Press, London, UK.

Leibold, M.A. and Norberg, J. (2004) Biodiversity in metacommunities: plankton as complex adaptive systems? Limnology and Oceanography, 49: 1278−1289.

Leibold, M.A., Holyoak, M., Mouquet, N., Amarasekare, P., Chase, J.M., Hoopes, M.F., Holt, R.D., Shurin, J.B., Law, R., Tilman, D., Loreau, M. and Gonzalez, A. (2004) The metacommunity concept: a framework for multi-scale community ecology. Ecology Letters, 7: 601−613.

Levin, S.A. (1998) Ecosystems and the biosphere as complex adaptive systems. Ecosystems, 1: 431−436.

Liebhold, A.M. and Gurevitch, J. (2002) Integrating the statistical analysis of spatial data in ecology. Ecography, 25: 553−557.

Likens, G.E. and Bormann, F.H. (1977) Biogeochemistry of a Forested Ecosystem. Springer, New York.

Loeb, V., Siegel, V., Holm-Hansen, O., Hewitt, R., Fraser, W., Trivelpiece, W. and Trivelpiece, S. (1997) Effects of sea-ice extent and krill or salp dominance on the Antarctic food web. Nature, 387: 897−900.

López-Urrutia, Á., San Martin, E., Harris, R.P. and Irigoien, X. (2006) Scaling the metabolic balance of the oceans. Proceedings of the National Academy of Sciences of the United States of America, 103: 8739−8744.

Loreau, M. (1998) Biodiversity and ecosystem functioning: a mechanistic model. Proceedings of the National Academy of Sciences of USA, 95: 5632−5636.

Loreau, M., Naeem, S., Inchausti, P., Bengtsson, J., Grime, J.P., Hector, A., Hooper, D.U., Huston, M.A., Rafaelli, D., Schmid, B., Tilman, D. and Wardle, D.A. (2001) Biodiversity and ecosystem functioning: current knowledge and future challenges. Science, 294: 804−808.

Loreau, M., Naeem, S. and Inchausti, P. (2002) Biodiversity and Ecosystem Functioning: Synthesis and Perspectives, Oxford University Press, Oxford, UK.

Loreau, M., Mouquet, N. and Gonzalez, A. (2003) Biodiversity as spatial insurance in heterogeneous landscapes. Proceedings of the National Academy of Sciences of the United States of America, 100: 12765−12700.

Lubchenco, J., Palumbi, S.R., Gaines, S.D. and Andelman, S. (2003) Plugging a hole in the ocean: the emerging science of marine reserves. Ecological Applications, 13 Supplement: S3-S7.

Madritch, M.D. and Hunter, M.D. (2002) Phenotypic diversity influences ecosystem functioning in an oak sandhills community. Ecology, 83: 2084−2090.

Marczak, L., Thompson, R.M. and Richardson J.S. (2007) Meta-analysis: trophic level, habitat, and productivity shape the food web effects of resource subsidies. Ecology, 88: 140−148.

Maron, J.L., Estes, J.A., Croll, D.A., Danner, E.M., Elmendorf, S.C. and Buckelew, S.L. (2006) An introduced predator alters Aleutian island plant communities by thwarting nutrient subsidies. Ecological Monographs, 76: 3−24.

Marquis, R.J., and Lill, J.T. (2007) Effect of arthropods as physical ecosystem engineers on plant-based trophic interaction webs: Ecological Communities: Plant Mediation in Indirect Interaction Webs. pp. 246-274. In Ohgushi, T., Craig, T.P. and Price, P.W. (eds.), Ecological Communities: Plant Mediation in Indirect Interaction Webs, Cambridge University Press, Cambridge, UK.

Martin, J.H., Coale, K.H., Johnson, K.S., Fitzwater, S.E., Gordon, R.M., Tanner, S.J., Hunter, C.N., Elrod, V.A., Nowicki, J.L., Coley, T.L., Barber, R.T., Lindley, S., Watson, A.J., Van Scoy, K., Law, C.S., Liddicoat, M.I., Ling, R., Stanton, T., Stockel, J., Collins, C., Anderson, A., Bidigare, R., Ondrusek, M., Latasa, M., Millero, F.J., Lee, J., Yao, W., Zhang, J.Z., Friederich, G., Sakamoto, C., Chavez, F., Buck, K., Kolber, Z., Greene, R., Falkowski, P., Chisholm, S.W., Hoge, F., Swift, R., Yungel, J., Turner, S., Nightingale, P., Hatton, A., Liss, P. and Tindale, N.W. (1994) Testing the iron hypothesis in ecosystems of the equatorial Pacific Ocean. Nature, 371: 123-129.

増澤敏行（2006）生物の元素組成.『生物地球科学』（南川雅男・吉岡崇仁編）pp. 32-67 培風館，東京.

Mateo, M.A., Cebrián, J., Dunton, K. and Mutchler, T. (2006) Carbon flux in seagrass ecosystems. pp. 159-192. In Larkum, A.W.D.; Orth, R.J. and Duarte, C. (eds.), Seagrasses: Biology, Ecology and Conservation, Springer, Dordrecht, Netherlands.

Matsumoto, T., (1976) The role of termites in an equatorial rain forest ecosystem of west Malaysia. Oecologia, 22: 153-178.

Matsumura, M., Trafelet-Smith, G.M., Gratton, C., Finke, D.L., Fagan, W.E., and Denno, R.F. (2004) Does intraguild predation enhance predator performance? A stoichiometric perspective. Ecology, 85: 2601-2615.

Mayer, A.L. and Rietkerk, M. (2004) The dynamic regime concept for ecosystem management and restoration. BioScience, 54: 1013-1020.

Mayorga, E., Aufdenkampe, A.K., Masiello, C.A., Krusche, A.V., Hedges, J.I., Quay, P.D., Richey, J.E. and Brown, T.A. (2005) Young organic matter as a source of carbon dioxide outgassing from Amazonian rivers. Nature, 436: 538-541.

McCann, K.S. (2000) The diversity-stability debate. Nature, 405: 228-233.

McCutchan, J.H., Lewis, W.M., Kendall, C. and McGrath, C.C. (2003) Variation in trophic shift for stable isotope ratios of carbon, nitrogen, and sulfur. Oikos, 102, 378-390.

McGrady-Steed, J., Harris, P. M. and Morin, P. J. (1997) Biodiversity regulates ecosystem predictability. Nature, 390: 162-165.

マッキントッシュ，R. P.（1989）『生態学：概念と理論の歴史』（大串隆之・曽田貞滋・井上弘訳）．思索社，東京．［原著 1986 年］

McNabb, D.M., Halaj, J. and Wise, D.H. (2001) Inferring trophic positions of generalist predators and their linkage to the detrital food web in agroecosystems: a stable isotope analysis. Pedobiologia, 45: 289-297.

McNaughton, S.J. (1979) Grazing as an optimization process: grass-ungulate relationship in the

Serengeti National Park, Tanzania. American Naturalist, 113: 691−703.

McNeil, S.G. and Cushman, J.H. (2005) Indirect effects of deer herbivory on local nitrogen availability in a coastal dune ecosystem. Oikos, 110: 124−132.

Menzel, A., Sparks, T.H., Estrella, N. Koch, E., Aasa, A., Ahas, R., Alm-Kübler, K., Bissolli, P., Braslavská, O., Briede, A., Chmielewski, F.M., Crepinsek, Z., Curnei, Y., Dahl, Å., Defila, C., Donnelly, A., Filella, Y., Jatczak, K., Måge, F., Mestre, A., Nordli, Ø., Peñuelas, J., Pirinen, P., VIERA Remišová, V., Scheifinger, H., Striz, M., Susnik, A., van Vliet, A.J.H., Wielgolaski, F.-E., Zach, S. and Zust, A. (2006) European phonological response to climate change matches the warming pattern. Global Change Biology, 12: 1969−1976.

Meybeck, M. (1993) Riverine transport of atmospheric carbon: sources, global typology and budget. Water, Air, and Soil Pollution, 70: 443−463.

Michener, R.H. and Lajtha, K. (2007) Stable Isotopes in Ecology and Environmental Science. 2nd edition, Blackwell. Oxford, UK.

Mieszkowska, N., Kendall, M.A., Hawkins S.J., Leaper R., Williamson P., Hardman-Mountford, N.J. and Southward A.J. (2006) Changes in the range of some common rocky shore species in Britain - a response to climate change? Hydrobiologia, 555: 241−251.

Miki, T. and Kondoh, M. (2002) Feedbacks between nutrient cycling and vegetation predict plant species coexistence and invasion. Ecology Letters, 5: 624−633.

Miki, T., Yokokawa, T., Nagata T. and Yamamura, N. (2008) Prokaryotic metacommunity concept: linking microbial diversity to biogeochemical cycling in the ocean. Marine Ecology Progress Series, in press.

Minagawa, M. (1992) Reconstruction of human diet from $\delta^{13}C$ and $\delta^{15}N$ in contemporary Japanese hair: a stochastic method for estimating multi-contribution by double isotopic tracers. Applied Geochemistry, 7: 145−158.

Minagawa, M. and Wada, E. (1984) Stepwise enrichment of 15 N along food-chains - further evidence and the relation between 15 N and animal age. Geochimica et Cosmochimica Acta, 42: 1135−1140.

南川雅男・吉岡崇仁（編）（2006）『生物地球化学』（地球化学講座第5巻）培風館，東京．

Miyashita, T. and Takada, M. (2007) Habitat provisioning for aboveground predators decreases detritivores: the coupling of engineering effect to top-down effect. Ecology, 88: 2803−2809.

Miyashita, T., Takada, M. and Shimazaki, A. (2003) Experimental evidence that aboveground predators are sustained by underground detritivores. Oikos, 103: 31−36.

Miyashita, T., Suzuki, M., Takada, M., Fujita, G., Ochiai, K. and Asada, M. (2007) Landscape structure affects food quality of sika deer (*Cervus nippon*) evidenced by fecal nitrogen levels. Population Ecology, 49: 185−190.

Miyashita, T., Suzuki, M., Ando, D., Fujita, G., Ochiai, K. and Asada, M. (2008) Forest edge creates small-scale variation in reproductive rate of sika deer. Population Ecology, 50: 111−120.

Molvar, E.M., Bowyer, R.T. and Ballenberghe, V. (1997) Moose herbivory, browse quality and nutrient cycling in an Alaskan treeline community. Oecologia, 94: 472-479.

Mopper, K., Zhou, X., Kieber, R.J., Kieber, D.J., Sikorski, R.J. and Jones, R.D. (1991) Photochemical degradation of dissolved organic carbon and its impact on the oceanic carbon cycle. Nature, 353: 60-62.

Mumby, P.J., Edwards, A.J., Arias-Gonzalez, J.E., Lindeman, K.C., Blackwell, P.G., Gall, A., Gorczynska, M.I., Harborne, A.R., Pescod, C.L., Renken, H., Wabnitz, C.C. and Llewellyn, G. (2004) Mangroves enhance the biomass of coral reef fish communities in the Caribbean. Nature, 427: 533-536.

灘岡和夫・鈴木庸壱・西本拓馬・田村仁・宮澤泰正・安田仁奈（2006）広域沿岸生態系ネットワーク解明に向けての琉球列島周辺の海水流動と浮遊幼生輸送解析．海岸工学論文集，53: 1151-1155.

Nagamitsu, T., Momose, K., Inoue, T. and Roubik, D.W. (1999) Preference in flower visits and partitioning in pollen diets of stingless bees in an Asian tropical rain forest. Researches on Population Ecology, 41: 195-202.

永田　俊（2006）微生物ループの基本概念．『海洋生物の連鎖』（木暮一啓編）pp. 232-246　東海大学出版会，神奈川．

永田　俊・宮島利宏（編）（2008）『流域環境評価と安定同位体：水循環から生態系まで』京都大学出版会，京都．

Nakamura, M. and Ohgushi, T. (2003) Positive and negative effects of leaf shelters on herbivorous insects: linking multiple herbivore species on a willow. Oecologia, 136: 445-449.

Nakano, S. and Murakami, M. (2001) Reciprocal subsidies: dynamic interdependence between terrestrial and aquatic food webs. Proceedings of the National Academy of Sciences of the United States of America, 98: 166-170.

Nakano, S., Miyasaka, H. and Kuhara, N. (1999) Terrestrial-aquatic linkages: riparian arthropod inputs alter trophic cascades in a stream food web. Ecology, 80: 2435-2441.

Nakano, T., Tayasu, I., Wada, E., Igeta, A., Hyodo, F. and Miura, Y. (2005) Sulfur and strontium isotope geochemistry of tributary rivers of Lake Biwa: implications for human impact on the decadal change of lake water quality. Science of the Total Environment, 345: 1-12.

仲岡雅裕（2003）個体群と生活史．『海洋ベントスの生態学』（和田恵次・日本ベントス学会編）pp. 33-115　東海大学出版会，神奈川．

Nakaoka, M., Tanaka, Y. and Watanabe, M. (2004) Species diversity and abundance of seagrasses in southwestern Thailand under different influence of river discharge. Coastal Marine Science, 29: 75-80.

Nakaoka, M., Ito, N., Yamamoto, T., Okuda, T. and Noda, T. (2006) Similarity of rocky intertidal assemblages along the Pacific Coast of Japan: effects of spatial scales and geographic distance. Ecological Research, 21: 425-435.

仲岡雅裕・渡辺健太郎・恵良拓哉・石井光廣（2007）内海性浅海域の生物多様性・生態系機能関係の評価の試み：東京湾のアマモ場を実例に．日本ベントス学会誌，62: 82-

87.

日本微生物生態学会教育研究部会（2004）微生物生態学入門．日科技連出版会，東京．

西平守孝（1996）『足場の生態学』平凡社，東京．

Noda, T. (2003) Large-scale variability in recruitment of the barnacle *Semibalanus cariosus*: its cause and effects on the population density and predator. Marine Ecology Progress Series, 278: 241-252.

Noda, T. (2004) Spatial hierarchal approach in community ecology: a way beyond a low predictability in local phenomenon. Population Ecology, 46: 105-117.

Norberg, J., Swaney, D.P., Dushoff, J., Lin, J., Casagrandi, R., and Levin, S.A. (2001) Phenotypic diversity and ecosystem functioning in changing environments: A theoretical framework. Proceedings of the National Academy of Sciences of the United States of America, 98: 11376-11381.

オドリン＝スミー，F.J.・ラーランド，K.N・フェルドマン，M.W.（2007）『ニッチ構築：忘れられていた進化過程』（佐倉統・山下篤子・徳永幸彦　訳）共立出版，東京．［原著2003年］

オダム，E.P.（1991）『基礎生態学』（三島次郎訳）．培風館，東京．［原著1983年］

Ohgaki, S., Yamanishi, R., Nabeshima, Y. and Wada, K. (1997) Distribution of. intertidal macrobenthos around Hatakejima Island, central Japan, compared with 1969 and 1983-84. Benthos Research, 52: 89-102.

Ohgushi, T. (2005) Indirect Interaction webs: herbivore-induced effects through trait change in plants. Annual Review of Ecology, Evolution, and Systematics, 36: 81-105.

Ohgushi, T., Craig, T.P. and Price, P.W. (2007) Indirect interaction webs propagated by herbivore-induced changes in plant traits. pp. 379-410. In Ohgushi, T., Craig, T.P. and Price, P.W. (eds.), Ecological Communities: Plant Mediation in Indirect Interaction Webs, Cambridge University Press, Cambridge, UK.

大見謝辰男（2004）陸域からの汚濁物質の流入負荷．『日本のサンゴ礁』（環境省・日本サンゴ礁学会編）pp. 66-70　自然環境研究センター，東京．

Oksanen, L., Aunapuu, M., Oksanen, T., Schneider, M., Ekerholm, P., Lundberg, P.A., Armulik, T., Aruoja, V. and Bondestad, L. (1997) Outlines of food webs in a low arctic tundra landscape in relation to three theories on trophic dynamics. In, Gange, A.C. and Brown, V.K. (eds.), Multitrophic Interactions in Terrestrial Systems. Blackwell, Oxford, UK.

Ostfeld, R.S. and Keesing, F. (2000) Pulsed resources and community dynamics of consumers in terrestrial ecosystems. Trends in Ecology and Evolution, 15: 232-236.

Pacala, S.W. and Crawley, M.J. (1992) Herbivores and plant diversity. American Naturalist, 140: 243-260.

Pace, M.L., Cole, J.J., Carpenter, S.R., Kitchell, J.F., Hodgson, J.R., Van de Bogert, M., Bade, D.L., Kritzberg, E.S. and Bastviken, D. (2004) Whole lake carbon-13 additions reveal terrestrial support of aquatic food webs. Nature, 427: 240-243.

Paine, R.T. (1966) Food web complexity and species diversity. American Naturalist, 100: 65–76.

Parker, J.D., Duffy, J.E. and Orth, R.J. (2001) Plant species diversity and composition: experimental effects on marine epifaunal assemblages. Marine Ecology Progress Series, 224: 55–67.

Pastor, J., Naiman, R.J., McInnes, P.F. and Cohen, Y. (1993) Moose browsing and soil fertility in the boreal forests of Isle Royale National Park. Ecology, 74: 467–480.

Perry, A.L., Low, P.J., Ellis, J.R. and Reynolds, J.D. (2005) Climate change and distribution shifts in marine fishes. Science, 308: 1912–1915.

Persson, L. (1999) Trophic cascades: abiding heterogeneity and the trophic level concept at the end of the road. Oikos, 85: 385–397.

Peterson, B.J. and B. Fry (1987) Stable isotopes in ecosystem studies. Annual Review of Ecology and Systematics, 18: 293–320.

Peterson, B.J., Wollheim, W.M., Mulholland, P.J., Webster, J.R., Meyer, J.L., Tank, J.L., Martí, E., Bowden, W.B., Valett, H.M., Hershey, A.E., McDowell, W.H., Dodds, W.K., Hamilton, S.K., Gregory, S., and Morrall, D.D. (2001) Control of nitrogen export from watersheds by headwater streams. Science, 292: 86–90.

Phillips, D.L. and Gregg J.W. (2001) Uncertainty in source partitioning using stable isotopes. Oecologia, 127: 171–179.

Phillips, D.L. and Gregg J.W. (2003) Source partitioning using stable isotopes: coping with too many sources. Oecologia, 136: 261–269.

Phillips, D.L. and Koch, P.L. (2002) Incorporating concentration dependence in stable isotope mixing models. Oecologia, 130: 114–125.

Phillips, D.L., Newsome, S.D. and Gregg J.W. (2005) Combining sources in stable isotope mixing models: alternative methods. Oecologia, 144: 520–527.

Polis, G.A. (1991) Complex trophic interactions in desert: an empirical critique of food-web theory. American Naturalist, 138: 123–155.

Polis, G.A. (1999) Why are parts of the world green? Multiple factors control productivity and the distribution of biomass. Oikos, 86: 3–15.

Polis, G.A. and Hurd, S.D. (1996) Linking marine and terrestrial food webs: allochthonous input from the ocean supports high secondary productivity on small islands and coastal land communities. American Naturalist, 147, 396–423.

Polis, G.A. and Strong, D.R. (1996) Food web complexity and community dynamics. American Naturalist, 147, 813–846.

Polis, G.A., Myers, C.H. and Holt, R.D. (1989) The ecology and evolution of intraguild predation: potential competitors that eat each other. Annual Review of Ecology & Systematics, 20: 297–330.

Polis, G.A., Anderson, W.B. and Holt, R.D. (1997) Toward an integration of landscape and food web ecology: the dynamics of spatially subsidized food webs. Annual Review of Ecology & Systematics, 28: 289–316.

Polis, G.A., Sear, A.L.W., Huxell, G.R., Strong, D.R. and Maron, J. (2000) When is a trophic cascade a trophic cascade? Trends in Ecology and Evolution, 15: 473–475.

Polis, G.A., Power, M.E. and Huxel, G.R. (2004) Food Webs at the Landscape Level. The University of Chicago Press, Chicago, USA.

Pommier, T., Pinhaasi, A., Hangström, Å. (2005) Biogeographic analysis of ribosomal RNA clusters from marine bacterioplankton. Aquatic Microbial Ecology, 41: 79–89.

Pörtner, H.O. and Langenbuch, M. (2005) Synergistic effects of temperature extremes, hypoxia, and increases in CO_2 on marine animals: from Earth history to global change. Journal of Geophysical Research, 110, C09S10.

Post, D.M. (2002) Using stable isotopes to estimate trophic position: models, methods, and assumptions. Ecology, 83: 703–718.

Post, D.M., Pace, M.L. and Hairston Jr, N.G. (2000) Ecosystem size determines food-chain length in lakes. Nature, 405: 1047–1049.

Poveda, K., Steffan-Dewenter, I., Scheu, S. and Tscharntke, T. (2005) Effects of decomposers and herbivores on plant performance and aboveground plant-insect interactions. Oikos, 108: 503–510.

ラファエリ, D・ホーキンス, S.（1999）『潮間帯の生態学』（朝倉彰訳），文一総合出版, 東京. ［原著1996年］

Rathcke, B. and Lacey, E.P. (1985) Phenological patterns of terrestrial plants. Annual Review of Ecology and Systematics, 16: 179–214.

Reusch, T.B.H. (2002) Microsatellite reveal high population connectivity in eelgrass (*Zostera marina*) in two contrasting coastal areas. Limnology and Oceanography, 47: 78–85.

Reusch, T.B.H., Ehlers, A., Hämmerli, A. and Worm, B. (2005) Ecosystem recovery after climatic extremes enhanced by genotypic diversity. Proceedings of the National Academy of Sciences of the United States of the America, 102: 2826–2831.

Reynaud, S., Leclercq, N., Romaine-Lioud, S., Ferrier-Pagès, C., Jaubert, J. and Gattuso, J.-P. (2003) Interacting effects of CO_2 partial pressure and temperature on photosynthesis and calcification in a scleractinian coral. Global Change Biology, 9: 1660–1668.

Riemann, L., Steward, G.F. and Azam, F. (2000) Dynamics of bacterial community composition and activity during a mesocosm diatom bloom. Applied and Environmental Microbiology, 66: 578–587.

力石嘉人・柏山祐一郎・小川奈々子・大河内直彦（2007）生態学指標としての安定同位体：アミノ酸の窒素同位体分析による新展開．Radioisotope, 56: 463–477.

Ritchie, M.E., Tilman, D. and Knops, J.M.H. (1998) Herbivore effects on plant and nitrogen dynamics in oak savanna. Ecology, 79: 165–177.

Root, T.L., Price, J.T., Hall, K.R., Schneider, S.H., Rosenzweig, C. and Pounds, J.A. (2003) Fingerprints of global warming on wild animals and plants. Nature, 421: 57–60.

Roughgarden, J., Gaines, S. and Possingham, H. (1988) Recruitment dynamics in complex life

cycles. Science, 241: 1460−1466.
Rypstra, A.L. and Marshall, S.D. (2005) Augmentation of soil detritus affects the spider community and herbivory in a soybean agroecosystem. Entomologia Experimentalis et Applicata, 116: 149−157.
Sabine, C.L., Feely, R.A., Gruber, N., Key, R.M., Lee, K., Bullister, J.L., Wanninkhof, R., Wong, C.S., Wallace, D.W.R., Tilbrook, B., Millero, F.J., Peng, T.-H., Kozyr, A., Ono, T. and Rios, A.F. (2004) The oceanic sink for anthropogenic CO_2. Science, 305: 367−371.
Sabo, J.L. and Power, M.E. (2002) River-watershed exchange: effects of riverine subsidies on riparian lizards and their terrestrial prey. Ecology, 83: 1860−1869.
Sagarin, R.D., Barry, J.P., Gilman, S.E. and Baxter, C.H. (1999) Climate related changes in an intertidal community over short and long time scales. Ecological Monographs, 69: 465−490.
酒井均・松下幸敬（1996）『安定同位体地球化学』東京大学出版会，東京.
Sanford, E. (1999) Regulation of keystone predation by small changes in ocean temperature. Science, 283: 2095−2097.
Sanford, E. (2002) Community responses to climate change: links between temperature and keystone predation in a rocky intertidal system. pp.165−200. In Schneider, S.H. and Root, T.L. (eds.), Wildlife Responses to Climate Change: North American Case Studies, Island Press, Covelo, USA.
Sarmiento, J.L. and Gruber., N. (2006) Ocean Biogeochemical Dynamics. Princeton University Press, New Jersey, USA.
佐々木哲彦（2000）栄養生理.『アブラムシの生物学』（石川統一編）pp. 56−73 東京大学出版会，東京.
Sasaki, T. and Ishikawa, H. (1993) Nitorogen recycling in the endosymbiotics system of the pea aphid, *Acyrthosiphom pisum*. Zoological Science, 10: 779−785.
Scheffer, M. (1998) Ecology of Shallow Lakes. Chapman and Hall, New York, USA.
Scheffer, M. and Carpenter, S.R. (2003) Catastrophic regime shifts in ecosystems: linking theory to observation. Trends in Ecology and Evolution, 18: 648−656.
Scheffer, M., Carpenter, S., Foley, J.A., Folke, C. and Walker, B. (2001) Catastrophic shifts in ecosystems. Nature, 413: 591−596.
Scheu, S., Theenhaus, A. and Jones, T.H. (1999) Links between the detritivore and herbivore system: effects of earthworms and Collembola on plant growth and aphid development. Oecologia, 119: 541−551.
Schidler, D.E. and Scheuerell, M. (2002) Habitat coupling in lake ecosystems. Oikos, 98: 177−189.
Schindler, D.E., Carpenter, S.R., Cole, J.J., Kitchell, J.F. and Pace, M. (1997) Influence of food web structure on carbon exchange between lakes and the atmosphere. Science, 277: 248−250.
Schindler, D.E., Rogers, D.E., Scheuerell, M.D. and Abrey C.A. (2005a) Effects of changing climate on zooplankton and juvenile sockeye salmon growth in southwestern Alaska. Ecology, 86: 198−209.

Schindler D.E., Leavitt, P.R., Brock, C.S., Johnson, S.P. and Quay, P.D. (2005b) Marine-derived nutrients, commercial fisheries, and production of salmon and lake algae in Alaska. Ecology, 86: 3225–3231.

Schmid, B. (2002) The species richness-productivity controversy, Trends in Ecology and Evolution, 17: 113–114.

Schmitz, O.J. (2008) Effects of predator hunting mode on grassland ecosystem function. Science, 319: 952–954.

Schoonhoven, L.M., Jermy, T. and van Loon, J.J.A. (1998) Insect-Plant Biology. Chapman & Hall, London.

Schutz, M., Risch, A.C., Achermann, G., Thiel-Egenter, C., Page-Dumroese, D.S., Jurgensen, M.F. and Edwards, P.J. (2006) Phosphorus translocation by red deer on a subalpine grassland in the central European alps. Ecosystems, 9: 624–633.

Schweitzer, J.A., Bailey, J.K., Rehill, B.J., Martinsen, G.D., Hart, S.C., Lindroth, R.L., Keim, P. and Whitham, T.G. (2004) Genetically based trait in a dominant tree affects ecosystem processes. Ecology Letters, 7: 127–134.

嶋田正和・山村則男・粕谷英一・伊藤嘉昭（2005）『動物生態学』海游舎，東京．

Shimazaki, A. and Miyashita, T. (2005) Variable dependence on detrital and grazing food webs by generalist predators: aerial insects and web spiders. Ecography, 28: 485–494.

Shimono, Y. and Kudo, G. (2005) Comparisons of germination traits of alpine plants between fellfield and snowbed habitats. Ecological Research, 20: 189–197.

森林総合研究所・水産総合研究センター（2003）『森林，海洋等における CO_2 収支の評価の高度化』森林総合研究所，つくば．

Short, F.T. and Neckless, H.A. (1999) The effects of global climate change on seagrasses. Aquatic Botany, 63: 169–196.

Simpson, S.J. and Raubenheimer, D. (2001) The geometric analysis of nutrient-allelochemical interactions: a case study using locusts. Ecology, 82: 422–439.

Sinclair, A.R.E. and Fryxell, J.M. (1985) The Sahel of Africa: ecology of a disaster. Canadian Journal of Zoology, 63: 987–994.

Singer, F.J. and Schoenecker, K.A. (2003) Do ungulates accelerate or decelerate nitrogen cycling? Forest Ecology and Management, 181: 189–204.

Sobczak, W.V., Cloern, J.E., Jassby, A.D. and Müller-Solger, A.B. (2002) Bioavailability of organic matter in a highly disturbed estuary: the role of detrital and algal resources. Proceedings of the National Academy of Sciences of the United States of America, 99: 8101–8105.

Stachowicz, J.J., Terwin, J.R., Whitlatch, R.B. and Osman, R.W. (2002). Linking climate change and biological invasions: ocean warming facilitates nonindigenous species invasions. Proceedings of the National Academy of Sciences of the United States of America, 99: 15497–15500.

Stearns, S.C. (1992) The Evolution of Life Histories, Oxford University Press, Oxford, UK.

Steneck, R.S. and Carlton, J.T. (2001) Human alterations of marine communities: students beware!. pp. 445-468. In Bertness, M.D. Gaines, S.D. and Hay, M.E. (eds.), Marine Community Ecology, Sinauer, Sunderland, USA.

Sterner, R.W. and Elser J.J. (2002) Ecological Stoichiometry: The biology of elements from molecules to the biosphere. Princeton University Press, Princeton, New Jersey, USA.

Stillman, J.H. (2003) Acclimation capacity underlies susceptibility to climate change. Science, 301: 65.

Strong, D.R. (1992) Are trophic cascades all wet? Differentiation and donor-control in ecosystems. Ecology, 73: 747-754.

Suzuki, A. and Kawahata, H. (2003) Carbon budget of coral reef systems: an overview of observations in fringing reefs, barrier reefs and atolls in the Indo-Pacific regions. Tellus, 55B: 428-444.

Suzuki, M., Miyashita, T., Kabaya, H., Ochiai, K., Asada, M. and Tange, T. (2008) Deer density affects ground-layer vegetation differently in conifer plantations and hardwood forests on the Boso Peninsula, Japan. Ecological Research, 23: 151-158.

高橋英一（1997）『栄養学の窓から眺めた生物の世界』研究社，東京．

Takai, N., Mishima. Y., Yorozu, A. and Hoshika, A. (2002) Carbon sources for demersal fish in the western Seto Inland Sea, Japan, examined by $\delta^{13}C$ and $\delta^{15}N$ analysis. Limnology and Oceanography, 47: 730-741.

武田博清（2001）森林生態系における土壌分解者群集の構造と機能．『群集生態学の現在』（佐藤宏明・山本智子・安田弘法編）pp. 327-352　京都大学出版会，京都．

竹門康弘・玉置昭夫・川端善一郎・谷田一三・向井宏（1995）『棲み場所の生態学』平凡社，東京．

Takimoto, G., Iwata, T. and Murakami, M. (2002) Seasonal subsidy stabilizes food web dynamics: balance in a heterogeneous landscape. Ecological Research, 17: 433-439.

Tayasu, I., Sugimoto, A., Wada, E. and Abe, T. (1994) Xylophagous termites depending on atmospheric nitrogen. Naturwissenschaften, 81: 229-231.

Tayasu, I., Abe, T., Eggleton, P. and Bignell, D.E. (1997) Nitrogen and carbon isotope ratios in termites: an indicator of trophic habit along the gradient from wood-feeding to soil-feeding. Ecological Entomology, 22: 343-351.

Tayasu, I., Hyodo, F. and Abe, T. (2002a) Caste-specific N and C isotope ratios in fungus growing termites with special reference to uric acid preservation and their nutritional interpretation. Ecological Entomology, 27: 355-361.

Tayasu, I., Nakamura, T., Oda, K., Hyodo, F., Takematsu, Y. and Abe, T. (2002b) Termite ecology in a dry evergreen forest in Thailand in terms of stable- ($\delta^{13}C$ and $\delta^{15}N$) and radio- (^{14}C, ^{137}Cs and ^{210}Pb) isotopes. Ecological Research, 17: 195-206.

Thompson, J.D. and Willson, M.F. (1979) Evolution of temperate fruit/bird interactions: phonological strategies. Evolution, 33: 973-982.

Tilman, D. (1982) Resource Competition and Community Structure. Princeton University Press, New Jersey, USA.

Tilman, D. (1994) Competition and biodiversity in spatially structured habitats. Ecology, 75: 2–16.

Tilman, D., Lehman, C.L. and Thomson, K.T. (1997) Plant diversity and ecosystem productivity: theoretical considerations. Proceedings of the National Academy of Sciences of the United States of America, 94: 1857–1861.

常田邦彦 (2006) 自然保護公園におけるシカ問題.『世界遺産をシカが喰う:シカと森の生態学』(湯本貴和・松田裕之編) pp. 20-37 文一総合出版,東京.

Tomono, T. and Sota, T. (1997) The life history and pollination ecology of bumblebees in the alpine zone of central Japan. Japanese Journal of Entomology, 65: 237–255.

Tringe, S.G., von Mering, C., Kobayashi, A., Salamov, A.A., Chen, K., Chang, H.W., Podar, M., Short, J.M., Mathur, E.J., Detter, D.C., Bork, P., Hugenholtz, P. and Rubin, E.M. (2005) Comparative metagenomics of microbial communities. Science, 308: 554–557.

Tsugeki, N., Oda, H. and Urabe, J. (2003) Fluctuation of the zooplankton community in Lake Biwa during the 20th century: a paleolimnological analysis. Limnology, 4: 101–107.

ターナー,M. G.・オニール,R. V.・ガードナー,R. H.(2004)『景観生態学:生態学からの新しい景観理論とその応用』(中越信和・村上拓彦・原慶太郎・名取 護・名取洋司・長島啓子訳)文一総合出版,東京.[原著2001年]

Urabe, J., Kyle, M., Makino, W., Yoshida, T., Andersen, T. and Elser, J. J. (2002) Reduced light increases herbivore production due to stoichiometric effects of light: nutrient balance. Ecology, 83: 619–627.

Urabe, J., Togari, J. and Elser, J.J. (2003) Stoichiometric impacts of increased carbon dioxide on a planktonic herbivore. Global Change Biology, 9: 818–825.

Uriarte, M. (2000) Interactions between goldenrod (*Solidago altissima* L.) and its insect herbivore (*Trirhabda virgata*) over the course of succession. Oecologia, 122: 521–528.

Vadeboncoeur, Y., Lodge, D.M. and Carpenter, S.R. (2001) Whole-lake fertilization effects on distribution of primary production between benthic and pelagic habitats. Ecology, 82: 1065–1077.

Vadeboncoeur, Y., Vander Zanden, M.J. and Lodge, D.M. (2002) Putting the lake back together: reintegrating benthic pathways into lake food web models. Bioscience, 52: 44–54.

Van de Koppel, J., Rietkerk, M. and Weissing, F.J. (1997) Catastrophic vegetation shifts and soil degradation in terrestrial grazing systems. Trends in Ecology and Evolution, 12: 352–356.

Vander Zanden, M.J. and Rasmussen, J.B. (2001) Variation in δ^{15}N and δ^{13}C trophic fractionation: Implications for aquatic food web studies. Limnology and Oceanography, 46: 2061–2066.

Vander Zanden, M.J. and Vadeboncoeur, Y. (2002) Fishes as integrators of benthic and pelagic food webs in lakes. Ecology, 83: 2152–2161.

Vanderklift, M.A. and Ponsard, S. (2003) Sources of variation in consumer-diet δ^{15}N enrichment: a meta-analysis. Oecologia, 136: 169–182.

Vanni, M. J. (1996) Nutrient transport and recycling by consumers in lake food webs: implications for algal communities. pp. 81–95. In Polis, G.A. and Winemiller, K.O. (eds.), Food Webs: Integration of Patterns and Dynamics. Chapman & Hall, New York, USA.

Vannote, R.L., Minshall, G.W., Cummins, K.W., Sedell, J.R. and Cushing, C.E. (1980) The river continuum concept. Canadian Journal of Fisheries and Aquatic Sciences, 37: 130–137.

Venter, V.C., Remington, K., Heidelberg, J.F., Halpern, A.L., Rusch., D., Eisen., J.A., Wu, D., Paulsen, I., Nelson., K.E., Nelson, W., Fouts, D.E., Levy, S., Knap, A.H., Lomas, M.W., Nealson, K., White, O., Peterson, J., Hoffman, J., Parsons, R., Baden-Tillson, H., Pfannkoch, C., Rogers Y-H., Smith, H.O. (2004) Environmental genome shotgun sequencing of the Sargasso Sea. Science, 304: 66–74.

Vitousek, P. (2004) Nutrient Cycling and Limitation. Princeton University Press, Princeton.

和田英太郎（2002）『地球生態学』（環境学入門第3巻）岩波書店，東京．

和田直也・村上正志（1997）ミズナラの更新パターンと動物との相互作用．生物科学，49: 139–144.

Wallace, J.B., Eggert, S.L., Meyer, J.L. and Webster, J.R. (1997) Multiple trophic levels of a forest stream linked to terrestrial litter inputs. Science, 277: 102–104.

Wardle, D.A. (2002) Communities and Ecosystems: Linking the Aboveground and Belowground Components. Princeton University Press, Princeton and Oxford.

Wardle, D.A., Barker, G.M., Yeates, G.W., Bonner, K.I. and Ghani, A. (2001) Introduced browsing mammals in New Zealand natural forests: aboveground and belowground consequences. Ecological Monographs, 71: 587–614.

Wardle, D.A., Bardgett, R.D., Klironomos, J.N. and Setala, H. (2004) Ecological linkages between aboveground and belowground biota. Science, 304: 1629–1633.

鷲谷いづみ・矢原徹一（1996）『保全生態学入門』，文一総合出版，東京．

Wassmann, P. (1998) Retention versus export food chains: processes controlling sinking loss from marine pelagic system. Hydrobiologia, 363: 29–57.

Westphal, C., Steffan-Dewenter, I. and Tscharntke, T. (2006) Bumblebees experience landscapes at different spatial scales: possible implications for coexistence. Oecologia, 149: 289–300.

Whitham, T.G., Young, W.P., Martinsen, G.D., Gehring, C.A., Schweitzer, J.A., Shuster, S.M., Wimp, G.M., Fischer, D.G., Bailey, J.K., Lindroth, R.L., Woolbright, S. and Kuske, C.R. (2003) Community and ecosystem genetics: a consequence of the extended phenotype. Ecology, 84: 559–573.

Wilby, A., Shachak, M. and Boeken, B. (2001) Integration of ecosystem engineering and trophic effects of herbivores. Oikos, 92: 436–444.

Williams, S.L. (2001) Reduced genetic diversity in eelgrass transplantations affects both population growth and individual fitness. Ecological Applications, 11: 1472–1488.

Williams, S.L. and Heck Jr, K.L. (2001) Seagrass Community Ecology. pp 317–337. In Bertness, M.D. Gaines, S.D. and Hay, M.E. (eds.), Marine Community Ecology, Sinauer, Sunderland,

USA.
Winder, M. and Schindler, D.E. (2004a) Climatic effects on the phenology of lake processes. Global Change Biology, 10: 1844−1856.
Winder, M. and Schindler D.E. (2004b) Climate change uncouples trophic interactions in a lake ecosystem. Ecology, 85: 56−62.
Wise, D.H., Snyder, W.E. and Tuntibunpunpakul, P. (1999) Spiders in decomposition food webs of agroecosystems: theoryand evidence. Journal of Arachnology, 27: 363−370.
Wise, D.H., Moldenhauer, D.M. and Halaj, J. (2006) Using stable isotopes to reveal shifts in prey consumption by generalist predators. Ecological Applications, 16: 865−876.
Woods, H.A., Perkins, M.C., Elser, J.J. and Harrison, J.F. (2002) Absorption and storage of phosphorus by larval Manduca sexta. Journal of Insect Physiology, 48: 555−564.
Woods, H.A., Fagan, W.E., Elser, J.J. and Harrison, J.F. (2004) Allometric and phylogenetic variation in insect phosphorus content. Functional Ecology, 18: 103−109.
Wright, J.P. and Jones, C.G. (2006) The concept of organisms as ecosystem engineers ten years on: progress, limitations, and challenges. BioScience, 56: 203−209.
Yachi, S. and Loreau, M. (1999) Biodiversity and ecosystem productivity in a fluctuating environment: the insurance hypothesis. Proceedings of the National Academy of Sciences of the United States of America, 96: 1463−1468.
山田常雄・前川文夫・江上不二夫・八杉竜一・小関治男・古谷雅樹・日高敏隆（1983）『岩波生物学事典』（第3版）岩波書店，東京．
柳　洋介・高田まゆら・宮下　直（2008）ニホンジカによる森林土壌の物理環境の改変：房総半島における広域調査と野外実験．保全生態学研究，13：65-74.
八杉龍一・小関治男・古谷雅樹・日高敏隆（1996）『岩波生物学辞典』（第4版）岩波書店，東京．
Yoshii, K. (1999) Stable isotope analyses of benthic organisms in Lake Baikal. Hydrobiologia, 411: 145−159.
Yoshiyama, K. and Nakajima H. (2002) Catastrophic transition in vertical distributions of phytoplankton: alternative equilibria in a water column. Journal of Theoretical Biology, 216: 397−408.
Young, R.G. and Huryn, A. (1999) Effects of land use on stream metabolism and organic matter turn over. Ecological Applications, 9: 1359−1376.
湯本貴和（1999）『熱帯雨林』岩波新書，東京．

索　引

[あ行]

アミノ酸　4-5, 18, 64, 76
安定同位体　vi, 29, 38, 56-58, 60-64, 85, 94-95, 209
安定同位体解析　vii, 29, 35, 37, 52-53, 56, 58, 209-210, 212
安定平衡点　82
イオウ　3, 56-57, 63
移行帯　77, 102
一方向的な競争　105
一斉開花現象　148, 163 →開花
遺伝子流動　164, 168-170, 199
遺伝的多様性　167, 196, 216
遺伝の類似度　169-170
雨滴衝撃　78
栄養塩　30, 33, 35, 37, 40, 44, 46, 60, 68-76, 82, 84, 86-87, 92, 94, 96, 99, 103-108, 111-112, 122, 125, 130, 136-141, 185, 189, 214, 216
栄養カスケード　33, 81, 87, 89, 217
　　見かけの ──　79, 94-95
栄養段階　8-10, 19, 23, 25-27, 33, 50, 55, 59, 64, 84, 89, 93-95, 101, 110, 112, 123-124, 134
栄養動態論　6
栄養補償　34-35
沿岸植生　45-48
沿岸生態系　194-195, 197-198, 207
温室効果ガス　48, 96, 120, 197, 202

[か行]

開花　148-156, 158, 160, 162-163, 165-166, 168-174 →一斉開花現象
　　── フェノロジー構造　164
海水面上昇　179, 181, 184
外生的環境　128, 130-131, 137-138, 140-141, 214
海草藻場　195-196, 198
回復可能性（レジリエンス）　46-47, 206, 216
開葉　148, 150, 153, 155, 158, 160-161, 165, 174, 177
外来種　86, 180, 190, 195
　　侵略的 ──　90
攪乱様式（disturbance regime）　88, 184, 214

数の応答　95-96, 111, 113
河川連続体仮説　102, 111
花粉制限　158, 160, 162, 164, 172
環境形成　119, 122, 148-149
環境適応過程　128-129, 132-133, 136
岩礁潮間帯　183, 187-188, 191, 195, 197
間接効果　33, 94-95, 181, 186, 188, 200, 218
キーストン種　194-195, 218
気候変動　v, vii, 48, 51-52, 148, 150, 168, 172, 178, 180, 184-191, 193-200, 202-203, 212, 214-216, 219
汽水域　63, 184
季節性　148, 150-151, 155-156, 165, 167, 171-172, 176
機能群　v, 51, 116-117, 123, 136, 142-143
機能的応答　94-96, 111, 113
吸汁性昆虫　17
休眠　175-176
共進化　217
共存種数　125-127, 132, 144
ギルド　19
　　── 内捕食　19-22, 26
空間情報　199, 201, 212
クラスト　78, 81, 89
群集構造　6-7, 34, 46, 75, 95-96, 103, 113, 117, 119, 125-129, 131-134, 136-138, 140-141, 144, 183, 187-189, 195, 213, 217
群集呼吸（Community Respiration）　96-97, 101, 108
群集生態学　v, 6, 29, 55, 58, 60, 63, 68, 84, 91, 93-94, 99-100, 112, 116-117, 124, 136, 178, 181-182, 198, 202-203, 205, 208, 214-215, 218
群集動態　51, 117-118, 128, 130, 132, 142, 144, 210-211, 218
系外流入　84, 86, 90
景観　87, 111, 149-150, 162-163, 174, 177-178, 194, 196-197, 211-212
　　── 形成種　194-195, 203, 207
　　── 生態学　91, 211
結実　148, 150-151, 156, 158, 160, 165-166, 174-175
　　── フェノロジー構造　175

249

元素　vi, 2-4, 6, 8-9, 12, 22, 27, 40, 44, 51, 56, 60-61, 63, 209-210, 215
　必須――　3
　微量――　v, 22, 209
光合成　4, 29-30, 32, 55, 122, 133, 148, 154-155, 160-161, 172, 215
高山植物　152, 156, 165, 176
高山生態系　150, 156, 158, 164, 167-168, 171, 173-174, 176, 212
恒常性　13-14, 40
呼吸　4, 29-30, 32, 35, 96-98, 100-101, 104, 110, 113
湖沼　vii, 3, 8, 23, 29-30, 32-34, 36-37, 39, 45-46, 48, 52, 92, 97-98, 100, 102, 104, 106-107, 109, 112
混合モデル　61-62

[さ行]

細菌　5, 18, 23, 36, 97, 122-123, 133-134, 136, 143
最小養分律　14
材食性昆虫　16-17
雑種形成　168
砂漠化　77, 79, 81-82, 89
作用・反作用　119
サンゴ礁　182, 194, 197-199, 203
ジェネラリスト　84-85, 175
資源制限　158, 160
自生性資源　96
自成的改変　69
自然選択　117, 132, 171
周囲長/面積比（P/A比）　106
従属栄養生物　2-3, 8, 34-35, 96-98, 101, 107-108, 123
種子散布者　149, 175
種多様性　188, 196, 206, 216
純一次生産（NPP）　74, 100
馴化（acclimation）　192-193
純生態系生産（Net Ecosystem Production）　96-97
冗長性　142-143
消費者　3-7, 13, 16, 23, 26, 35, 39-40, 42, 67, 70, 75-76, 103, 105, 111, 123-124, 148, 194, 196
初夏咲き植物　154-155, 158-161
植食性昆虫　vi, 9-10, 12, 18-19, 23, 75, 124, 176
食物網　6-7, 26, 30, 32, 34, 51, 59, 61, 68, 72, 79, 86, 90, 92, 97, 99, 104-106, 109-112, 123, 198, 209
――解析　55-56, 58, 60
食物連鎖　vi, 2, 4, 6-8, 22-23, 25-26, 64, 84, 95, 112, 116, 134, 148
――長　110
シロアリ　16-18, 62
進化　116-124, 128-129, 142, 144-145, 179, 193, 212
水圏生態系　7, 25, 39-40, 44, 50-51
数理モデル　vii, 32, 46-48, 53, 210
スケーリング　112
スケール　113, 142, 145, 178, 213, 215, 218
　空間――　vi, 81, 88, 99, 105, 125, 128, 132, 141-143, 177-178, 199-200, 203, 211, 213-214
　時間――　52, 68-69, 81, 88, 96, 130-131, 135, 142, 192, 211-212, 214
ストロンチウム　63
スパイラルレングス　107-108
生元素　56-57, 92
生産　7, 35, 38, 52, 92, 97-98, 100-103, 105, 107-108, 111, 113, 119, 154
生産効率　100
生産者　4, 6-7, 23, 31, 40, 42, 69, 94-95, 148, 196, 217
生産速度/バイオマス比（P/B比）　110
生食食物網　68
生食連鎖　5-6, 26, 64, 68, 84, 92, 94-95, 105, 116, 195
生息場所　36, 39, 52, 63, 91, 129, 180, 212
――結合　37, 39
生態化学量論　v-vii, 12, 29-30, 40, 42, 51-53, 55, 57, 62, 209, 215-216
生態系　v-vii, 2-4, 6-7, 12, 23-25, 27, 30, 32, 39, 44-45, 48, 51-52, 58-60, 68-70, 74, 77-80, 86-87, 92-102, 112-113, 116, 118-123, 127-128, 136, 145, 148-150, 156, 161, 163-164, 173-174, 177, 180-181, 189, 194-195, 198-199, 202-203, 205-215, 217-219
――エンジニア　69, 84, 89, 195
――エンジニアリング　69, 77, 84, 90, 207
――間相互作用　93, 96, 99, 101, 103, 112, 114
――機能　v-vii, 51, 84, 90, 93, 99, 103-104, 109, 111-112, 117-129, 131-133, 135-136, 141-145, 150, 175, 177, 194-197, 203, 205-210, 213-214, 216-218
――サービス　90, 203, 207-208, 213-214
――サイズ　106, 110
――生態学　v-viii, 6, 26, 29-30, 93, 96, 99-100, 116-117, 203, 205, 209-212, 215, 218

──代謝　97, 99-101
──の復元　90
成長　11-13, 20, 22, 26, 40, 42, 68, 74-76, 78, 92, 110, 119, 136-137, 148, 151-152, 154-156, 161, 165, 173-174
──効率　40-41, 110
──速度仮説　11, 41
生物間相互作用　v, vii, 32, 48, 51, 56, 60, 77, 88, 90, 121, 124, 147-150, 163, 173-175, 177-179, 181, 186-187, 207-209, 213-214, 219
生物気候エンベロープアプローチ　186-187
生物群集　v-vii, 2, 7, 23, 26, 29, 32-34, 36-40, 44, 48-53, 56, 64, 68, 77, 92-95, 99-101, 103-105, 111-112, 114, 116-120, 127-131, 136, 141, 143, 148, 150, 171, 180-189, 194, 198-200, 202-203, 205, 207-209, 212-219
生物多様性　v-vii, 51, 84, 90, 111, 113, 116-122, 124-128, 132, 136, 141-145, 156, 173, 178, 182, 184-185, 194-198, 203, 206-208, 213, 216, 218
──の中立説　144
生物地球化学　v-vi, 145
生物的環境　6, 68, 116, 119, 130
生物ポンプ　133-135, 198
雪田　156, 158, 167, 178
絶滅危惧種　184
総生産（GPP）　96-98, 101-102, 107

[た行]

ターンオーバー　61
他生性資源　92-96, 99-104, 106-107, 109, 111-113
他成的改変　69
炭素　3-6, 8, 12, 16-18, 20-21, 25-26, 30, 34-37, 39-40, 51, 56-61, 63, 65, 71-72, 92, 96-97, 108, 160, 197, 202-203, 209-210, 215, 217
──循環　4, 32-34, 39, 96, 99, 133-134, 202
──：窒素比　12, 215
──利用効率　20, 26
──：リン比　12, 215
地球温暖化　3, 29, 31-32, 48-49, 52, 130, 133, 150, 171-174
地球環境　114, 122, 136, 181, 194, 197, 202-203, 214, 218
窒素　3, 5-6, 8-10, 12, 16-18, 20, 25-26, 30, 35, 37, 40, 44, 56-57, 59-63, 72, 75-76, 87, 92-95, 105, 122, 136, 176, 202, 209, 216-217

──固定　4, 62
──循環　4-5, 73, 79
──利用効率　20-21, 26
──：リン比　12
中規模攪乱説　184
長期観測　32, 50, 52, 212
地理情報システム　vi, 106, 111, 196, 211
抵抗性（レジスタンス）　195-196, 206, 216
底生動物　35-39
適応進化　213, 215
デトリタス　4-6, 23, 27, 67-69, 71, 74, 77, 84-86, 91-95, 104
同位体分別　58
独立栄養生物　2, 8, 94, 96-97, 101, 110, 148
土壌流亡　80
トップダウン機能　123
トップダウン効果　70, 79, 93-94
ドナーコントロール　86, 94, 113
共食い　7, 22, 26

[な行]

内生的環境　128, 130-131, 140, 142, 214
夏咲き植物　154-155, 158-159, 161
肉食性昆虫　9-10, 18-19
二酸化炭素　3-4, 33-34, 96, 99, 110, 113, 122, 133, 185-186, 193-194, 197-198
ニッチ　143-144, 149
──構築　69
尿酸　5, 17-18, 62
濃縮係数　58-61

[は行]

バイオマーカー　63
バイオマス・スペクトル　112-113
発芽　150, 174-176
白化現象　189
春植物（春咲き植物）　152, 154-155, 158-160, 162, 164, 172-173
被食　29, 55, 69, 116, 119, 123-124, 149, 160, 176-177, 196
──防衛系　177
ヒステリシス　46-47, 52, 82, 90, 136 →履歴効果
非生物の環境　6, 68, 119, 206
微生物ループ　123, 133, 210
非線形反応　90

251

貧酸素水塊　103, 109
不安定平衡点　82-83
フィードバック　68-69, 72, 78-80, 119-122, 128-132, 136-141, 143, 181, 194, 213-215, 218
　──過程　128-131
　安定化──　128, 131, 138-139, 141
　正の──　73-75, 78-82, 89
　不安定化──　131, 138-140
風衝地　152, 156, 165-167, 174, 178, 212
富栄養化　29, 31-32, 44-48, 92, 189, 203, 219
フェノロジー（生物季節）　vii, 48, 50, 148-150, 152-154, 158, 161, 166, 170-172, 174-175, 177-178
　──構造　148-150, 152, 154-155, 157-158, 161-165, 168, 171, 174-175, 177-178
フェノロジカルエスケープ　177
フェノロジカルシンドローム　158
不確実性　202
複雑適応系　118
腐食食物網　68, 84
腐食補助　84
腐食流入　6, 27, 84-86
腐食連鎖　6, 64, 68-69, 84, 86, 92, 94-95, 109, 116, 195
付着藻類　31, 35, 37, 58
物質循環　v-vi, 2, 6-7, 23, 26-27, 29, 32-33, 35-40, 42, 44, 48, 51-53, 56, 77, 84, 87, 89, 93, 96, 99, 113-114, 116, 118-119, 123-124, 136, 141, 194-195, 202, 206-210, 214
物質輸送　2, 30-32, 36-38, 42, 51, 84, 86-87, 92-93
プランクトン　33, 44, 47-49, 122, 181-182, 191, 201, 210
　植物──　23-25, 30, 33-35, 37-38, 40-42, 44-45, 48-49, 52, 58, 61, 69, 92, 98, 100, 111, 133-135, 186, 209
　動物──　23, 33, 35-37, 39, 42-44, 46-48, 50, 52, 61, 98, 110, 133-134, 195
分解系　6, 27, 68, 71
分解者　4-7, 16, 70, 74-76, 84-85, 121-123, 148, 194, 198
ベントス　181, 190-192, 207
放射性同位体　56-57, 64
補助（subsidy）　92
ボトムアップ機能　123
ボトムアップ効果　70, 72, 87
ポリネーター（花粉媒介者）　149, 160-163, 165-170, 172-174

[ま行]

マルハナバチ　160-169, 173, 178, 218
見かけの競争　84, 95
見かけの相利関係　95, 113
メタ群集　132-135, 143, 211
メタゲノミクス　210
メタ個体群　201, 211
　──構造　150, 161
メタン　39, 110
モニタリング　164, 198-202
モンテカルロ法　61

[や行]

野外操作実験　182, 200
有機物　5, 7, 35, 37, 39, 58, 68-70, 74-76, 79, 87, 92, 94-99, 103-105, 107-108, 110-111, 122-124, 133-135, 137, 148, 198, 217
有効積算温度　151-153, 163, 171, 174
湧昇流　181, 185, 188
優占種　139, 194-195, 218
雪解け傾度　156, 158, 164-165, 167-171

[ら行]

乱獲　180, 189-190, 203, 214
ランドスケープフェノロジー　147, 150, 177-178
リモートセンシング　vi, 196, 199, 211
流域　102-105, 107, 110-112
履歴効果　46, 82, 136 →ヒステリシス
リン　3-6, 8-12, 22, 25, 29, 32-37, 40-47, 51, 57, 87, 92-93, 95, 105, 122, 136, 209, 217
　──循環　4, 5
林床植物群集　154, 158-159
冷温帯林生態系　153, 174
レジームシフト　30, 44-45, 47-48, 52, 82-83, 89, 136, 212, 215, 219
　カタストロフィック・──　82-83

[A–Z]

^{14}C　56-57, 64, 97
C3 植物　58, 186
C4 植物　58
GPP/CR 比　96-97, 100, 102, 104, 107-108, 111
IsoSource　62

著者一覧 （50音順，＊は編者）

岩田　智也（いわた　ともや）　山梨大学大学院医学工学総合研究部・准教授
専門分野：水域生態学
http://www.js.yamanashi.ac.jp/~iwata/

＊大串　隆之（おおぐし　たかゆき）　京都大学生態学研究センター・教授
専門分野：進化生態学，個体群生態学，群集生態学，生態系生態学，生物多様性科学
主著：『Effects of Resource Distribution on Animal-Plant Interactions』Academic Press（編著），『Ecological Communities: Plant Mediation in Indirect Interaction Webs』Cambridge University Press（編著），『Galling Arthropods and Their Associates: Ecology and Evolution』Springer（編著），『生物多様性科学のすすめ』丸善（編著），『さまざまな共生』平凡社（編著），『動物と植物の利用しあう関係』平凡社（編著）
http://www.ecology.kyoto-u.ac.jp/~ohgushi/index.html

加賀田　秀樹（かがた　ひでき）　京都大学生態学研究センター・研究員
専門分野：昆虫生態学，栄養生態学

工藤　岳（くどう　がく）　北海道大学大学院地球環境科学研究院・准教授
専門分野：植物生態学，繁殖生態学
主著：『大雪山のお花畑が語ること：高山植物と雪渓の生態学』京都大学学術出版会，『高山植物の自然史：お花畑の生態学』北大図書刊行会（編著），『Ecology and Evolution of Flowers』Oxford University Press（分担執筆）
http://hosho.ees.hokudai.ac.jp/~gaku/index.html

＊近藤　倫生（こんどう　みちお）　龍谷大学理工学部・准教授
専門分野：理論生態学，群集生態学，進化生態学
主著：『Dynamic Food Webs: Multispecies Assemblages, Ecosystem Development, and Environmental Change』Academic Press（分担執筆），『Aquatic Food Webs: an Ecosystem Approach』Oxford University Press（分担執筆）

陀安　一郎（たやす　いちろう）　京都大学生態学研究センター・准教授
専門分野：同位体生態学，水域生態学，土壌生態学
主著：『土壌動物学への招待：採集からデータ解析まで』東海大学出版会（分担執筆），『生物の多様性ってなんだろう？：生命のジグソーパズル』京都大学学術出版会（分担執筆），『流域環境評価と安定同位体：水循環から生態系まで』京都大学学術出版会（分担執筆）
http://www.ecology.kyoto-u.ac.jp/~tayasu/index_j.html

土居　秀幸（どい　ひでゆき）　Institute for Chemistry and Biology of the Marine Environment, Carl-von-Ossietzky University Oldenburg; 日本学術振興会海外特別研究員
専門分野：生態系生態学，水域生態学，群集生態学
http://ecologyweb.web.fc2.com/doi/index.html

＊仲岡　雅裕（なかおか　まさひろ）　北海道大学北方生物圏フィールド科学センター・教授
専門分野：海洋生態学，個体群生態学，群集生態学
主著：『海洋ベントスの生態学』東海大学出版会（分担執筆），『三陸の海と生物：フィールドサイエンスの新しい展開』サイエンティスト社（分担執筆）
http://fox243.hucc.hokudai.ac.jp/nakaoka/

三木　健（みき　たけし）　Institute of Oceanography, National Taiwan University; Assistant Professor
専門分野：数理生態学，群集生態学，微生物生態学

宮下　直（みやした　ただし）　東京大学大学院農学生命科学研究科・准教授
専門分野：個体群生態学，群集生態学，保全生態学
主著：『保全生物学』東京大学出版会（分担執筆），『クモの生物学』東京大学出版会（編著），『群集生態学』東京大学出版会（共著），『環境と生物進化』放送大学教育振興会（分担執筆）
http://www.es.a.u-tokyo.ac.jp/bs/staff/miya/index.html

生態系と群集をむすぶ		シリーズ群集生態学 4
2008年10月10日　初版第一刷発行		

		大　串　隆　之
編　者		近　藤　倫　生
		仲　岡　雅　裕
発行者		加　藤　重　樹
発行所		京都大学学術出版会

京都市左京区吉田河原町 15-9
京大会館内（606-8305）
電　話　075-761-6182
FAX　075-761-6190
振　替　01000-8-64677
http://www.kyoto-up.or.jp/

印刷・製本　㈱クイックス東京

ISBN978-4-87698-346-9　ⓒT. Ohgushi, M. Kondoh, M. Nakaoka 2008
Printed in Japan　　　　　定価はカバーに表示してあります